T0240147

Henning Wallentowitz | Arndt Freialdenhoven

Strategien zur Elektrifizierung des Antriebsstranges

Handbuch Verbrennungsmotor
herausgegeben von
R. van Basshuysen und F. Schäfer

Fahrzeugentwicklung im Wandel
von R. van Basshuysen

Vieweg Handbuch Kraftfahrzeugtechnik
herausgegeben von H.-H. Braess
und U. Seiffert

Bremsenhandbuch
herausgegeben von B. Breuer
und K. H. Bill

Handbuch Verkehrsunfallrekonstruktion
herausgegeben von H. Burg
und A. Moser

Wasserstoff in der Fahrzeugtechnik
von H. Eichlseder und M. Klell

Fahrwerkhandbuch
herausgegeben von B. Heißing
und M. Ersoy

Nutzfahrzeugtechnik
herausgegeben von E. Hoepke
und S. Breuer

Aerodynamik des Automobils
herausgegeben von W.-H. Hucho

Elektronisches Management motorischer Fahrzeugantriebe
herausgegeben von R. Isermann

Verbrennungsmotoren
von E. Köhler und R. Flierl

Passive Sicherheit von Kraftfahrzeugen
von F. Kramer

Fahrzeugreifen und Fahrwerkentwicklung
von G. Leister

Automobilelektronik
herausgegeben von K. Reif

Bosch Autoelektrik und Autoelektronik
herausgegeben von K. Reif

Automotive Software Engineering
von J. Schäuffele und T. Zurawka

Leichtkollisionen
von K. Schmedding

Virtuelle Produktentstehung für Fahrzeug und Antrieb im Kfz
herausgegeben von U. Seiffert
und G. Rainer

Motorradtechnik
von J. Stoffregen

Rennwagentechnik
von M. Trzesniowski

Handbuch Kraftfahrzeugelektronik
herausgegeben von H. Wallentowitz
und K. Reif

Strategien in der Automobilindustrie
von H. Wallentowitz,
A. Freialdenhoven und I. Olschewski

Handbuch Fahrerassistenzsysteme
herausgegeben von H. Winner,
S. Hakuli und G. Wolf

Bussysteme in der Fahrzeugtechnik
von W. Zimmermann
und R. Schmidgall

www.viewegteubner.de

Henning Wallentowitz | Arndt Freialdenhoven

Strategien zur Elektrifizierung des Antriebsstranges

Technologien, Märkte und Implikationen

2., überarbeitete Auflage

Mit 211 Abbildungen

STUDIUM | ATZ/MTZ-Fachbuch

**VIEWEG+
TEUBNER**

Bibliografische Information der Deutschen Nationalbibliothek
Die Deutsche Nationalbibliothek verzeichnet diese Publikation in der
Deutschen Nationalbibliografie; detaillierte bibliografische Daten sind im Internet über
<http://dnb.d-nb.de> abrufbar.

1. Auflage 2010
2., überarbeitete Auflage 2011

Alle Rechte vorbehalten
© Vieweg+Teubner Verlag | Springer Fachmedien Wiesbaden GmbH 2011

Lektorat: Ewald Schmitt | Gabriele McLemore

Vieweg+Teubner Verlag ist eine Marke von Springer Fachmedien.
Springer Fachmedien ist Teil der Fachverlagsgruppe Springer Science+Business Media.
www.viewegteubner.de

Umschlaggestaltung: KünkelLopka Medienentwicklung, Heidelberg
Satz: Fromm MediaDesign, Selters/Ts.
Druck und buchbinderische Verarbeitung: AZ Druck und Datentechnik, Berlin
Gedruckt auf säurefreiem und chlorfrei gebleichtem Papier
Printed in Germany

ISBN 978-3-8348-1412-8

Vorwort

Die zweite Auflage des vorliegenden Fachbuches „Strategien zur Elektrifizierung des Antriebsstranges" richtet sich an alle Interessierten, die sich mit den aktuell diskutierten Elektrofahrzeugen eingehend beschäftigen und einen Einblick in die verschiedenen technologischen und finanziellen Aspekte der Elektromobilität erhalten wollen.

Getrieben durch vor allem strengere gesetzliche Auflagen und eine drohende Verknappung der Rohölvorkommen gab es bereits in den 1990er Jahren erste Prototypen und sogar Kleinserien mit rein batteriebetriebenen Elektrofahrzeugen, die aber aufgrund einiger Unzulänglichkeiten bei der Energiespeicherung und wegen der Kosten bald wieder eingestellt wurden. Erst durch die Verfügbarkeit von Lithium-Ionen-Akkus sowie angekündigte strengere legislative Regularien sind in den letzten Jahren wieder verstärkt Entwicklungsbemühungen bei den Fahrzeugherstellern und der Zulieferindustrie zu beobachten, batteriebetriebene Elektrofahrzeuge auf den Markt zu bringen. Nach dem erfolgreichen Markteintritt des kalifornischen Sportwagens Tesla Roadster haben auch viele etablierte Fahrzeughersteller angekündigt, in den nächsten Jahren batteriebetriebene Elektrofahrzeuge auf den Markt bringen zu wollen.

Vor diesem Hintergrund werden im vorliegenden Buch vor allem technische, wirtschaftliche und strategische Aspekte der Elektromobilität aufgezeigt. Das geschieht auf der Grundlage einer detaillierten Darstellung der relevanten Treiber für eine zunehmende Elektrifizierung des Antriebsstranges in Form von Hybrid- und reinen Elektrofahrzeugen. Die derzeitig in der Fahrzeugentwicklung diskutierten Lösungen zur Optimierung des konventionellen Verbrennungsmotors, der unterschiedlichen Hybridvarianten und der rein elektrisch angetriebenen Fahrzeuge werden mit den entsprechenden Funktionalitäten und Technologien dargestellt.

Die für Elektrofahrzeuge relevanten Schlüsseltechnologien wie Elektromotoren, die Ansteuerungen und Batterien werden auf Basis unterschiedlicher Fahrzeugklassen detailliert beschrieben und unter Berücksichtigung von typischen Fahrzyklen dimensioniert. Die wichtigsten Komponenten der Elektromobilität werden zudem unter Kostenaspekten betrachtet und es wird eine Abschätzung für die relevanten Systeme durchgeführt.

Abschließend werden die Implikationen für die Automobilindustrie aufgezeigt. Dazu werden die Umverteilungen der Kompetenzen von Fahrzeugherstellern und Zulieferern beim Übergang auf batteriebetriebene Fahrzeuge erläutert und es werden verschiedene Möglichkeiten von Kooperationen aufgezeigt. Die Einführung von Elektrofahrzeugen ermöglicht gegebenenfalls auch die Etablierung von neuen Geschäftsmodellen, die ebenfalls analysiert werden.

Die Verfasser bedanken sich bei Herrn Dipl.-Kfm. Ingo Olschewski von der Forschungsgesellschaft Kraftfahrwesen Aachen, der an der Erstellung der ersten Auflage dieses Buches erheblichen Anteil hatte, und bei Felix Wallentowitz, M.A., der die zweite Auflage in der Erstellung betreut hat.

Ingolstadt/Braunschweig
im April 2011

Henning Wallentowitz
Arndt Freialdenhoven

Inhaltsverzeichnis

1 Einleitung

Die Bruttosozialprodukte von Volkswirtschaften hängen nahezu proportional von deren erbrachten Transportleistungen ab. Daher benötigen erfolgreiche Gesellschaften leistungsfähige Verkehrssysteme. Hinzu kommt, dass wirtschaftlich erfolgreiche Länder auch einen intensiven Individualverkehr aufweisen, der sich in berufsbedingten Verkehr und in Freizeitverkehr gliedert. Diese Verkehre werden vor allem durch Personenwagen bedient, die bisher mit Verbrennungsmotoren ausgerüstet sind. Damit hängt diese Mobilität unmittelbar vom Öl ab, das zwar seit vielen Jahrzehnten nur noch für 40 Jahre vorhanden sein soll, jetzt aber wohl wirklich knapp werden wird. Deshalb gilt es, wie bereits vor einigen Jahren, nach Alternativen zu suchen bzw. solche zu marktfähigen Produkten zu entwickeln. Die Elektrifizierung des Antriebsstranges, sei es durch Batterien oder durch Brennstoffzellen ist eine der heute aktuellen Alternativen. An dieser Elektrifizierung wird weltweit bei nahezu allen Fahrzeugherstellern und den Zulieferern gearbeitet. Das wird auch Auswirkungen auf die bisherigen Antriebstechnologien haben.

Seit den Anfängen der durch Motoren angetriebenen Mobilität hat es stets den Wettbewerb zwischen elektrisch und verbrennungsmotorisch angetriebenen Fahrzeugen gegeben. Gasmotoren wurden nur für stationäre Zwecke angewendet. Wegen der guten Speicherbarkeit der Energie im Kraftstofftank hat sich der Verbrennungsmotor durchsetzten können. Besonders in den vergangenen rund 25 Jahren sind auch Nachteile der giftigen Emissionen (CO, NO_x, CH, Partikel) durch Katalysatoren und Filter weitgehend behoben worden. Die Kraftstoffverbräuche wurden deutlich gesenkt, und damit auch die CO_2-Emissionen. Allerdings hat sich in der Gesellschaft die Meinung durchgesetzt, dass vor allem die CO_2-Emissionen wegen ihrer Klimaschädlichkeit noch weiter gesenkt werden müssten. Diesem Ziel meinen Fachleute mit der Einführung elektrisch betriebener Fahrzeuge nahe zu kommen. Die lokale Emissionsfreiheit ist dabei auch unbestritten. Unklar bleiben allerdings noch die Quellen für die Primärenergien, also die, aus denen der Strom oder der Wasserstoff erzeugt werden, die dann im Fahrzeug für den Vortrieb sorgen sollen.

Diese Bemühungen, andere Energiequellen zu erschließen, haben einen weiteren Grund in der Tatsache, dass ein wachsender Ölbedarf lediglich durch eine geringe Anzahl an Förderländern gedeckt wird, die oft auch politisch instabil sind. Die Rahmenbedingungen der Märkte sind maßgeblich durch steigende Preise der konventionellen Kraftstoffe, strikter werdende legislative Abgasbestimmungen sowie wachsende Kundenanforderungen in Bezug auf die Kostenstrukturen und die ökologische Nachhaltigkeit der Fahrzeuge geprägt. Diese Veränderungen führen in der heutigen Zeit zu einem tiefgreifenden Wandel des automobilen Umfelds.

Die beiden durch Drosselungen der Ölfördermengen hervorgerufenen Ölkrisen in den Jahren 1973 und 1979 führten den westlichen Industrienationen vor Augen, wie abhängig sie von dem endlichen Rohstoff Rohöl sind. Als direkte Reaktionen waren stark steigende Kraftstoffpreise zu beobachten und es wurden sogar autofreie Sonntage staatlich verordnet, um den Verbrauch zu reduzieren. Diese autofreien Sonntage werden derzeit bereits wieder ins Gespräch gebracht, bzw. von einigen Städten angekündigt.

Mit dem Ziel, die Luftqualität in den Ballungsgebieten und vor allem in den großen Metropolen weltweit signifikant zu verbessern, haben die Gesetzgeber in den letzten Jahren die Vorschriften verschärft und immer striktere Abgasgesetzgebungen eingeführt. So erhebt beispielsweise London in einem Innenstadtbereich die sogenannte „Congestion Charge", bei der die kostenfreie Einfahrt nur mit besonders umweltfreundlichen Fahrzeugen gestattet ist. In Deutschland wird versucht, mit Hilfe von Umweltzonen die Feinstaubbelastung in ausgewählten Zentren zu verringern. Allerdings scheint sich hier der Erfolg nicht überall einzustellen.

Diese nicht immer technisch bzw. wissenschaftlich begründbaren Aktivitäten haben keine wirkliche Diskussion zum Verbrennungsmotor erzeugt. Er wird noch für Jahrzehnte die Hauptantriebsquelle sein. Die vor allem politisch motivierten Maßnahmen haben die Entwicklungsaktivitäten erneut auf die Elektromobilität gelenkt. Ein weiterer Treiber für diese derzeit intensiven Arbeiten sind Maßnahmen sowohl in China als auch in Japan, welche die Herausarbeitung eines technischen Vorsprungs bei der Elektromobilität zum Ziel haben. Bei unseren Diskussionen wird allerdings häufig die andere Verkehrsstruktur in diesen Ländern vernachlässigt. Während in Deutschland, bzw. in Europa, die Fahrzeuge für Kurz- und Langstrecken die gleichen sind, gibt es in den Metropolregionen Asiens bereits seit längerer Zeit Kleinwagen (unter anderem auch wegen der Parkplatzsituation) für Kurzstrecken, die sich besonders zur Elektrifizierung eignen.

Eine auch für Europa realisierbare Lösung bietet sich wahrscheinlich in der Hybridisierung der vorhandenen verbrennungsmotorisch angetriebenen Fahrzeuge an. Durch die Ergänzung des Verbrennungsmotors mit einem oder mehreren Elektromotoren lassen sich verschiedene Hybridstrategien realisieren. Die erforderliche Batterie für die Antriebsenergie kann dann relativ klein ausfallen, damit bleiben die Kosten geringer und es ist ein lokal emissionsfreier Betrieb möglich. Auf längeren Strecken bleibt der Verbrennungsmotor die Hauptantriebsquelle. Als Wettbewerber tritt möglicherweise die Brennstoffzelle auf, die mit gespeichertem Wasserstoff (das dürfte auf absehbare Zeit der geeignete Energieträger sein) betrieben wird, der nach aktuellem Forschungsstand auch größere Reichweiten als die Batterie ermöglicht.

Die Elektrotraktion ist also in jedem Fall ein Feld, auf dem es in der Zukunft erhebliche Aktivitäten geben wird. Diese Entwicklung wird auch dadurch unterstützt, dass es in den vergangenen Jahren bei den Batterien signifikante Fortschritte gegeben hat, die z. B. zur Lithium-Ionen Batterie geführt haben. Zumindest sind damit die Chancen für die Einführung von Elektro-, Brennstoffzellen- und Hybridfahrzeugen erheblich gestiegen.

2 Treiber für Veränderungen

Die Entwicklung alternativer Antriebe wird im Wesentlichen von drei Faktoren beeinflusst, die für die Unternehmen zugleich die Rahmenbedingungen bilden, **Abb. 2-1**. Den ersten Einflussfaktor stellt der Gesetzgeber dar, der durch die Vorgabe von Reglementierungen die Forschungs- und Entwicklungsbemühungen der Automobilhersteller direkt beeinflusst. Den zweiten wesentlichen Veränderungstreiber bildet der Kunde, der durch einen stetigen Wandel in seinem Verhalten und seinen facettenreichen Bedürfnissen ständig neue Anforderungen an das Automobil entstehen lässt. Die begrenzte Verfügbarkeit von Ressourcen bildet den dritten bedeutenden Veränderungstreiber, der die Entwicklung hin zu alternativen Antriebssystemen bestimmt.

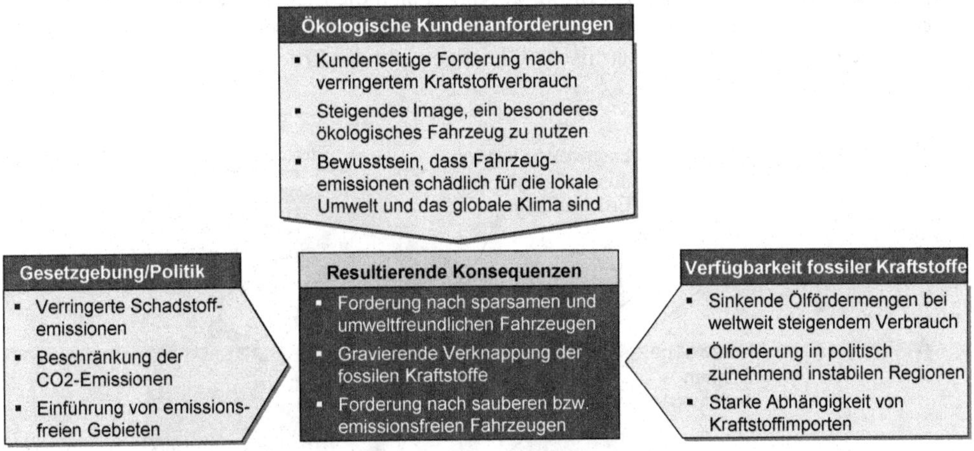

Ökologische Kundenanforderungen

- Kundenseitige Forderung nach verringertem Kraftstoffverbrauch
- Steigendes Image, ein besonderes ökologisches Fahrzeug zu nutzen
- Bewusstsein, dass Fahrzeugemissionen schädlich für die lokale Umwelt und das globale Klima sind

Gesetzgebung/Politik

- Verringerte Schadstoffemissionen
- Beschränkung der CO_2-Emissionen
- Einführung von emissionsfreien Gebieten

Resultierende Konsequenzen

- Forderung nach sparsamen und umweltfreundlichen Fahrzeugen
- Gravierende Verknappung der fossilen Kraftstoffe
- Forderung nach sauberen bzw. emissionsfreien Fahrzeugen

Verfügbarkeit fossiler Kraftstoffe

- Sinkende Ölfördermengen bei weltweit steigendem Verbrauch
- Ölforderung in politisch zunehmend instabilen Regionen
- Starke Abhängigkeit von Kraftstoffimporten

Abb. 2-1: Treiber für zunehmende Diversifizierung und Elektrifizierung des Antriebstrangs [FRE09]

2.1 Legislative

Die Gesetzgeber bemühen sich seit langem, Zero-Emission-Fahrzeuge einzuführen. So planten 13 Staaten der USA in den 1990er Jahren die Einführung von Gesetzen, nach denen im Jahr 1998 zumindest 3 % der verkauften Fahrzeuge „Zero-Emissionen" aufweisen sollten. Ab dem Jahr 2003 sollten es 5 % sein. Die damals nicht verfügbaren Batterien haben diese Vorstellungen der Gesetzgeber beendet. Nun gibt es neue Versuche, diese Ziele einer besseren ökologischen Verfügbarkeit zu erreichen [MCK06, RBC08]. Dabei gibt es globale und lokale Betrachtungsweisen, die auch nicht immer nur die Natur im Blick haben.

2.1.1   Globale Umweltbelastung

Derzeit gibt es in einigen Gesellschaften der Welt einen erheblichen Streit über die genau-
en Ursachen der beobachtbaren Erderwärmung. So halten einige Wissenschaftler die aktuellen Wetteränderungen für eine weitere natürliche Schwankung, wie sie schon früher
zu Eiszeiten und zu Trockenzeiten in Europa geführt haben. Vor allem Klimaforscher
weisen auf den gestiegenen CO_2-Gehalt der Atmosphäre hin, der zum sogenannten Treibhauseffekt führt [IPC07]. Dieser Effekt wird auf die Eigenschaft von Gasen zurückgeführt
für elektromagnetische Strahlungen unterschiedlicher Wellenlänge verschiedene Durch-
lässigkeiten zu besitzen. Diese als Treibhausgase bezeichneten Gase sind für kurzwellige
Strahlungen leichter durchlässig als für langwellige Strahlungen. In Bezug auf die Erdatmosphäre bedeutet dies, dass die in der Atmosphäre enthaltenen Gase eine relativ hohe
Durchlässigkeit für die einfallenden kurzwelligen Sonnenstrahlungen haben, jedoch für
die von der Erde reflektierten langwelligen Strahlungen relativ undurchlässig sind. Die
langwelligen Strahlungen werden von der Erdatmosphäre stärker absorbiert und geben
dadurch Wärmeenergie ab, siehe **Abb. 2-2**. Ändert sich die Zusammensetzung der Gase in
der Atmosphäre, so hat dies einen Einfluss auf die durch Adsorption frei werdende Wärmeenergie und damit auf das thermische Gleichgewicht der Erde.

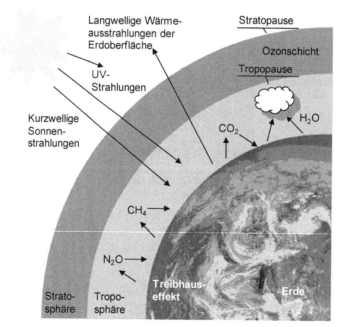

Abb. 2-2: Treibhauseffekt [BHK09]

Dem Kohlenstoffdioxid (CO_2), der nach Wasserdampf wegen seiner abgegebenen Menge
das zweitwirksamste Klimagas sei, wird dafür die größte Bedeutung zugeschrieben
[PIS05]. Es lässt sich zeigen, dass die CO_2-Konzentration auf der Erde seit der Industrialisierung kontinuierlich angestiegen ist, **Abb. 2-3**. Deshalb bietet sich der Schluss an, dass
der Mensch an dieser Entwicklung maßgeblich beteiligt ist, denn er hat die Kohlenstoff-

Vorräte der Erde intensiv ausgebeutet [IPC07]. Unbeantwortet bleibt dabei allerdings die Frage nach den Ursachen früherer Anstiege der CO_2-Konzentrationen, wie sie in den antarktischen Eismassen gemessen werden konnten. Damals konnten die Menschen dafür sicherlich nicht ursächlich sein.

Heute gehen die Klima-Wissenschaftler davon aus, dass dieser anthropogene Anteil des gesamten CO_2-Ausstosses entgegen dem natürlich hervorgerufenen Anteil nicht ökologisch ausbalanciert ist und er somit Einfluss auf die weltweite Klimaentwicklung nimmt.

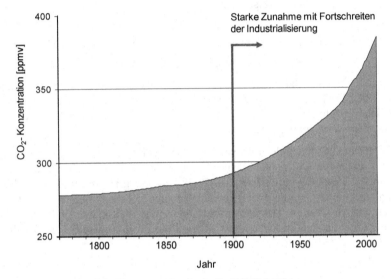

Abb. 2-3: Entwicklung der CO_2-Konzentration in der Luft [NOA09]

Zu Beginn des Industriezeitalters entsprach der Volumenanteil des CO_2 in der Luft 278 ppm. Dieser Anteil stieg im Laufe der Jahre exponentiell an, so dass im Jahr 2008 bereits 385 ppm zu messen waren [NOA09]. Das ist eine Zunahme von 38 %, wobei der Gradient der Zunahme Anlass zur Sorge geben kann. Insgesamt sind allerdings noch viele offene Fragen zu beantworten, so dass zumindest der Mensch als alleinige Ursache für den Klimawandel noch nicht verantwortlich gemacht werden kann.

Der anthropogene, also der durch den Menschen erzeugte, CO_2-Ausstoß beträgt weltweit derzeit etwa 4 % des gesamten CO_2-Ausstoßes [WAL05]. Setzt man diese 4 % zu 100 % und teilt den CO_2-Ausstoß auf die verschiedenen Verursacher auf, erhält man z. B. für Deutschland die Verhältnisse in **Abb. 2-4**.

Der Pkw-Verkehr ist nach **Abb. 2-4** mit 12 % an den anthropogenen CO_2-Emissionen beteiligt. Bezieht man diese 12 % auf die Gesamtheit der CO_2-Emissionen der Welt (4 %), dann macht der Pkw-Verkehr nur 0,48 % aller CO_2-Emissionen aus. Der Hebel zur Verbesserung des Klimas dürfte damit relativ kurz sein. Allerdings stellt die CO_2-Reduktion auch eine Maßnahme dar, den Ressourcenverbrauch an kohlenstoffhaltigen Kraftstoffen, in Form von Erdgas, Erdöl oder Kohle, zu verringern. Da wir hier Knappheiten entgegengehen, sind Änderungen im Fahrzeugantrieb also durchaus zielführend. Dabei sollte nur nicht die Hoffnung aufkommen, mit dieser Maßnahme die Welt vor dem Klimawandel retten zu können.

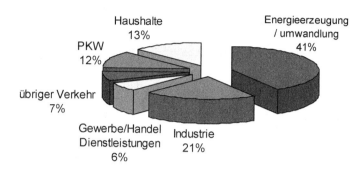

Abb. 2-4: Zusammensetzung des anthropogenen CO_2-Ausstoßes in Deutschland [BUN06]

Zusätzlich sind die Aktivitäten zur Elektrifizierung des Antriebsstranges vor einem wettbewerbspolitischen Hintergrund zu sehen. Hinter der Frage, welche Nation als Erste einen wirtschaftlich vertretbaren emissionsfreien Antrieb zur Verfügung hat, steckt in erheblichem Maße auch Wirtschaftspolitik.

Insbesondere die Aktivitäten der Europäischen Union (EU) spiegeln diese wirtschaftspolitischen Entwicklungen wider. Nachdem die europäischen Fahrzeughersteller ihre Selbstverpflichtungen, die CO_2-Emissionen bis 2008 auf 140 g/km zu reduzieren [BWU08], nicht einhalten konnten, sind auf EU-Ebene gesetzliche Maßnahmen für die CO_2-Flottenausstöße entworfen worden. Das Europaparlament, die EU-Staaten und die Europäische Kommission einigten sich im Dezember 2008 auf die Einführung eines Stufenplans, siehe **Abb. 2-5**.

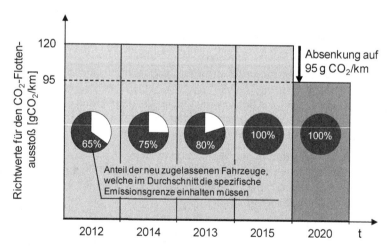

Abb. 2-5: Stufenplan CO_2-Emission der Europäischen Union

Durch die Verbesserung der Motorentechnik soll eine Reduktion des CO_2-Ausstoßes auf 130 g/km möglich sein. Diese Emission bezieht sich bei der Fahrtstrecke auf den NEDC (New European Driving Cycle), also eine definierte Testprozedur, die nicht direkt etwas mit dem praktischen Alltagsbetrieb zu tun hat. Durch zusätzliche technische Maßnahmen wie Leichtlaufreifen oder den Einsatz von Biokraftstoffen wird mit einer weiteren Reduktion um 10 g/km gerechnet. Somit ist das zukunftsweisende Ziel das Erreichen eines durchschnittlichen CO_2-Ausstoßes von 120 g/km. Erfüllt werden soll dieses Ziel über eine jährliche Erhöhung des Prozentanteils der Neuwagen, deren durchschnittliche spezifische CO_2-Emission einen bestimmten Grenzwert nicht überschreiten darf. Diese durchschnittliche spezifische CO_2-Emission darf beispielsweise in 2012 von 65 % der in Europa zugelassenen Neuwagen eines Herstellers im Durchschnitt nicht überschritten werden. Bis 2015 wird stufenweise gefordert, dass der durchschnittliche Kohlenstoffdioxidausstoß aller Fahrzeuge die durchschnittliche spezifische CO_2-Emission nicht überschreitet. Weitreichendes Ziel soll bis 2020 die Orientierung an einem Grenzwert des Kohlenstoffdioxidausstoßes von 95 g CO_2/km sein. [EUR08]

Sowohl die 120 g/km als auch der Wert von 95 g/km sind derzeit nur als Richtwerte zu verstehen, an denen sich die Entwicklung der Obergrenze für den CO_2-Ausstoß für Neuwagen orientieren soll. Die Grenzwerte, die ein Hersteller tatsächlich einhalten muss, um Strafzahlungen zu vermeiden, werden durch die bereits erwähnte durchschnittliche spezifische CO_2-Emission bestimmt. Dies ist ein Grenzwert für den durchschnittlichen CO_2-Ausstoß, der sich über das Durchschnittsgewicht der Fahrzeugflotte für jeden einzelnen Hersteller berechnen lässt. Folglich existiert für jeden Hersteller ein für seine Fahrzeugflotte spezifischer Grenzwert. Die Differenz zwischen diesem Grenzwert und dem tatsächlichen durchschnittlichen Ausstoß seiner Fahrzeugflotte bildet den Wert, nach dem sich die Strafzahlung des Fahrzeugherstellers richtet, **Abb. 2-6**. Es muss also weder jedes Fahrzeug noch der Durchschnitt der Fahrzeugflotte eines Herstellers die im Stufenplan angesetzten 120 g/km bzw. 95 g CO_2/km einhalten [EUR09]. Ab dem Jahr 2012 fallen je nach Höhe der Überschreitung des Grenzwertes pro Gramm Überschreitung unterschiedlich hohe Strafzahlungen an. Beispielsweise müssen für das erste Gramm, das den Grenzwert überschreitet, 5 € und für das zweite Gramm 15 € je neu zugelassenem Fahrzeug gezahlt werden. Bei einer Überschreitung des Grenzwertes von mehr als 3 Gramm fallen für jedes weitere Gramm bereits 95 € an, siehe **Abb. 2-6**.

Diese Regelungen der Europäischen Union betreffen alle in Europa zugelassenen Neuwagen. Für Nischenanbieter mit einer Absatzzahl unter 10.000 Stück/Jahr gelten hierbei Ausnahmen. Unter anderem richtet sich der Grenzwert nach dem wirtschaftlichen und technischen Potenzial sowie nach den Besonderheiten des Marktes für den hergestellten Fahrzeugtyp. Des Weiteren wird differenziert zwischen verbundenen Unternehmen und Emissionsgemeinschaften. Verbundene Unternehmen sind solche, die demselben Konzern angehören. Zum Volkswagen Konzern gehören beispielsweise die Hersteller bzw. Marken Audi, Skoda, Seat und VW sowie zukünftig Porsche und zum BMW Konzern die Marken Mini, BMW und Rolls Royce. Der CO_2-Emissionsgrenzwert ergibt sich dann aus dem Durchschnittsgewicht der neu zugelassenen Fahrzeuge des Konzerns. Damit werden auch die gegebenenfalls anfallenden Strafzahlungen für den gesamten Konzern bestimmt. Unter Emissionsgemeinschaften wird eine Kombination zweier oder mehrerer voneinander unabhängiger Hersteller verstanden, die mit dem Ziel entsteht, dass alle an der Gemeinschaft beteiligten Hersteller den nun für die Gemeinschaft geltenden durchschnittlichen spezifischen CO_2-Emissionsgrenzwert einhalten können. In einer Emissionsgemeinschaft tauschen die Hersteller lediglich Daten aus, die den CO_2-Ausstoß und die Gesamtzahl der zugelassenen Fahrzeuge betreffen. [EUR09]

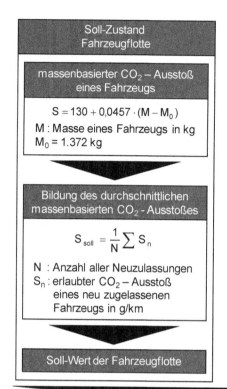

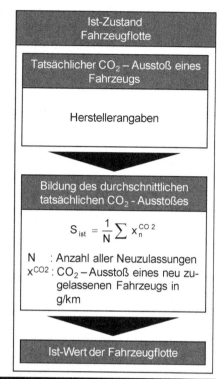

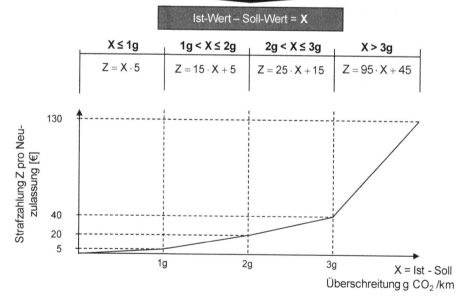

Abb. 2-6: Berechnung der Strafzahlungen

Im Folgenden werden am Beispiel des BMW Konzerns mit den CO_2-Emissionsgrenz-werten für das Jahr 2015 die sich daraus ergebenden Strafzahlungen dargestellt, wenn die Kraftstoffverbräuche bis 2015 nicht verringert würden und die Fahrzeuge gleich schwer blieben. Hierzu wird der BMW Konzern mit den drei Marken Mini, BMW und Rolls Royce detailliert betrachtet. Der folgende Überblick stellt somit die zukünftigen Heraus-forderungen an die OEM sowie die möglichen Potenziale aufgrund drohender Strafzah-lungen dar.

BMW Mini

Gewichtete CO_2-Emissionswerte: 124 g/km
Gewichtetes Leergewicht: 1.155 kg

BMW 1er

Gewichtete CO_2-Emissionswerte: 130 g/km
Gewichtetes Leergewicht: 1.361 kg

Abb. 2-7: Gewichtete CO_2-Werte und Leergewichte im Jahr 2008 von Mini und 1er BMW

Die einzelnen Modelle wurden nach den Verkaufsanteilen im Jahr 2008 gewichtet und anschließend anhand ihrer CO_2-Werte aus dem Jahr 2008 mit den spezifischen CO_2-Werten verglichen und ausgewertet. Aus der in **Abb. 2-6** angegeben Formel ergeben sich die entsprechenden Strafzahlungen für das Jahr 2015. Für den Mini würden dann Straf-zahlungen in Höhe von rund 70 Mio. € verhängt. Die weitaus kleineren Zahlungen für die BMW Group ergeben sich für den BMW 1er mit ungefähr 320.000 €.

BMW 3er

Gewichtete CO_2-Emissionswerte: 143 g/km
Gewichtetes Leergewicht: 1.488 kg

BMW 5er

Gewichtete CO_2-Emissionswerte: 167 g/km
Gewichtetes Leergewicht: 1.603 kg

Abb. 2-8: Gewichtete CO_2-Werte und Leergewichte im Jahr 2008 des BMW 3er und 5er

Diese weitaus geringeren Zahlungen für den 1er sind darauf zurück zu führen, dass sich die Formel für die Berechnung der Strafzahlung ändert, sobald eine bestimmte Differenz zwischen erlaubtem und emittiertem CO_2-Wert überschritten wird. Je höher diese Differenz ist, desto ungünstiger wird die sich stufenweise verschärfende Berechnungsvorschrift für die Hersteller. Die Strafzahlungen steigen durch den erhöhten Verbrauch bei höherem Leergewicht mit der Größe des Fahrzeugs. So würden nach diesen Rechnungen für die Fahrzeuge BMW 3er sowie 5er aggregierte Strafzahlungen in Höhe von 378 Mio. € entstehen. Der BMW 3er macht aufgrund seiner Variantenvielfalt und seines relativ niedrigen Leergewichts mit 145 Mio. € der zukünftigen Kosten für überschüssige CO_2-Emissionen den kleineren Anteil aus. **Abb. 2-9** zeigt beispielhaft die angenommenen Verkaufsanteile der verschiedenen Motorisierungen und den daraus resultierenden mittleren CO_2-Ausstoß für den 5er BMW.

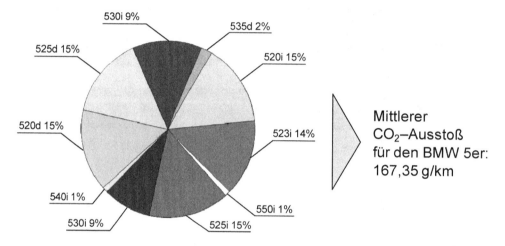

Abb. 2-9:   Angenommene Verkaufsanteile und resultierender mittlerer CO_2-Ausstoß für den BMW 5er

Für die SUV der BMW Group ergeben sich trotz geringerer Produktionszahlen gegenüber der Mittelklassewagen durch die wesentlich höheren Massen ebenfalls höhere Strafzahlungen, **Abb. 2-10**. So würde der X3 aufgrund seiner gegenüber dem X5 und dem X6 höherer Verkaufszahlen mit rund 360 Mio. € pro Jahr den größten Anteil der Strafzahlungen in der BMW Group erzeugen. Der X5 würde mit rund 295 Mio. vor dem X6 mit 149 Mio. € folgen.

BMW X3

Gewichtete CO$_2$-Emissionswerte: 200 g/km
Gewichtetes Leergewicht: 1.808 kg

BMW X5

Gewichtete CO$_2$-Emissionswerte: 233 g/km
Gewichtetes Leergewicht: 2.126 kg

BMW X6

Gewichtete CO$_2$-Emissionswerte: 245 g/km
Gewichtetes Leergewicht: 2.171 kg

Abb. 2-10: Gewichtete CO$_2$-Werte und Leergewichte im Jahr 2008 des BMW X3, X5 und X6

Für den BMW 6er würden sich trotz des gewichteten mittleren und vergleichsweise hohen CO$_2$-Ausstoßes von 216 g/km geringe Strafzahlungen in Höhe von ca. 66 Mio. € ergeben, **Abb. 2-11**. Dies ist im Vergleich zum X3 auf die geringe Absatzmenge zurückzuführen. Im Gegensatz dazu würde der Z4 durch seinen als Sportwagen hohen CO$_2$-Ausstoß bei gleichzeitig geringem Leergewicht Strafzahlungen um 315 Mio. € bewirken. Zu bemerken ist, dass sich ein geringes Fahrzeugleergewicht bei gleichzeitig hohem CO$_2$-Ausstoß über die Berechnungsvorschrift für den erlaubten CO$_2$-Ausstoß äußerst nachteilig für den Hersteller auswirkt.

BMW 6er

Gewichtete CO$_2$-Emissionswerte: 216 g/km
Gewichtetes Leergewicht: 1.750 kg

BMW Z4

Gewichtete CO$_2$-Emissionswerte: 212 g/km
Gewichtetes Leergewicht: 1.365 kg

Abb. 2-11: Gewichtete CO$_2$-Werte und Leergewichte im Jahr 2008 des BMW 6er und Z4

Abb. 2-12: Gewichtete CO$_2$-Werte und Leergewichte im Jahr 2008 des BMW 7er und
Rolls Royce Phantom

Die Marke Rolls Royce müsste beim Phantom trotz der gering abgesetzten Menge von
170 Einheiten aufgrund seines hohen Leergewichts und seiner hohen CO$_2$-Werte vergleichsweise hohe Strafzahlungen in Höhe von rund 3,1 Mio. € erwarten. Diese zusätzlichen Kosten hätte ebenfalls die BMW Group zu tragen. Der BMW 7er hingegen würde im
Bereich des BMW 3er mit zukünftigen Kosten in Höhe von ungefähr 170 Mio. € liegen.
Abb. 2-13 gibt einen zusammenfassenden Überblick über die zu erwartenden Strafzahlungen der BMW Group. Allerdings sei nochmals betont, dass diese Abschätzungen auf
den Annahmen unveränderter Absatzzahlen und unveränderter Technik beruht. Mit diesem Stillstand ist bei BMW jedoch nicht zu rechnen.

Modell	Gewichtete Masse [kg]	Gewichteter CO$_2$-Ausstoß [g/km]	Abweichung [g/km]	Stückzahl	Strafzahlung [Mio. €]
Mini	1.155	124	4,3	155.000	70
BMW					
1er	1.361	130	0,4	170.000	0,3
3er	1.488	143	7,6	190.000	145
5er	1.603	167	26,8	90.000	233
6er	1.750	216	69	10.000	66
7er	1.954	227	70	25.000	168
X3	1.808	200	50	75.000	360
X5	2.216	233	69	45.000	295
X6	2.171	245	78	20.000	149
Z4	1.365	212	82	40.000	315
Rolls Royce	2.608	378	191	170	3
Summe				820.000	1804,3

Abb. 2-13: Hypothetische Strafzahlungen für die Modelle der BMW Group im Jahr 2015

Unter der Annahme unveränderter Verkaufszahlen, keiner technischen Weiterentwicklung sowie konstanter CO_2-Emissionen ergäbe sich insgesamt eine jährliche Strafzahlung an die EU in Höhe von rund 1,8 Mrd. € für die BMW Group. Diese Kosten entstehen lediglich durch die Nicht-Einhaltung der vorgeschriebenen CO_2-Emissionsgrenzwerte. Diese immensen Kosten müssten zukünftig durch die BMW Group getragen, oder aber für F&E-Aufwendungen im Bereich alternative Antriebe investiert werden, um durch innovative Technologien den CO_2-Ausstoß zu senken. Eine weitere Möglichkeit besteht darin, Kooperationen zu schließen.

Bereits geringe Veränderungen, sowohl beim CO_2-Ausstoß als auch bei den Verkaufszahlen, verändern die Höhe der Strafzahlungen signifikant. So ist bei geringen Veränderungen eine Halbierung der Zahlungen nach unten, aber auch eine Verdoppelung nach oben möglich. Demnach zeigt diese Analyse eine sehr hohe Sensitivität für die CO_2-Emissionen.

Die Emissionsgrenzwerte werden nach 2015 weiter reduziert. In diesem Zusammenhang wird das Referenzleergewicht M0 gesenkt und die anteiligen Kostenstrukturen emissionsorientiert verändert, sodass stufenweise mit noch höheren Strafzahlungen zu rechnen ist. Daher müssen die OEM nicht nur inkrementelle Verbesserungen am Kraftstoffverbrauch erzielen, sondern über alle Fahrzeuge hinweg den Verbrauch signifikant, gegebenenfalls durch vollkommen neue Antriebskonzepte, senken. Es bleibt abzuwarten, ob die Unternehmen solche Belastungen aushalten werden und in wie weit es ihnen gelingen wird, die Kosten an die Kunden weiterzugeben. Möglicherweise sollte der Gesetzgeber noch einmal darüber nachdenken, ob er die Kunden und die Industrie derart belasten kann und will.

Die US-amerikanische Regierung hat die Vorschriften zu Zero-Emission-Fahrzeugen in den 1990er Jahren zurückgenommen, nachdem diese Vorschriften von der Industrie mangels verfügbarer Batterien nicht einzuhalten waren. Insgesamt werden diese angedrohten Strafzahlungen jedoch auch dafür sorgen, dass der Verbrennungsmotor, der trotz seines Alters von über 100 Jahren noch weiterentwicklungsfähig ist, neuen Entwicklungsschub bekommen wird. Es lohnt sich jetzt, in diese Technik zu investieren, da die anderen Techniken die zulässigen Kosten nach oben treiben.

2.1.2 Lokale Umweltbelastung

Im Rahmen der lokalen Umweltbelastung stehen in erster Linie die Emissionen der Kraftfahrzeuge an Stickoxiden (NO_x), Feinpartikeln (PM) und Kohlenwasserstoffen (HC) im Fokus der Betrachtung. Erhöhte Konzentrationen dieser Abgase treten vermehrt in großen Ballungsräumen mit hoher Verkehrsdichte auf. Daher bildet die lokale Umweltbelastung insbesondere in bevölkerungsreichen Gebieten wie dem Ruhrgebiet oder in den zahlreichen weltweiten Metropolen, z. B. in Europa, Asien oder Kalifornien, einen Treiber für alternative Antriebe, die im Folgenden einzeln dargestellt werden.

2.1.2.1 Lokale Umweltbelastung in Europa

In Europa stellt der Aspekt der lokalen Umweltbelastung einen starken Treiber für Innovationen bei automobilen Antriebssystemen dar. Die Bemühungen um eine verbesserte lokale Luftqualität in Europa gehen im Ursprung auf die Einführung der Congestion Charge in London zurück. Diese stellt eine Maut dar, welche werktags seit dem Jahr 2003 für das Befahren des Londoner Innenstadtbereiches erhoben wird. Eine Übersicht über das Stadtgebiet, in dem diese Maut zu zahlen ist, gibt **Abb. 2-14**.

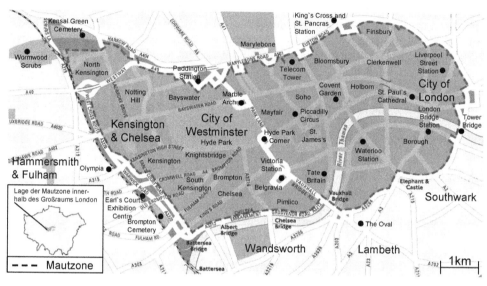

Abb. 2-14: London Congestion Charge

Die Mautzone umschließt die Gebiete Bayswater, Notting Hill, Kensington, Knightsbridge, Chelsea, Brompten, Belgravia, Pimlico, Victoria, St. James's, Waterloo, Borough, City of London, Clerkenwell, Finsbury, Holborn, Bloomsbury, Soho, Mayfair und Teile von Marylebone, was einer Fläche von etwa 42 km² entspricht.

Ursache für die Einführung dieser City-Maut war auch der Erfolg des Individualverkehrs in der Stadt. Sie ist an diesen Fahrzeugen regelrecht erstickt. Um nun das Verkehrsaufkommen zu reduzieren, hat es sich angeboten, eine Maut zu erheben und als Vergünstigung die alternativ angetriebenen Fahrzeuge mautfrei in die Innenstadt zu lassen. Da es davon nur wenige Fahrzeuge gab, war das eine risikofreie Entscheidung. Zusätzlich hat die Maut für Einnahmen gesorgt. **Abb. 2-15** zeigt die Änderungen in der Verkehrsverteilung [CCL08].

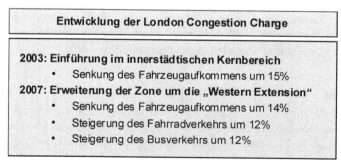

Abb. 2-15: Entwicklung und Auswirkungen der Londoner Congestion Charge [CCL08]

Die Einführung dieser Maut hat in der Folgezeit dazu geführt, dass das Interesse der Kunden für alternativ angetriebene Fahrzeuge, z. B. für den batterieelektrisch angetriebenen Smart ED, gestiegen ist. Bei täglichen Mautkosten von 12 € lohnt sich der Umstieg auf ein mautfreies Fahrzeug, z. B. mit Gas- oder Hybridantrieb, finanziell durchaus. Insgesamt kann jedoch nicht davon ausgegangen werden, dass diese Mautfreiheit bei einer großen Anzahl alternativ angetriebener Fahrzeuge beibehalten werden wird, da dann die Ziele der Maut in Form der Verkehrsberuhigung und der Erzielung weiterer Einnahmen verfehlt werden. Derzeit wirkt sie allerdings noch als einleuchtendes Argument für die Entwicklung von lokal emissionsfreien Elektrofahrzeugen, da diese Fahrzeuge für die Fahrer nun einen Zusatznutzen aufweisen.

Auch andere Städte haben solche mit einer Maut belegte Strecken oder Bereiche eingeführt, z. B. Bergen in Norwegen (1985), Singapur (1975), Stockholm (2003), Bologna (2006), Mailand (2008). Diese dienen allerdings meist unmittelbar dem Straßenbau bzw. dessen Finanzierung oder sie sollen eine Zufahrtsbegrenzung darstellen. Die Umweltgedanken haben dabei jedoch nicht sehr im Vordergrund gestanden.

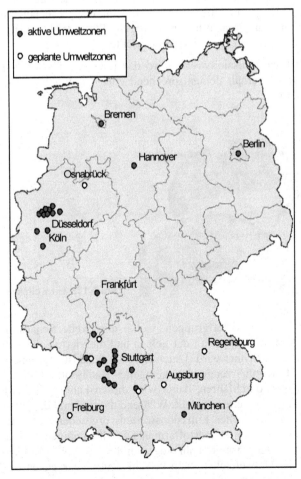

Abb. 2-16: Umweltzonen in Deutschland [UMW09]

Insgesamt stellt die Erhebung der City-Maut eine interessante Einnahmequelle für die Städte dar. Wenn sie mit dem Umweltschutz argumentiert werden, sorgen sie zudem für einen schnelleren Wechsel auf modernere Fahrzeuge, der sowohl der Automobilwirtschaft als auch der Luftqualität in den Städten zu Gute kommen sollte.

In Deutschland wirkt sich insbesondere der gestiegene Anteil an Dieselfahrzeugen mit ihren hohen Rußpartikelemissionen negativ auf die Luftqualität aus. Verschiedene legislative Maßnahmen werden derzeit implementiert, um die Feinstaubbelastungen zu senken. Neben der Verhängung von LKW-Durchfahrtsverboten für ganze Straßenabschnitte werden insbesondere sogenannte Umweltzonen eingerichtet. Dies sind innerstädtische Bereiche, in denen für Fahrzeuge mit schlechter Schadstoffklassifizierung ein Fahrverbot besteht [DIE06]. In Deutschland wurden bereits in mehreren Bundesländern Umweltzonen eingerichtet, eine Übersicht liefert **Abb. 2-16**.

Aus der Abbildung ist einerseits zu erkennen, dass derartige Umweltzonen in vielen großen Städten wie Berlin, Düsseldorf, München oder Stuttgart bereits eingerichtet worden sind, andererseits zeigt sich, dass sich diese Zonen besonders in Ballungsräumen wie dem Ruhrgebiet und der Stuttgarter Region häufen. Diese gesondert gekennzeichneten Zonen dürfen nur von Fahrzeugen befahren werden, die eine entsprechende Umweltplakette an der Windschutzscheibe angebracht haben, wobei die Stufe der Umweltplakette sich nach den Emissionswerten des jeweiligen Fahrzeugs richtet.

In Abhängigkeit seiner Emissionswerte wird das jeweilige Fahrzeug einer Schadstoffgruppe zugeteilt und es erhält dementsprechend eine der drei Umweltplaketten, wie in **Abb. 2-17** dargestellt.

Abb. 2-17: Umweltplakette

Insgesamt gibt es vier Schadstoffgruppen, wobei die zweite Schadstoffgruppe mit der roten, die dritte Schadstoffgruppe mit der gelben und die vierte Schadstoffgruppe mit der grünen Plakette gekennzeichnet wird. Unter die erste Schadstoffgruppe fallen ältere Dieselfahrzeuge sowie Benzinfahrzeuge ohne geregelten Katalysator. Diese Fahrzeuge dürfen die Umweltzonen nicht durchfahren, daher wird diesen Fahrzeugen und damit auch der Schadstoffgruppe keine Plakette zugeteilt. Während die rote und die gelbe Plakette nur für Dieselfahrzeuge mit relativ hohen Emissionswerten vorgesehen sind, dient die grüne Plakette der Kennzeichnung von schadstoffarmen Dieselfahrzeugen und nahezu allen benzinbetriebenen Fahrzeugen sowie Fahrzeugen mit Flüssiggas, Erdgas- oder Ethanolantrieb. Innerhalb der Umweltzonen kann verschiedenen Fahrzeugen die Durchfahrt verwehrt werden. Diese Fahrverbotsregelungen gelten derzeit bevorzugt für Dieselfahrzeuge der Schadstoffklasse Euro 1 und niedriger und sollen ab dem Jahr 2010 auf Fahrzeuge der Klasse Euro 2 erweitert werden [DIE06]. Im Rahmen dieser Regelung wird die Ausrüstung der Dieselfahrzeuge mit Rußpartikelfiltern durch eine Zuordnung zur nächsthöheren Schadstoffklasse gefördert.

Alle vorgenannten Maßnahmen dienen zunächst der Verbesserung der Luftqualität und der Reduzierung des Feinstaubes gemäß der entsprechenden EU-Leitlinie. Die Umweltplakette regelt also den Umgang mit dem Feinstaub, nicht aber die Belastung der Umwelt mit dem Treibhausgas Kohlendioxid. [UMW09]

Die Auswirkungen der Einführung von Umweltzonen auf die lokale Luftqualität bei verschiedenen strikten Fahrverboten sind in **Abb. 2-18** dargestellt. Die Fahrverbote führen einerseits zu einer Reduzierung der Fahrleistungen, da die Umweltzone nur bestimmten Fahrzeugen die Durchfahrt gewährt, andererseits kommt es zu einer Umschichtung hin zu emissionsärmeren Fahrzeugen. Die mit Abstand höchste Emissionsminderungswirkung von bis zu 80 % bei einem Wegfall der Fahrleistung und 62 % bei einer Umschichtung wird erzielt, falls auch die Schadstoffgruppe 3 ausgesperrt wird, was einem Fahrverbot für Fahrzeuge mit einer roten oder einer gelben Plakette entspricht. Dies liegt darin begründet, dass diese Fahrzeugklasse derzeit den Hauptanteil des Fahrzeugbestandes und der jährlich zurückgelegten Streckenkilometer in der Bundesrepublik ausmacht und in der Folge für den Großteil der Feinstaubemissionen im PKW-Verkehr verantwortlich ist. Ein Ausschluss dieser Fahrzeuge würde eine breite Umstellung des Fahrzeugbestandes auf Euro 4 Fahrzeuge mit Rußpartikelfiltern bewirken, wodurch auch in Zukunft trotz eines weiter steigenden Verkehrsaufkommens die Feinstaubemissionen gesenkt würden [DIE06]. Noch nicht ganz klar ist, ob dadurch die Immissionen als Belastung der Städte in gleichem Maße reduziert werden. Eine Studie aus Wien [ILL10] hat hierzu ergeben, dass nur 25 % der Feinstaubimmissionen von den Fahrzeugen stammen. Damit wird sich die Verringerung der Emissionen auch nur entsprechend um diesen Anteil verringern lassen.

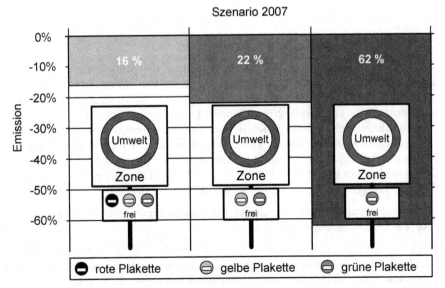

Abb. 2-18: Emissionsminderung bei unterschiedlicher Ausgestaltung der Umweltzonen [DIE06]

Die folgenden Abgasnormen (Euro 5 ab September 2009 sowie Euro 6 ab September 2014 vorgesehen) gelten für dann alle neu auf den Markt kommenden Modelle. Die auf dem Markt befindlichen Modelle müssen diese Euro 5 Norm ab September 2011 erfüllen. Für ältere Autos ändert sich nichts, sie dürfen weiter gefahren werden bis die Umweltzonen so weit angehoben werden, dass auch sie nicht mehr einfahren dürfen.

Von Euro 4 nach Euro 5 haben sich vor allem die zulässigen Stickoxidemissionen verringert, die Partikelemissionen sind für Dieselfahrzeuge um 80 % reduziert worden und für Benzinmotoren wurden sie überhaupt erst beschränkt. Für Euro 6 wird es für Dieselfahrzeuge eine weitere Stickoxidreduzierung geben, **Abb. 2-19**.

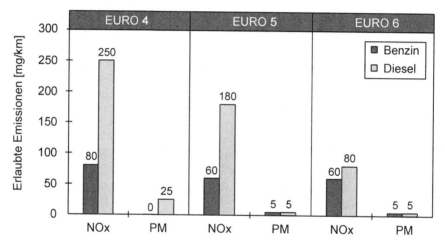

Abb. 2-19: Schwerpunkte der Emissionsreduzierung zukünftiger Euro-Normen [EUP08]

2.1.2.2 Lokale Umweltbelastung in Kalifornien

Die Kalifornische Regierung hat 1960 damit begonnen, die Autoabgase zu reglementieren. Diese Aktivität hatte ihre Ursachen in den speziellen klimatischen Bedingungen (Smog) im südkalifornischen Becken (Los Angeles) und dem Eindruck, dass die Industrien technische Lösungen bereitstellen könnten. Diese Vorschriften haben zur Entwicklung und Einführung des Drei-Wege-Katalysators mit der Lambda-Sonde und der elektronisch geregelten Benzineinspritzung geführt. Damit produzierten die Personenwagen und Light Trucks in den USA um die Jahrtausendwende bereits weniger als 5 % der Emissionen die vor 40 Jahre entstanden sind [JDP10]. Die 2009er Fahrzeugmodelle erfüllen Vorschriften, die weniger als 1 % der Emissionen von 1960 ausmachen.

Die schrittweise Veränderung lässt sich aus den verschiedenen Abgasstufen gut erkennen, die in **Abb. 2-20** zusammengestellt sind.

Zusätzlich zu diesen Regelungen zum Abgasverhalten der Fahrzeuge wurde in den USA dadurch Druck aufgebaut, dass beim Verkauf der Fahrzeuge bestimmte Vorgaben erreicht werden sollten. Diese galten für Fahrzeughersteller mit mehr als 10.000 neu verkauften Fahrzeugen pro Jahr. **Abb. 2-21** stellt einige dieser früheren Regelungen zusammen.

Überblick über Abgaskategorien

TLEV   **Transitional Low Emission Vehicle**

Dieser erste Standard ist 2004 ausgelaufen

LEV   **Low Emission Vehicle**

Diesen Standard mussten im Mittel alle Pkw erfüllen, die ab Modelljahr 2004 und danach landesweit verkauft wurden

ULEV   **Ultra Low Emission Vehicle**

Fahrzeuge mit dieser Bezeichnung sind 50% sauberer als der Mittelwert in einer neuen Modelljahr-Baureihe

SULEV   **Super Ultra Low Emission Vehicle**

Die so bezeichneten Fahrzeuge sind um 90% sauberer als der Mittelwert in einer neuen Modelljahr-Baureihe

PZEV   **Partial Zero Emission Vehicle**

Diese Fahrzeuge erfüllen die SULEV Abgasemissions-Standards, haben eine 15-jährige / 150.000 Meilen Garantie und keine Kraftstoffverdunstung (shed test)

AT PZEV **Advanced Technology PZEV**

Das sind Fahrzeuge, die mit komprimiertem Erdgas fahren oder Hybridantriebe sind. Sie erfüllen die SULEV-Standards für die Abgasemissionen, haben eine 15-jährige / 150.000 Meilen Garantie, keine Kraftstoffverdunstungen und sie enthalten Komponenten aus Spitzentechnologie. Hierunter fallen die modernen Hybridfahrzeuge (z.B. Honda Civic 2008, Toyota Camry und Prius und auch Honda Civic GX NGV)

ZEV   **Zero Emission Vehicle**

Das sind Elektrofahrzeuge und Brennstoffzellenfahrzeuge, die keine schädlichen Abgas-emissionen mehr haben und die um 98% sauberer sind als das durchschnittliche Modell eines Fahrzeugjahrganges

Abb. 2-20: Überblick über Abgaskategorien der USA [JDP10]

Entwicklung des Low-Emission-Vehicle Programms in Kalifornien

1990: LEV I

Schrittweise Erhöhung des Anteils von ZEVs an allen Neuwagenverkäufen auf 10% im Jahr 2003 (entspricht 100.000 Fahrzeugen)

2001: LEV I - Anpassung

Halbierung der in der LEV I Gesetzgebung von 1990 festgelegten Vorgaben

2003: LEV II

Senkung des jährlichen Anteils ZEVs an allen Neuwagenverkäufen auf 2,4% (entspricht 24.000 Fahrzeugen)

2008: LEV II - Anpassung

Senkung der Fahrzeug-Pflichtverkäufe auf 7.500 ZEVs und 58.333 AT PZEVs in der Zeitperiode von 2012 bis 2014

Abb. 2-21: Entwicklung des LEV-Programms [ARB08, ARB08a]

Die im Rahmen dieser Programme den Herstellern vorgegebenen Abgaskategorien sind beispielhaft in **Abb. 2-22** zusammengefasst. Die gesetzlich vorgeschriebenen Verkaufsanteile für emissionsarme Fahrzeuge stellen im Hinblick auf die zunehmende Elektrifizierung des Antriebsstrangs einen starken Treiber dar.

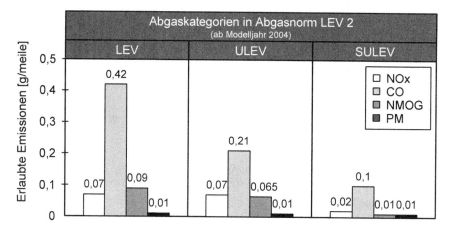

Abb. 2-22: Abgaskategorien [BAU03]

Die LEV 2 Norm macht eine grobe Einteilung in die drei Abgaskategorien Low-Emission-Vehicle (LEV), Ultra-Low-Emission-Vehicle (ULEV) und Super-Ultra-Low-Emission-Vehicle (SULEV), welche sich durch unterschiedlich hohe Grenzwerte für die Emission von Stickoxid, Kohlenmonoxid, Kohlenwasserstoff und Rußpartikeln unterscheiden.

Der zu Beginn der 1990er Jahre erkennbare Druck, dass auch die deutsche Automobilindustrie in Amerika ab 1998 bereits 3 % vom Umsatz als Elektrofahrzeuge (Zero Emission) verkaufen sollte, hat intensive Entwicklungsarbeiten ausgelöst. Eine der gemeinsamen Aktivitäten der Fahrzeugindustrie war der von 1992 bis 1995 durchgeführte „Rügen-Versuch", bei dem 60 Elektrofahrzeuge in private Nutzung gegeben wurden. Aus diesem Versuch sind wesentliche Erkenntnisse zur Nutzung und Technik entstanden, z. B. zur Akzeptanz der Nutzer, Notwendigkeit der Entwicklung elektrisch angetriebener Aggregate wie Lenkungen, Klimaanlagen, Bremsen und Anforderungen an die Batterien.

Es wurde aber auch deutlich, dass energetisch betrachtet der Verbrennungsmotor noch nicht einzuholen war. Bei BMW wurde mit dem E1 das erste „purpose-designed electric vehicle" konstruiert und gebaut, **Abb. 2-23**. Bei Daimler-Benz entstand etwas später die A-Klasse mit dem doppelten Boden, um die Batterien aufnehmen zu können. General Motors hat in den USA zu gleicher Zeit den EV1 entwickelt und auch an zufriedene Kunden abgegeben. Als sich jedoch in den Folgejahren gezeigt hat, dass es keine wirtschaftlichen Batterien geben würde, sind die Aktivitäten zu den Elektrofahrzeugen in den USA und in Europa wieder zurückgefahren worden. An ihre Stelle traten ab 1994 die Daimler-Benz Entwicklungen zum Brennstoffzellen-Antrieb „New Electric Car" (NECAR). Die Nachteile bzw. auch die Nichtverfügbarkeit der Batterien sollten durch den Einsatz von Brennstoffzellen ausgeglichen werden. Damals wurden für das Jahr 2004 Brennstoffzellen-Fahrzeuge in Kundenhand zugesagt.

Abb. 2-23: EV1 von General Motors und E1 von BMW [GMV09]

Nachdem das Vorschreiben einer zu verkaufenden Menge von ZEV's auf dem US-amerikanischen Markt nicht funktionierte, hat sich der Gesetzgeber auf eine Ausweitung auf andere, ebenfalls mit geringen Emissionen zu fahrenden Fahrzeugen eingelassen.

Nach den neuesten Anpassungen von 2008 sind jedem OEM ab 2009 Verkaufsanteile für ZEV vorgeschrieben, die auf dem kalifornischen Markt angeboten werden müssen. Allerdings wurden im Hinblick auf die Einhaltung des Mindestanteils weitere Fahrzeugklassen definiert, die bei der Berechnung des erforderlichen ZEV-Anteils mit einberechnet werden dürfen, **Abb. 2-24**.

Bezeichnung	Technologie	Typ	Emissionsfreies Fahren
PZEV (Partial ZEV)	konventionelle Antriebe mit hochentwickelter Abgastechnologie	-	-
AT PZEV (Advanced Technolgy PZEV)	Hybrid-, Erdgas- und Methanolbrennstoffzellenfahrzeuge		
Enhanced AT PZEV	AT PZEV mit einem ZEV Kraftstoff (Plug-In Hybride, H_2-Verbrennungsmotor)		
ZEV (Zero Emission Vehicle)	Brennstoffzellen- und Batterieelektrofahrzeuge	I	50-75 Meilen
		I.5	75-100 Meilen
		II	100-200 Meilen
		III	100 Meilen und Schnellladung oder 200 Meilen
		IV	200 Meilen und Schnellladung
		V	300 Meilen und Schnellladung

Abb. 2-24: Fahrzeugklassen im Low-Emission-Vehicle Programm [ARB08a]

Von den Modelljahren 2009 bis 2011 müssen 11 % der auf dem kalifornischen Markt angebotenen Fahrzeuge eines Herstellers ZEVs sein. Dieser Prozentanteil darf sich zunächst maximal zu 55 % aus PZEVs und 22,5 % ATPZEVs ergeben. Das bedeutet, dass sich der restliche Teil durch reine ZEVs ergeben muss. Von den 11 % müssen demnach mindestens 22,5 %, also 2,5 % reine ZEVs sein. [CAR09a]

Der insgesamt geforderte ZEV-Anteil an den am Markt angebotenen ZEVs eines Herstellers sowie dessen Zusammensetzung werden im Laufe der Jahre angepasst, siehe **Abb. 2-25**. Bei den ab 2009 angebotenen ZEV-Fahrzeugen brauchen nur 4 % reine ZEV's zu sein, 60 % können durch hochentwickelte Abgastechnologien abgedeckt werden. Hybrid- und Erdgasfahrzeuge ergänzen die Anforderungen. Da nur betrachtet wird, welche Fahrzeuge ein Hersteller in den Verkehr bringt, zählen zu dem ZEV-Anteil eines Herstellers A auch Fahrzeuge, die er nicht selbst produziert, sondern von Hersteller B gekauft hat. Um die geforderte Anzahl von anzubietenden ZEVs einschätzen zu können, kann der Hersteller alternativ Verkaufszahlen des laufenden Modelljahres oder durchschnittliche Verkaufszahlen aus vergangenen Jahren heranziehen. [CAR09a]

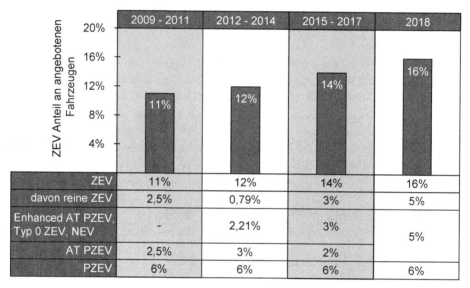

	2009 - 2011	2012 - 2014	2015 - 2017	2018
ZEV	11%	12%	14%	16%
davon reine ZEV	2,5%	0,79%	3%	5%
Enhanced AT PZEV, Typ 0 ZEV, NEV	-	2,21%	3%	5%
AT PZEV	2,5%	3%	2%	
PZEV	6%	6%	6%	6%

Abb. 2-25: ZEV Anteil an angebotenen Fahrzeugen auf dem kalifornischen Markt

Über diese Regularien hinaus hat die kalifornische Gesetzgebung ein „Credit-System" entwickelt, wodurch OEMs bestimmte Gutschriften erhalten, falls sie die gesetzlichen Mindestvorgaben übertreffen. Diese Gutschriften können in den folgenden Jahren bei Nichteinhaltung der Vorgaben verrechnet oder auch an andere Hersteller verkauft werden.

Obwohl die LEV-Standards in der neuesten Anpassung von 2008 gegenüber früheren Regelungen deutlich abgeschwächt sind, fordert die kalifornische Gesetzgebung explizit einen zunehmenden Anteil an Fahrzeugen, die rein elektrisches Fahren ermöglichen. Diese Forderung stellt einen starken Treiber für alternative Antriebe dar und hat dazu geführt, dass alle großen auf dem amerikanischen Markt vertretenen Fahrzeughersteller die Entwicklung von emissionsarmen Fahrzeugen erneut verstärkt und eine Einführung von Plug-In Hybriden und Batterie-Elektrofahrzeugen für die Jahre 2010 bis 2012 geplant haben. Beispiele für auf der LEV-Gesetzgebung basierende Projekte sind der Chevrolet Volt des GM-Konzerns sowie der BMW Mini E. Aufgrund ihres Vorbildcharakters für andere US-Bundesstaaten kommt der kalifornischen Abgasgesetzgebung generell eine gesteigerte Bedeutung zu. So wurden die kalifornischen Emissionsstandards bereits von zwölf anderen US-Bundesstaaten übernommen.

2.1.2.3   Lokale Umweltbelastung in Asien

Asien ist seit vielen Jahren durch eine stark steigende Bevölkerung geprägt. So lebt rund die Hälfte der Weltbevölkerung auf diesem Kontinent und die weitere Entwicklung ist ungebrochen, so dass bald sogar 2/3 der Weltbevölkerung in Asien leben wird. Einher mit dem hohen Bevölkerungswachstum geht eine Verstädterung, welche zusammen mit dem starken Wirtschaftswachstum für erhebliche Luftbelastungen für die Bevölkerung sorgt, z. B. in China und Indien. Das hohe Verkehrsaufkommen und große Industrieansammlungen innerhalb der City-Bereiche sind die auslösenden Faktoren für Umweltbelastungen. Die schlechte Luftqualität wird primär durch den Verkehr hervorgerufen. Hohe Staub- und Schwebstoffkonzentrationen in der Luft bergen hohe Gesundheitsrisiken. Die gesetzlichen Grenzwerte für die Luftschadstoffe halten 2/3 der chinesischen Städte nicht ein. [WBK08]

In Indien ist es ähnlich, allerdings hat hier in einigen Städten die Einführung von mit Erdgas betriebenen Fahrzeugen bereits eine deutliche Entlastung gebracht. Das ist für die Fahrzeuge des öffentlichen Nahverkehrs auch in Peking erfolgt. Die Taxi-Flotten in China sind ebenfalls weitgehend mit Erdgasmotoren ausgerüstet.

Vor dem Jahr 2005 hat es in China keine Abgasnormen gegeben. Aus Gründen des geringen Einkommens der Bevölkerung sind hochwertige Fahrzeuge nicht absetzbar gewesen. Beispielsweise lag das Pro-Kopf-Brutto-Inlandsprodukt im Jahr 2008 bei durchschnittlich 2.500 $ [DBP08]. Allerdings gibt es in China ein erhebliches Ungleichgewicht in der Wohlstandsverteilung, so dass durchaus Kunden für abgasgereinigte Fahrzeuge vorhanden sind. Nach der Einführung der europäischen Abgasnorm Euro 2 in China hat sich die Luftsituation gebessert, ab 2009 gilt in den Großstädten sogar die Euro 4 Abgasnorm, **Abb. 2-26**.

Maßnahmen zur Kfz-Emissionsreduzierung in China im Rahmen des zehnten Fünfjahresplanes 2001

- Landesweite Einführung der Euro 2 Norm zum Jahr 2005
- Verschärfung auf die Euro 4 Norm in den Großstädten bis 2009
- Förderung alternativer Antriebe zur Verbesserung der lokalen Luftqualität (Bsp. Umstellung des öffentlichen Nahverkehrs in Peking auf Erdgas)
- Initiierung von Forschungsvorhaben zu Elektro-, Hybrid- und Brennstoffzellenantrieben

Abb. 2-26: Emissionsreduzierung im zehnten chinesischen Fünfjahresplan 2001 [PDO08]

2.1.2.4   Kundenanforderungen in China

Auch die Kundenanforderungen unterliegen in China einer staatlichen Lenkung. So hat die chinesische Regierung im Jahr 2009 angekündigt, dass sie für Fahrzeugkäufe der öffentlichen Hand die maximale Motorengröße und die zulässigen Preise begrenzen will. Das kann langfristig zum Abwenden von hochwertigen Fahrzeugen aus Joint Venture Unternehmen mit ausländischen Fahrzeugherstellern hin zu Fahrzeugen der Oberklasse aus chinesischen Unternehmen führen. Die Regierung bzw. der Volkskongress will damit die heimische Industrie unterstützen, in dem zumindest 50 % der Beschaffungen von chinesischen Herstellern zu erfolgen haben. Diese Maßnahme wird den Umsatz kleinerer und billigerer heimischer Fahrzeuge unterstützen, die den Beamten zur Verfügung gestellt werden. Der maximal zulässige Hubraum wird von 2 Liter auf 1,8 Liter herabgesetzt, der maximale Preis wird 23.400 $ betragen. Dieser Wechsel der Politik, der von mehreren Ministerien und der kommunistischen Partei überwacht wird, hat den Effekt, dass der chinesische Fahrzeugabsatz angehoben wird, der bereits zu mehr als 50 % von der heimischen Industrie getragen wird. Dadurch wird China mit 13 Mio. Fahrzeugen pro Jahr der größte Fahrzeugmarkt, verglichen mit gerade 10 Mio. Fahrzeugen in den USA. Sobald die Zentralregierung diese Verordnung umsetzt, werden auch die nachgeordneten Regierungen mehr chinesische Fahrzeuge beschaffen.

Von der neuen Politik wird auch erwartet, dass sie Fahrzeuge bevorzugt, die neue Energiequellen zum Antrieb verwenden, um damit die Entwicklung umweltfreundlicher Autos zu unterstützen. So hat der chinesische Fahrzeughersteller BYD (Build Your Dreams) bereits seit längerem angekündigt, rein elektrisch angetriebene Fahrzeuge auf den Markt zu bringen. In diesem Zusammenhang muss auch die Mitteilung gesehen werden, dass die Daimler AG zu Beginn des Jahres 2010 ein Joint Venture mit BYD eingegangen ist, um an diesen Entwicklungen zu partizipieren. BYD hat allerdings auch angekündigt, dass man mit der Einführung von Elektrofahrzeugen erst einmal in kleinerem Umfang beginnen wird, bis klar ist, wie die Regierung diese Aktivitäten unterstützen wird.

Mit dieser Regierungsaktivität wird deutlich, dass es in China noch nicht Kundenwünsche sind, welche die Automobilproduktion bestimmen, sondern eher dirigistische Maßnahmen. Die Beschaffungsrichtlinien sollen sowohl den Absatz heimischer Produkte stützen, darüber hinaus aber auch das Vertrauen der Verbraucher in die chinesischen Fahrzeuge stärken.

Es hat sich in der Vergangenheit gezeigt, dass die von der Regierung bevorzugten Fahrzeuge sich auch im Privatbesitz haben gut durchsetzten können. Damit war ein Anheben des privaten Status verbunden. So werden heute rund 80 % der Audi A6 an Privatpersonen verkauft. Daran dürfte sich nach Angaben eines Audi-Sprechers von der FAW Volkswagen Automobile Company auch nicht viel ändern. [CHU10]

2.2   Kundenanforderungen

Bei den Kundenanforderungen ist ebenfalls nach Märkten zu unterscheiden. Diese Anforderungen haben sich natürlich den gesetzgeberischen Vorschriften unterzuordnen, danach kann der Kunde seine Schwerpunkte setzen. Diese richten sich auch nach Modetrends. So haben wir zumindest in Deutschland eine Entwicklung vorliegen, welche die Mittelklasse ausdünnt und zum hochwertig ausgestatteten Kleinwagen, z. B. Audi A1 oder BMW Mini, bzw. zum eher luxuriösen SUV, z. B. Audi Q5 oder BMW X5 geht. Die Forderungen nach wirklich preiswerten Fahrzeugen werden zwar immer wieder erhoben, nur setzen sich solche Fahrzeuge, z. B. der Marke Dacia, in Deutschland lediglich langsam durch. Auch diese werden dann selten in ihrer puristischen Basisausstattung geordert, sondern mit relativ umfangreicher Sonderausstattung ergänzt.

Mit Bezug auf die Umweltverträglichkeit zeigen Studien, dass die zuvor gar nicht interessierende Umweltfreundlichkeit bei Befragungen zumindest vorkommt und als fünftwichtigster Punkt genannt wird, siehe **Abb. 2-27**. [OWY07]

Kundenpräferenzen beim Fahrzeugkauf
1.   Zuverlässigkeit
2.   Sicherheit
3.   Preis-Leistungsverhältnis
4.   Gesamtkosten
5.   Umweltfreundlichkeit
6.   Design
7.   Service
8.   Markenprestige

Abb. 2-27: Rangfolge der Kundenpräferenzen beim Fahrzeugkauf [OWY07]

Ob bei einer Kaufentscheidung dieser Rangfolge entsprochen wird, ist noch eine andere Frage. Die derzeit geforderten Unterstützungsmaßnahmen des Staates bei der Einführung von Elektrofahrzeugen lassen eher eine geringe Neigung der Kunden erwarten, für die Umweltfreundlichkeit eines Fahrzeugs einen höheren Kaufpreis zu akzeptieren. Ob also wirklich von einem kundenseitigen Paradigmenwechsel gesprochen werden kann, mag noch hinterfragt werden.

Deutlich anders sind die Kundenanforderungen z. B. auf dem chinesischen Markt. Wie bereits unter Abschnitt 2.1.2.4 erwähnt, ist das Einkommen eines normalen chinesischen Arbeiters so gering, dass der sich nur ein möglicherweise elektrifiziertes Fahrrad oder ein Motorrad leisten kann. Im Gegensatz dazu fragt die chinesische Mittelschicht jedoch Fahrzeuge nach, wobei sie sich stark von Vorbildern leiten lässt. Das sind die Beschaffungen der chinesischen Regierung für ihre Mitarbeiter, bei denen der Fahrzeughersteller Audi durch das langjährige Engagement in China eine dominierende Stellung eingenommen hat.

Bei der erfolgreichen Einführung von Fahrzeugen mit alternativen Antriebskonzepten stehen neben dem Aspekt „Umweltschutz und Ressourcenschonung" vor allem die Gesamtkosten im Vordergrund. Neue Technologien zur Verbrauchsreduzierung, z. B. ein Hybridantrieb, sind in der Regel mit deutlich höheren Anschaffungskosten verbunden. Diesen gestiegenen Investitionskosten stehen dafür andere finanzielle und gesellschaftliche Vorteile gegenüber, z. B. Steuervergünstigungen, geringere Kraftstoffkosten, umweltfreundliches Image, die über die Nutzungsdauer des Fahrzeuges wirken. Falls ein Hersteller ein Fahrzeug mit verschiedenen Antriebsalternativen anbietet, steht der Kunde somit vor einem Trade-off zwischen höheren Anschaffungskosten für eine umweltfreundliche Technologie, und geringeren laufenden Kosten aufgrund eines geringen Kraftstoffverbrauchs etc. Bei einer rein wirtschaftlichen Betrachtung der Gesamtkosten im Sinne der Total-Cost-of-Ownership (TCO), wird der Kunde eines umweltfreundlichen Fahrzeuges möglicherweise langfristig durch die niedrigeren Unterhaltskosten profitieren. Allerdings zeigten sich nur rund 13 % der Kunden bereit, höhere Anschaffungskosten für einen umweltfreundlichen Antrieb zu akzeptieren [OWY07]. Langfristig ist es für einen breiten

Markterfolg aber erforderlich, die Mehrkosten für alternative Systeme weiter zu senken und über geringere laufende Kosten den wirtschaftlichen Gesamtvorteil in den Vordergrund zu stellen.

2.3   Ressourcenverfügbarkeit

Während die Öffentlichkeit mit dem Aufruf zum Klimaschutz für die Elektrotraktion gewonnen werden soll, ist den Fachleuten schon seit längerer Zeit klar, dass wegen der Verknappung an fossilen Energie-Rohstoffen an neuen Lösungen gearbeitet werden muss, die das Abkoppeln der Mobilität vom Erdöl ermöglichen sollen. Das derzeit zu den Ölreserven „gehandelte" Bild möge das noch einmal verdeutlichen, **Abb. 2-28**. Auf die zu lösenden Fragestellungen im Zusammenhang mit den Erdölressourcen sei nachfolgend kurz eingegangen, um die Notwendigkeit der Entwicklungen von alternativen Antrieben nachzuweisen.

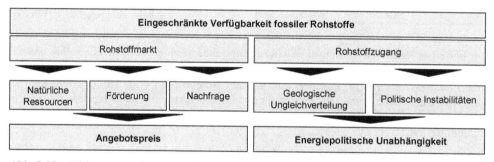

Abb. 2-28: Wirkzusammenhänge der eingeschränkten Verfügbarkeit fossiler Rohstoffe

2.3.1   Rohstoffmarkt

Die noch verfügbaren Ölreserven sollen nach den Voraussagen der Fachleute noch für etwa 40 Jahre reichen. Das wurde schon vor mehr als 40 Jahren vorausgesagt. Die Unwahrheit der Prognose hat die Gesellschaft solche Voraussagen nicht mehr Ernst nehmen lassen.

Nun scheint es nach Veröffentlichungen aber doch eher so zu sein, dass die Ressourcen abnehmen [IHS06]. In **Abb. 2-29** ist gezeigt, dass die Funde von neuen Ressourcen auf dem Festland seit 1970 abnehmen, auf dem Meer und im Besonderen in der Tiefsee kommen auch keine großen neuen Funde hinzu. Das Unglück im Golf von Mexiko im April des Jahres 2010 ist auch nicht dazu geeignet, das Vertrauen in solche Erdölgewinnungen zu stärken. Die Ölförderung steigt aber noch weiter an, so dass es zwangsläufig zu Verknappungen kommen wird. Die weltweiten Ölressourcen werden weiter zurückgehen. [BAL06, CAM00, CAM02, SCH08, ZEG05]

Die Frage nach der Dauer der weiteren Verfügbarkeit von Erdöl kann sicher nur beantwortet werden, wenn es klare Aussagen zur Verfügbarkeit und zur Förderbarkeit zukünftigen Erdöls gibt und wenn die Bedarfsanforderungen mit ausreichender Genauigkeit formuliert werden können.

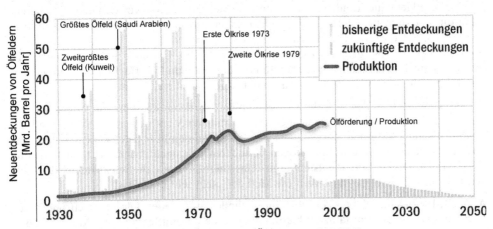

Abb. 2-29: Entwicklung der globalen Ölfunde und Ölförderung [ODE08]

2.3.2 Ölressourcen

Das Thema der weltweit verbleibenden Ölreserven wird derzeit kontrovers diskutiert. Besonders problematisch ist hierbei die geographische Bestimmung der verbleibenden Reserven, da diese größtenteils auf Schätzungen beruhen. Hierdurch entstehen Unsicherheiten, deren Ursachen in **Abb. 2-30** dargestellt werden.

Gründe für unscharfe Bestimmung der globalen Ölressourcen

- Eingeschränkter Zugang unabhängiger Experten zu Ölfeldern
- Unpräzise Messverfahren für neue und bestehende Ölfelder
- Ungenaue Schätzungen zukünftiger Ölfunde und theoretischer Ölvorkommen

---

Abb. 2-30: Gründe für unscharfe Bestimmungen der globalen Ölressourcen

Die genaue Größe eines Erdölfeldes lässt sich auch nach seiner Erschließung nicht mit letzter Sicherheit quantifizieren. Der so erzeugte jährliche Diagnosebedarf für bereits erschlossene und potenzielle neue Förderstandorte wird durch die jeweiligen staatlichen und industriellen Institute gedeckt. Ein zusätzliches Problem der Unsicherheit in der Bestimmung der verbleibenden Erdölressourcen besteht darin, dass es vor allem in den Regionen des Nahen Ostens keinen freien Zugang zu den Ölfeldern gibt. Die Validität der offiziellen Angaben zum Ölvorkommen der jeweiligen Förderstaaten in dieser Region wird daher nicht durch unabhängige Institute bestätigt. [SCH08]

Auch heute werden immer wieder neue Ölvorkommen entdeckt und erschlossen. Diese neuen Ölfelder haben jedoch bei weitem nicht das Ausmaß der bereits erschlossenen Felder. Über 80 % des heute geförderten Öls stammt aus Feldern, die seit über 40 Jahren bekannt sind. Daher ist die Neuentdeckung eines Ölfeldes kein Grund für unbegrenzten

Jubel. Die allgemeine Tendenz der Prognosen bleibt nach wie vor erhalten. Die durchschnittliche Größe neu entdeckter Ölfelder in den Jahren von 1960 bis 1970 betrug 527 Megabarrel pro Aufschlussbohrung. In den Jahren von 2000 bis 2005 ging dieser Wert auf knapp 20 Megabarrel zurück [BAL06, CAM00, CAM02, SCH08]. Folglich ist davon auszugehen, dass auch weitere Ölfunde keinen Heureka-Effekt haben werden, und somit den weiterhin steigenden Ölbedarf nicht werden decken können.

Als problematisch stellen sich die Ölvorkommen dar, deren Existenz nur in der Theorie begründet sind. Beispielhaft seien hier die vermuteten Vorkommen am Nord- und am Südpol genannt. Aufgrund von geologischen Erkenntnissen über bereits existierende Vorkommen schätzt man die Möglichkeiten in anderen Regionen ebenfalls Öl zu finden ab [BGR06]. Auch hierdurch entsteht eine Unsicherheit bei den Schätzungen über die verbleibenden Erdölressourcen, da diese Methode nicht sehr präzise ist.

Abb. 2-31 gibt einen Überblick über die aktuellen weltweiten Ölressourcen und deren Verteilung. Besonders auffällig ist hierbei die Region des mittleren Ostens, die rund 56 % der weltweiten Ölvorkommen aufweist.

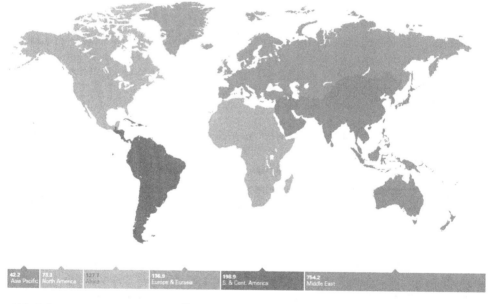

Abb. 2-31: Verteilung der globalen Ölreserven [BPM10]

2.3.3 Ölförderung

Nicht nur die geographische Bestimmung der verbleibenden Ölressourcen, sondern auch die Frage der Förderbarkeit der einzelnen Felder stellt einen hohen Unsicherheitsfaktor für wirkungsvolle Prognosen dar. **Abb. 2-32** zeigt einen Überblick über die verschiedenen Fragestellungen im Hinblick auf die Erdölförderung.

Gründe für unterschiedliche Bestimmung der förderbaren Ölressourcen

- Verschiedenen Formen von Ölvorkommen (z.B. Rohöl, Ölsand, Ölschiefer) werden unterschiedlich bewertet
- Zukünftige Möglichkeiten der Fördertechnik werden unterschiedlich bewertet

---

Abb. 2-32: Ursachen für unterschiedliche Prognosen der förderbaren Ölressourcen

Die verschiedenen Formen von Ölvorkommen auf der Welt, als Rohöl, Ölsand und Öl-schiefer, lassen bei unterschiedlicher Bewertung der jeweiligen wirtschaftlichen Ver-wendbarkeit genauso unterschiedliche Prognosen entstehen. So rechnet der Ölkonzern Esso mit einem Ölvorkommen von 27 Gigatonnen in Nordamerika, der Wettbewerber BP hingegen mit nur 7,8 Gigatonnen, was weniger als einem Drittel der Schätzung von Esso entspricht [SPG08a]. Esso kalkuliert im Gegensatz zu BP auch die sogenannten Ölsande in seine Prognose mit ein. Die Kosten für die Ölgewinnung steigen, je komplizierter der Abbau und die Gewinnung des Öls sind. Daher ist der Abbau von Ölsand und vor allem von Ölschiefer erst bei gestiegenen Rohölpreisen wirtschaftlich durchführbar [KEN08].

Ein weiterer Unsicherheitsfaktor für Prognosen über die zukünftige Verfügbarkeit von Erdöl stellt die Tatsache dar, dass ein Ölfeld bisher nicht zu 100 % ausgebeutet werden kann. Die technisch machbaren Grenzen werden z. B. durch die Bohrlochstabilität in großen Tiefen gesetzt. Dadurch wird durchschnittlich nur rund ein Drittel des in der Tiefe vorhandenen Öls abgebaut. Hier besteht also ein großes Potenzial für weitere Forschung und Entwicklung im Bereich der Abbau- und Fördertechnik. Jedoch divergieren auch hier die Meinungen über die möglichen, und die erzielbaren Resultate stark. Die Ölindustrie sagt Förderpotenziale von 50 bis 55 % voraus, dagegen sehen wissenschaftliche Institute die technisch machbare Grenze bei einer Abbaustufe von etwa 40 % erreicht [SPG08].

Zurzeit wird besonders in China mit neuen Abbaumethoden versucht, die Ölförderung zu steigern. Wasserdampf wird über großflächig angeordnete Injektionslöcher in die ölhalti-gen Gesteinsschichten gepumpt. Der dadurch entstehende Druckanstieg im Gestein spült dann das Öl aus dem Gestein heraus. In Zukunft soll der Wasserdampf durch Kohlendi-oxid ersetzt werden, wodurch man sich eine noch höhere Ergiebigkeit verspricht. Ebenso wird bereits an lenkbaren Bohrköpfen gearbeitet, die auch in horizontaler Ebene betrieben werden können. Dies soll ebenfalls eine bessere Erschließung von Ölfeldern gewährleis-ten [SPG08a].

2.3.4 Ölbedarf

Schwer einzuschätzen ist der zukünftige Ölbedarf, der einen wesentlicher Einflussfaktor der Ressourcenverknappung darstellt. Die reifen Märkte in Europa und den USA weisen geringe Wachstumsraten auf. Prognosen des zukünftigen Bedarfs können für diese Regio-nen einfach erstellt werden. Wesentlich problematischer stellt sich dagegen die Situation auf den „emerging markets" dar. Hier sind Indien und China von wesentlicher Bedeutung. Diese beiden Staaten sind nicht nur die bevölkerungsreichsten der Erde mit jeweils über einer Milliarde Menschen, sie weisen seit einigen Jahren auch ein jährliches Wirtschafts-wachstum von über 10 % [DBP08] auf. Man geht davon aus, dass dies auch in naher Zukunft beinahe unverändert weitergehen wird. Dieses immense Wirtschaftswachstum erzeugt einen steigenden Energiebedarf. **Abb. 2-33** stellt diesen steigenden Bedarf dem ungefähr gleichbleibenden Bedarf auf den reifen Märkten gegenüber. Die schiere Größe der Märkte in Indien und China macht sich im weltweiten Ölbedarf bemerkbar und treibt diesen auch weiterhin in die Höhe. Diese Situation würde auch bei einem eventuellen Bedarfsrückgang auf den reifen Märkten nicht entschärft werden.

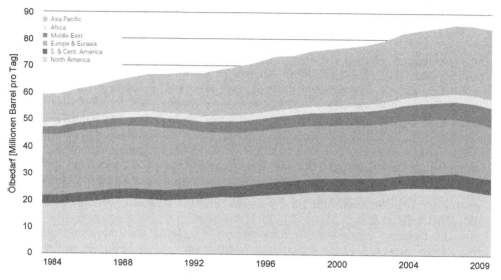

Abb. 2-33: Regionaler und globaler Ölbedarf [BPM10]

Die „emerging markets" zeichnen sich durch eine hohe Dynamik aus, die nur Schätzungen über die weitere zukünftige Entwicklung dieser Volkswirtschaften zulassen. Das hohe Wirtschaftswachstum bedingt, wie eben erwähnt, einen wachsenden Energiebedarf. Aufgrund der mit dem Wirtschaftwachstum einhergehenden politischen und sozialen Entwicklung, lässt sich der wachsende Energiebedarf nur schwer quantifizieren.

Diese Verflechtungen sollen am Beispiel Chinas näher erläutert werden. Durch das starke Wirtschaftswachstum in den vergangenen Jahren ist es in breiten Schichten der Bevölkerung zu einem gestiegenen Wohlstandsniveau gekommen. Dies ging mit einer Kaufkraftzunahme einher, wodurch das Bedürfnis nach einer Verbesserung des Lebensstandards geweckt wurde. Während das eigene Handy bereits seit längerer Zeit erschwinglich war, entstand nun der Bedarf nach einem eigenen Auto. Der chinesische Automobilmarkt weist derzeit Wachstumszahlen von bis zu 12,9 % jährlich auf, was diese Entwicklung deutlich wiederspiegelt [RBC06, SBA08]. In einer modernen Industriegesellschaft geht jedoch ein gehobener Lebensstandard grundsätzlich mit einem ebenfalls gesteigerten Energiebedarf einher. Dieser Bedarf bezieht sich sowohl auf elektrische Energie aus Kraftwerken als auch auf den Primärenergieträger Erdöl. Es trifft also der wachsende Ölbedarf des sekundären Sektors auf den steigenden Energiebedarf des privaten Sektors. Hier kommt die soziale Komponente der Bedarfsentwicklung ins Spiel.

Das immense Wirtschaftswachstum mit dem daraus resultierenden stark steigenden Energiebedarf stellt China jedoch vor große Probleme. Das Land ist bereits heute nicht mehr in der Lage, seinen „Energiehunger" adäquat zu stillen. Die Regierung muss tiefgreifende Kontrollmaßnahmen ergreifen, um den kompletten Zusammenbruch des Energienetzes zu verhindern. So gilt bis zum 15. November eines jeden Jahres ein allgemeines Heizverbot in den Städten. In großen Ballungszentren wie Shanghai kommt es zu temporären Stromnetzabschaltungen [HIR05]. Die chinesische Regierung ist bemüht, die hohe wirtschaftliche Dynamik des Landes durch diese massiven politischen Einflussnahmen in kontrollierte Bahnen zu lenken.

Wie gezeigt, besteht ein komplexes Zusammenspiel von politischen, wirtschaftlichen und sozialen Kräften in den Ländern der „emerging markets". Dies erschwert die Ermittlung des zukünftigen globalen Ölbedarfes. Zusätzlich kompliziert wird diese Situation durch das Fehlen von Vergleichsmöglichkeiten in der Vergangenheit. Als gesichert angenommen werden kann daher nur, dass die Ölbedarfskurve auch zukünftig ihren steigenden Charakter beibehalten wird.

2.3.5 Ölpreis

Als Resultat der Entwicklungspfade der beiden Faktoren Ölreserven und Ölbedarf lässt sich als Gesamtaussage der Indikator „Peak Oil" zusammenfassen. Dieser Indikator bezeichnet den Zeitpunkt, bei dem die weltweite jährliche Ölfördermenge ihr Maximum erreicht [HUB56].

Der Indikator des Peak Oil ist von großer Bedeutung für zukünftige Entwicklungen in der Automobilindustrie. Mit Erreichen des Peak Oil ist mit einem sprunghaften Anstieg der Ölpreise zu rechnen, da die maximale Fördermenge an Erdöl erreicht ist. Das Ölangebot deckt nicht mehr die steigende Nachfrage. Preistreibend wirkt dann das Missverhältnis zwischen Angebot und Nachfrage sowie die zuvor erwähnten höheren Abbaukosten für Ölsand und Ölschiefer, die nun zunehmend von wirtschaftlichem Interesse sein werden. Ein steigender Ölpreis beeinflusst die automobile Antriebsstrangentwicklung. Während das bisherige, konventionelle Antriebssystem wirtschaftlich betrachtet von dominierendem Vorteil war, kann sich dieses Gleichgewicht nun verschieben. Durch den höheren Ölpreis könnte dann ein alternatives Antriebskonzept vorteilhafter sein. Neue Konzepte haben grundsätzlich erst einmal hohe Anfangsinvestitionen und, zumindest zu Beginn, höhere Betriebskosten. Dadurch erleiden diese Konzepte einen Kostennachteil. Durch eine Verteuerung fossiler Kraftstoffe werden die Betriebskosten der verbrennungsmotorisch betriebenen Antriebe jedoch stark erhöht. Der Ölpreis hat somit einen starken Einfluss auf die Durchsetzung neuer technologischer Entwicklungen in der Automobilindustrie.

Es herrscht in der Fachwelt große Uneinigkeit über den Zeitpunkt, zu dem der Peak Oil eintritt. Während in den letzten Jahren die Prognosen das Eintreten dieses Indikators für den Zeitraum zwischen 2035 und 2050 vorhersagten [ROB04, SHE08], so sehen aktuellere Prognosen den Peak Oil als bereits erreicht an. Im ersten Quartal 2008 war die weltweite Ölförderung zum ersten Mal seit einigen Jahrzehnten rückläufig [BPM08]. In Verbindung mit den stark steigenden Ölpreisen der letzten Jahre hat die These des „vorgezogenen Peak Oil" neuen Aufwind bekommen, wie **Abb. 2-34** verdeutlicht. Diese Meinung vertraten bisher nur wenige Fachleute [ROM04, CAM00], doch mittlerweile revidieren selbst ehemalige Kritiker dieser Theorie, wie die Internationale Energieagentur in Paris, ihre Prognosen eines zukünftigen Peak Oils.

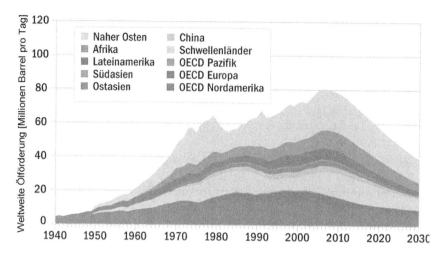

Abb. 2-34: Entwicklung der weltweiten Ölförderung [ODE08]

Ein Übergang zu alternativen Energien ist unumgänglich. Diese Feststellung resultiert aus der Endlichkeit der weltweiten Ölreserven. Wichtig ist hierbei eine besonnene Entwicklung von verschiedenen Szenarien für die Übergangszeit. Das bekannteste Szenario, die sogenannte Hubbertkurve, wurde von dem Geophysiker M. K. Hubbert entwickelt. Er geht davon aus, dass die Kurve der Ölproduktion bei Erreichen des Peak Oil nicht sofort steil abfällt, sondern ein Plateau bildet, um anschließend langsam zurückzugehen [HUB56]. Basis für das Modell sind zwei Grundannahmen. Zuerst wird davon ausgegangen, dass die globalen Ressourcen bis auf wenige Prozentpunkte genau bestimmbar sind. Dazu kommt die Annahme, dass der Peak Oil bei einer Ausbeutungsstufe von 50 % erreicht wird. Zusammenfassend lässt sich also sagen, dass die weltweiten Ölreserven nicht bis an das maximale Limit ausgebeutet werden, sondern dass der Wechsel zu anderen Energieträgern frühzeitig erfolgt.

Die Validität der Hubbert-Theorie wird sowohl durch die Entwicklung der Ölförderung in den USA, Großbritannien, Norwegen und im Nahen Osten, als auch durch die aktuelle Preisentwicklung gestützt. Bereits in den 1970er Jahren erreichte die Ölförderung in den USA ihren Höhepunkt und geht seither langsam zurück. Verdeutlicht wird dies durch **Abb. 2-35**. Eine ähnliche Entwicklung lässt sich für die Ölfelder in Großbritannien und Norwegen aufzeigen, die ihren Peak Oil in den Jahren 1999 und 2001 erreichten [BPM08]. Geht man von einem derzeitigen Peak Oil aus, so weist die aktuelle Situation auf ein Zutreffen des Hubbert-Szenarios auch im globalen Kontext hin. Es lässt sich beobachten, dass die Rohölpreise an den Weltmärkten in etwa zeitgleich mit dem Erreichen einer 50 % Ausbeutungsstufe der Ölfelder des Nahen Ostens sprunghaft angestiegen sind [INF08]. Die weltweite Ölförderung ist erstmals rückläufig. Dies stützt die Ausgangsannahmen der Theorie von Hubbert.

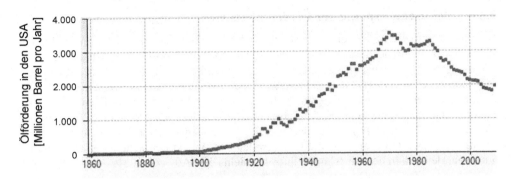

Abb. 2-35: Ölförderung in den USA [EIA10]

Abb. 2-36 stellt den Verlauf der Preisentwicklung bei Rohöl über die Zeit dar. Der dargestellte Preisanstieg ist darauf zurückzuführen, dass Saudi Arabien nicht mehr als sogenannter „swing producer" agieren kann, um früher bereits aufgetretene Peak Oils kleinerer
Felder auszugleichen [SCH08]. Dieser Ausdruck beschreibt das bisherige Vorgehen Saudi
Arabiens, um durch Anpassung der eigenen Fördermenge die Ausfälle in anderen Regionen aufzuwiegen. Der augenblicklich globale Peak Oil betrifft jedoch auch die arabischen
Länder selbst, somit fallen diese als Kompensatoren genauso aus wie andere Quellen. Der
globale Bedarf nach preiswertem Rohöl kann nicht mehr vollständig gedeckt werden. Der
Preis für die Ölgewinnung, und somit auch der Preis des Produktes Öl selber, wird in der
Zukunft stark steigen. Grund hierfür ist die Notwendigkeit der Investitionen in teure und
aufwändige Fördertechnik, um z. B. große Ölsandvorkommen in Kanada zu erschließen
und auszubeuten. Zahlreiche, heute unkalkulierbare Einflussfaktoren lassen eine genaue
Abschätzung des zukünftigen Ölpreises nicht zu. In aktuellen Antriebsstrangstudien wird
jedoch schon ein Ölpreis von 2,90 €/l für das Jahr 2020 antizipiert. [RBC08]

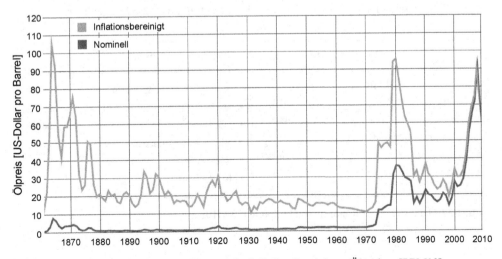

Abb. 2-36: Entwicklung des nominellen und des inflationsbereinigten Ölpreises [BPM10]

2.3.6   Politische Aspekte der Ölverfügbarkeit

Vor dem Hintergrund der eingeschränkten Verfügbarkeit fossiler Rohstoffe stellt der
Wunsch der Industrienationen nach einer größeren energiepolitischen Unabhängigkeit
einen wichtigen Treiber zur Reduzierung der Kraftstoffverbräuche durch alternative Antriebskonzepte dar. Durch die Abhängigkeit der Industrienationen von einer sicheren
Rohölversorgung als Energielieferant stellt die Sicherstellung der jeweiligen nationalen
Energieversorgung eine zentrale Aufgabe der Energiepolitik dar. Vor allem Staaten mit
einem großen Netto-Ölimport (wegen geringer vorhandener nationaler Ressourcen) und
einem sehr hohen Ölbedarf, wie die USA, stellen den Aspekt der sicheren Energieversorgung sehr deutlich in den Mittelpunkt ihres Handelns. [BLA07, ZEG05]

Der Hauptgrund für diesen Fokus bei der Energieversorgung besteht in der geologischen
Ungleichverteilung der globalen Ölressourcen. Wie **Abb. 2-31** bereits gezeigt hat, befin-
den sich die größten Ölvorkommen mit rund 56 % der weltweiten Vorkommen in der
Region des Nahen Ostens. [BPM07]

Rohöl gilt allgemein als Basis für wirtschaftliches Wachstum und Wohlstand. Somit sind
alle Industrienationen darauf angewiesen, ihren Ölbedarf entsprechend zu decken, um den
jeweiligen wirtschaftlichen Status zu behalten [BLA07]. Allerdings sind die meisten Industrienationen nicht in der Lage, ihren vergleichsweise hohen Ölverbrauch durch eigene
Ressourcen zu decken, sondern sind auf Importe angewiesen. Nicht nur die USA, die wie
beschrieben ihren Peak-Oil in den 70er Jahren des 20. Jahrhunderts hatten, sondern auch
Staaten wie Frankreich, Japan oder Deutschland sind seit jeher auf den Import von Öl zur
Deckung des Energiebedarfs angewiesen. Neben diesen etablierten Industrienationen
verbrauchen die aufstrebenden Nationen wie Indien oder China immer mehr Öl, welches
sie ebenfalls durch Importe bereitstellen müssen. Im Gegensatz dazu gibt es Regionen, die
trotz ihres eigenen Bedarfes noch einen großen Überschuss an Ölreserven vorweisen können und diesen durch Exporte gewinnbringend anbieten. Zu dieser Kategorie an Staaten
gehören zahlreichen Länder in Mittel- und Südamerika, sowie in Europa z. B. Norwegen
und Russland, vor allem aber die Staaten des Nahen Ostens [BPM07]. Die weltweit größten erdölimportierenden und -exportierenden Staaten stellt **Abb. 2-37** gegenüber.

Rohöl Importe und Exporte 2009 [Millionen Tonnen]			
Importe		**Exporte**	
• Europa	513	• Mittlerer Osten	922
• USA	442	• Russland	342
• Asien (ohne Japan, China)	229	• Süd-& Mittelamerika	229
• China	204	• West Afrika	213
• Japan	176	• Nord Afrika	111

Abb. 2-37: Übersicht über Rohöl Im- und Exporte [BPM10]

Im Vergleich zu anderen relativ frei gehandelten Märkten wie dem Markt für Konsumgüter ist der weltweite Ölmarkt als nicht frei gekennzeichnet. Er unterliegt nicht den üblicherweise herrschenden Marktgesetzen von Angebot und Nachfrage. Große Teile der weltweiten Ölvorkommen, vor allem im Nahen Osten, unterliegen der Kontrolle von wirtschaftlichen Kartellen oder nationalen Regierungen, die den Zugang zum Rohöl vor allem für internationale Unternehmen stark kontrollieren und einschränken. Es gibt nur sehr wenige Länder, die einen freien Zugang zu ihrem Rohöl erlauben und damit einen freien Handel ermöglichen, z. B. Norwegen. [BLA07]

Vor diesem Hintergrund müssen sich die Industrienationen und wirtschaftlich stark wachsenden Staaten wie China in ein gewisses Abhängigkeitsverhältnis zu den Erdölexportierenden Staaten begeben, um ihren Ölbedarf in ausreichendem Maße zu befriedigen. Bei den Ölstaaten des Nahen Ostens, Afrikas und Südamerikas führte die Erkenntnis über ihren ressourcenbasierten Wettbewerbsvorteil im Jahr 1960 zur Bildung der OPEC (Organization of the Petroleum Exporting Countries) als mittlerweile weltweit mächtigstes Staatenkartell [OPE08]. Das Agieren der OPEC zielt darauf ab, über Absprachen die maximale Fördermenge und damit über den am Markt zu erzielenden Rohölpreis den Gewinn der Mitgliedsstaaten zu maximieren. Durch diese Strategie hat sich die OPEC als „Gegenspieler" zu den internationalen Ölkonzernen und den großen Industrienationen als Abnehmer etabliert. [BLA07, ROB04]

Die beiden Ölkrisen der 1970er Jahre veranschaulichten die Folgen dieser Entwicklung der Kartellbildung. Über eine Reduktion ihrer Ausfuhren an Rohöl versuchte die OPEC ihre Vormachtstellung zu demonstrieren. Ziel war eine Erhöhung des Rohölpreises auf dem Weltmarkt. Durch eine Verkettung günstiger Umstände konnte der Ölpreis zu Beginn der 1980er Jahre wieder auf ein niedrigeres Preisniveau gedrückt werden. Diese Umstände beinhalteten z. B. eine Erhöhung der Ölförderrate in Nicht-OPEC Staaten, verbunden mit einem Paradigmenwechsel beim Energiekonsumverhalten in den westlichen Industriestaaten, welcher mit einer wirtschaftlichen Rezession mit entsprechend geringerem Ölverbrauch einher ging. [ROB04, SPE03]

Gleichzeitig erlebten alternative Antriebskonzepte, wie Elektro- oder Gasturbinenfahrzeuge eine regelrechte Boomphase. Durch die wieder auf ein normales Niveau gesunkenen Ölpreise wurde diesen Konzepten jedoch nach nur kurzer Zeit keine große Beachtung mehr geschenkt und deren Entwicklung wieder eingestellt. Dennoch lässt sich feststellen, dass die Ölkrise den Industrienationen erstmals ihre große Abhängigkeit von der Energiequelle Öl, und somit von den ölexportierenden Ländern, drastisch vor Augen führte. Temporär kamen in dieser Zeit Überlegungen zu Ansätzen für eine energiepolitische Unabhängigkeit in den Fokus der Betrachtungen. [HOY07, ROB04]

Die Fokussierung auf Nicht-OPEC Staaten zur Sicherstellung der Energieversorgung hatte jedoch auch Nachteile und führte im Laufe der Zeit zu neuen Abhängigkeiten. Die neuen Energielieferanten, z. B. Russland, erwiesen sich nicht immer als zuverlässige Lieferanten für die westlichen Märkte. Ebenso erschöpften sich die Ressourcen dieser Nicht-OPEC Staaten schneller als diejenigen der OPEC. Somit ist die OPEC durch ein fehlendes vorausschauendes Handeln der westlichen Staaten in die strategisch wichtige Situation versetzt worden, der letzte globale Öllieferant zu sein. [ROB04, BLA07, BGR06]

Auf der anderen Seite ist sich die OPEC bewusst, dass sie die Rohölpreise nach dem Erreichen der Monopolstellung als globaler Öllieferant nicht drastisch in die Höhe schrauben sollte. Zum einen entwickeln die Industrienationen in zunehmendem Maße alternative

Konzepte der Energiegewinnung, zum anderen sind sich die OPEC Staaten durchaus der Gefahr einer Rezession wie zu Zeiten der Ölkrise in den 1970er Jahren bewusst. Ein weiterer Faktor, welcher gegen einen eventuellen monopolistischen Preismissbrauch der OPEC spricht, ist die strategische Ausrichtung der OPEC-Staaten selbst.

Ein nicht unerhebliches Problem der OPEC-Staaten besteht in der immer noch weit verbreiteten Monostruktur ihrer heimischen Wirtschaft, die nahezu vollständig vom Ölgeschäft abhängig ist. Die erzielten Gewinne flossen in der Vergangenheit nicht als Investitionen in neue zukunftsweisende Wirtschaftszweige, sondern verblieben meist im Ölgeschäft. Es wurde somit keine diversifizierte Wirtschaftskraft aufgebaut, welche den Staaten auch nach ihrer Zeit als Öllieferant notwendige Einnahmen bescheren könnte. Die politischen Entscheidungsträger sahen vielfach keine Notwendigkeit, ihre Wirtschaft breit gefächert aufzubauen und mit anderen Nationen um relativ geringe Margen zu konkurrieren, wenn sie mit wesentlich weniger Einsatz deutlich mehr Einnahmen durch das Ölgeschäft generieren konnten. Diese Versäumnisse lassen sich zumeist auf politische Instabilitäten zurückführen. Beispielhaft sollen hier der Iran, der Irak und Venezuela genannt werden. Diesen Ländern fehlt die notwendige Stabilität, um ihre Gewinne aus dem Ölgeschäft zukunftsorientiert anzulegen. Dies schreckt auch potenzielle ausländische Investoren ab, die über weitere Inlandsinvestitionen diese Länder weiter in die Weltwirtschaft integrieren könnten.

Im Gegensatz dazu haben andere OPEC-Länder, wie die Vereinigten Arabischen Emirate, frühzeitig die Notwendigkeit für eine Diversifizierung ihrer Wirtschaft auf andere Wirtschaftszweige neben dem Öl erkannt und bereits seit einigen Jahren begonnen, diese zu implementieren. Diese Länder haben die Erkenntnis gewonnen, dass sie auf die Unterstützung der Industrieländer angewiesen sind, wenn sie wirtschaftlich Anschluss finden wollen. Die Investitionen und Geldanlagen auf westlichen Märkten bilden für OPEC-Länder eine der wenigen Möglichkeiten, ihre erwirtschafteten Gewinne nachhaltig zu investieren.

Die meisten westlichen Regierungen halten sich trotz ihres Glaubens an freie Märkte die Option offen, regulierend in das globale Investitionsgeschäft eingreifen zu können [BMJ08]. In Deutschland ist dies aufgrund des im Außenhandelsgesetzes verankerten Gesetzes zur Abwehr schädigender Einwirkungen aus fremden Wirtschaftsgebieten (§ 6 AWG) möglich. Die grundsätzliche Überlegung hierbei ist der Schutz von Industriezweigen mit hoher nationaler strategischer Bedeutung, beispielsweise dem Rüstungs- und Energiesektor. Die westlichen Nationen nutzen dies als Druckmittel, um den Ölpreis auch nach Versiegen der Quellen aus den Nicht-OPEC-Staaten stabil zu halten. Die westlichen Märkte knüpfen den freien Zugang der OPEC-Staaten an ihre Märkte an die Bedingung eines stabilen Ölpreises. Der zukünftige Verlauf des Ölpreises wird somit durch das Zusammenspiel zwischen Öllieferanten und Ölunternehmen bestimmt. Gleichzeitig erschwert dies jedoch die Erstellung von verlässlichen Prognosen des Ölpreises. Diese Planungsunsicherheit wirkt in den Industrienationen als weiterer Treiber für die Entwicklung alternativer Energiekonzepte wie auch für alternative Antriebskonzepte, die mit einem deutlich geringeren Verbrauch fossiler Kraftstoffe auskommen.

2.4 Fazit

Die Entwicklung verbesserter und alternativer Antriebe für Fahrzeuge wird im Wesentlichen durch die beiden Faktoren des steigenden Kraftstoffpreises und den strikteren legislativen Anforderungen bestimmt. Diese beiden Haupttreiber bewirken, dass in der Automobilindustrie massive Anstrengungen unternommen werden, um die zukünftigen Herausforderungen z. B. in Bezug auf den Kraftstoffverbrauch zu meistern. Da dieser Treiber im Gegensatz zu den Ölkrisen der 1970er Jahre nicht nur temporärer Natur sind, werden sich die Bemühungen der Automobilhersteller noch verstärken. Die allgemeine Rohstoffverknappung und die globalen klimatischen Veränderungen stellen neue Einflussfaktoren dar, welche die zukünftige automobile Entwicklung maßgeblich beeinflussen werden.

Zukünftige Technologien zur Verbrauchs- und Abgasreduzierung werden unter anderem durch zukünftig strengere Verbrauchs- und Abgasgrenzwerte bestimmt. Diese Werte sind mit den seit vielen Jahren im Einsatz befindlichen Motoren sowohl für Benzin- als auch für Dieselfahrzeuge nicht mehr realisierbar. Die Akzeptanz von neuen Technologien beim Kunden wird allerdings durch ihren Preis limitiert. Die Entwicklungs- und Produktionskosten beeinflussen dabei die Rentabilität neuer Konzepte maßgeblich. Je strenger die legislativen Vorgaben werden und je höher der Kraftstoffpreis steigt, desto stärker steigen jedoch auch die erforderlichen Zusatzkosten für die konventionellen Antriebe. Die Wirtschaftlichkeit der alternativen Antriebe verbessert sich somit im Vergleich zu der aufwändigen Optimierung der bestehenden Technologien. Aufgrund der zunehmenden Skaleneffekte können sie sich ab diesem Zeitpunkt am Markt vermehrt durchsetzen. Die alternativen Antriebe werden somit in der Zukunft zunehmender rentabel und gleichzeitig wirtschaftlich wettbewerbsfähiger. (Das Benzin muss nur teuer genug sein!)

In diesem Zusammenhang wird der Verbrennungsmotor für die Mobilität auch zukünftig eine dominierende Rolle einnehmen. Allerdings wird er mit erheblichem Aufwand weiter optimiert werden müssen, um dem Ziel, zukünftig noch sparsamer und emissionsärmer zu fahren, gerecht zu werden. In den letzten Jahren sind z. B. beim Dieselmotor durch Maßnahmen wie Direkteinspritzung, Aufladung und der Verwendung eines Dieselpartikelfilters erhebliche Leistungs- und Effizienzsteigerungen bei gleichzeitiger Emissionsverbesserung erreicht worden. Durch weitere Optimierungen am Verbrennungsmotor sind in den nächsten Jahren noch weitere Verbesserungen zu erwarten. Gleichzeitig wird er zunehmend durch Elektromotoren in unterschiedlichster Anordnung und Funktion unterstützt. Selbst bei einem batteriebetriebenen Elektrofahrzeug kann ein kleiner Verbrennungsmotor als sogenannter Range-Extender die Funktion eines Stromgenerators im Fahrzeug übernehmen. Das nächste Kapitel stellt daher die verschiedenen Optimierungsmaßnahmen am klassischen Verbrennungsmotor sowie die unterschiedlichen Stufen der Elektrifizierung bis hin zum rein elektrisch angetriebenen Fahrzeug systematisch dar.

3 Zunehmende Elektrifizierung des Antriebstranges

Im vorangegangenen Kapitel wurde ausgeführt, dass der Klimaschutz und die zurückgehende Verfügbarkeit von Erdöl die Treiber sind, welche die Politik zum „Gesetze machen" und die Industrie zum Entwickeln alternativer Antriebe veranlassen. Während die Gesetze wegen Unausführbarkeit und möglicherweise Unbegründetheit der Entscheidung zurückgenommen werden können, sind die steigenden Kosten für das knapper werdende Erdöl eine starke Triebfeder, neue Antriebssysteme zu entwickeln. Hier hat sich in der Zwischenzeit auch ein globaler Wettbewerb um die Marktführerschaft entwickelt.

In diesem Zusammenhang sollte jedoch nicht vergessen werden, dass die weltweit dominante Antriebsquelle noch lange Zeit der Verbrennungsmotor sein wird. Auch er wird wahrscheinlich noch einmal „neu erfunden". So war Nikolaus August Otto zu seiner Zeit auch der Meinung, sein Otto-Motor wäre fertig. Gottlieb Daimler hat dann gezeigt, dass in ganz kurzer Zeit Quantensprünge zu erreichen waren.

Es kommt jetzt also vor allem darauf an dafür zu sorgen, dass der Antriebsstrang zunehmend elektrifiziert wird. Dabei ist sowohl auf die Vermarktung als auch auf die angewendete Technologie zu achten, die gerade derzeit unvorhersehbare Kooperationen hervorbringt, **Abb. 3-1**.

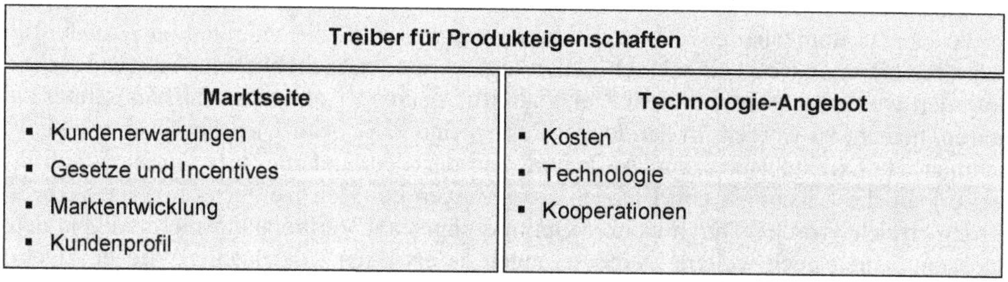

Treiber für Produkteigenschaften	
Marktseite	**Technologie-Angebot**
• Kundenerwartungen	• Kosten
• Gesetze und Incentives	• Technologie
• Marktentwicklung	• Kooperationen
• Kundenprofil	

Abb. 3-1: Zusammenhang zwischen Technologie und Vermarktung [LEH06]

Doch nicht nur eine zunehmende Elektrifizierung des Antriebsstranges führt zukünftig zu geringeren Kraftstoffverbräuchen und damit zu einer Reduzierung der Abhängigkeit von fossilen Energieträgern. Der heute übliche klassische Verbrennungsmotor rückt zunehmend in den Fokus von aufwändigen Optimierungen und technologischen Weiterentwicklungen, die unter dem Druck steigender Kraftstoffpreise vom Markt nachgefragt werden. Selbst zukünftige batteriebetriebene Elektrofahrzeuge mit einem sogenannten Range-Extender zur Erhöhung der Reichweite sind auf Optimierungen im Bereich des Verbrennungsmotors hin zu niedrigen Verbräuchen und sauberen Emissionen angewiesen.

Nach heutigen Betrachtungen versprechen insbesondere solche Entwicklungspfade für die Zukunft eine Antwort auf die sich verändernden Anforderungen an Kraftfahrzeuge, die mit einer zunehmenden Elektrifizierung des Antriebsstranges einhergehen, **Abb. 3-2**.

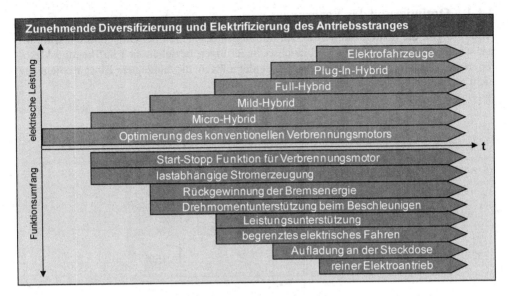

Abb. 3-2: Entwicklungspfad der Antriebsstrangentwicklung [FRE09]

Beginnend bei der Optimierung des konventionellen Verbrennungsmotors geht die Entwicklung über die verschiedenen Hybridsysteme hin zu reinen Elektroantrieben. Dieser Entwicklungsweg stellt dabei einen schrittweisen Einstieg in die Verwendung von Elektromotoren als Antriebsquelle der Fahrzeuge dar. Dabei macht **Abb. 3-2** aber auch deutlich, dass es keinen Abbruch einer dieser Pfade geben wird. Es dürfte lange Zeit Co-Existenzen geben. Die technischen Grundlagen, Funktionsweisen und Bauformen der verschiedenen Technologiepfade und ihrer Varianten werden in der Folge kurz veranschaulicht.

3.1 Optimierung des konventionellen Verbrennungsmotors

Der Verbrennungsmotor wird derzeit gelegentlich schon totgesagt, obgleich eigentlich klar ist, dass er noch lange an der Mobilität beteiligt sein wird. Die Entwicklungsingenieure nutzen diesen äußeren Druck, um neue Vorschläge für sparsamere Motoren zu machen. Begünstigt werden diese Arbeiten durch die Akzeptanz des Marktes, dass alles etwas teurer werden wird. Jetzt können Lösungen angeboten werden, die früher aus Kostengründen verworfen worden sind. Diese Entwicklungsaktivitäten beziehen sich sowohl auf Otto- als auch auf Dieselmotoren. Selbst über die Kombination der beiden Betriebsweisen in einem Motor wird nachgedacht. Das haben übrigens auch bereits Otto und Daimler Ende des 19. Jahrhunderts getan, nur auf einem ganz anderen technischen Niveau. [SEI09]

3.1.1 Optimierung des Verbrauchs

Abb. 3-3 gibt die heute diskutierten Optimierungsmaßnahmen bei Otto- und Dieselmotoren wieder. Die angegebenen Verbrauchsreduzierungen beziehen sich auf heutige Motoren ohne diese technische Ausstattung. Leider dürfen die einzelnen Einsparpotenziale nicht aufaddiert werden, da sie voneinander abhängen.

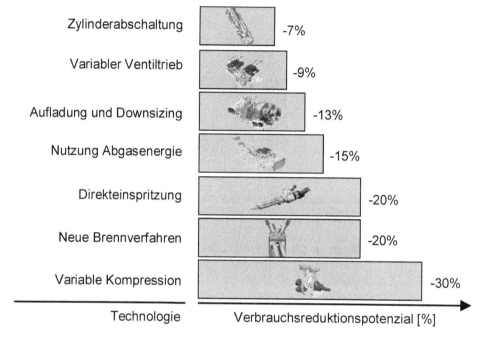

Technologie	Verbrauchsreduktionspotenzial [%]
Zylinderabschaltung	-7%
Variabler Ventiltrieb	-9%
Aufladung und Downsizing	-13%
Nutzung Abgasenergie	-15%
Direkteinspritzung	-20%
Neue Brennverfahren	-20%
Variable Kompression	-30%

Abb. 3-3: Technologien zur Optimierung des Verbrauches konventioneller Antriebe [ALT06]

3.1.1.1 Benzindirekteinspritzung

Die Benzindirekteinspritzung gibt es in verschiedenen Verfahren. Bei dem fortschrittlichsten System wird der Kraftstoff in mehreren sehr feinen Strahlen direkt in die Brennräume des Motors eingespritzt. Jeder Zylinder hat dazu eine eigene Einspritzdüse. Der Kraftstoff verdampft nach seiner Einspritzung im Brennraum. Über die Strahlausbildung und die Art der Einspritzung mit meist mehreren Impulsen pro Verdichtungshub, kann eine geschichtete Gemischverteilung im Brennraum erzeugt werden. Im Bereich der Zündkerze wird für ein zündfähiges, homogenes Gemisch gesorgt, in anderen Bereichen des Zylinders brennt erst das fettere Gemisch, das dann aber auch das magere Gemisch mit entzünden kann.

Besondere Bedingungen stellt dieses komplexe Einspritzverfahren an die Strömungsverhältnisse der Luft in den Brennraum hinein und im Brennraum selbst. Es werden bei einigen Motoren besondere Tumbleklappen in schaltbaren Saugrohren verwendet. Andere Verfahren unterscheiden sich in der Luftführung, **Abb. 3-4**.

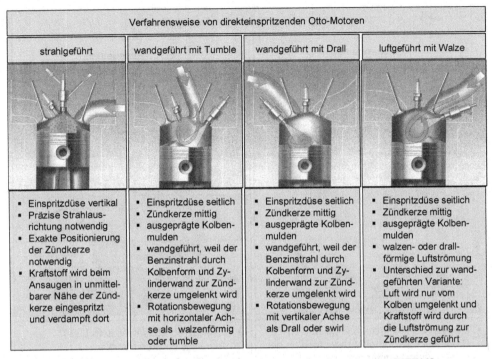

Abb. 3-4: Verschiedene Brennverfahren bei direkteinspritzenden Otto-Motoren [KFZ10]

Einfachere Direkteinspritzverfahren spritzen ebenfalls direkt in den Zylinder ein, sie arbeiten aber mit stöchiometrischen Gemischen, d. h. mit einer homogenen Gemischverteilung im Zylinder [PIS05a], **Abb. 3-5**. Generell vorteilhaft ist es, dass die Kraftstoffverdampfung im Zylinder zur Kühlung der verdichteten Luft beiträgt. Das erzeugt eine geringere Klopfneigung des Motors und macht es möglich, die Verdichtung zu erhöhen. Aus gleichem Hubraum kann, verglichen mit einer konventionellen Saugrohreinspritzung, ein höheres Drehmoment, und damit auch eine höhere Leistung (Leistung P = Drehmoment M x Drehzahl n) erzielt werden. Besonders im Teillastbereich ergeben sich Kraftstoffeinsparungen von bis zu 15 %. Für diese Verbesserungen sorgen vor allem die starken Entdrosselungen im Ansaugtrakt und minimierte Wärmeverluste.

Möglich wurde das Schichtladeverfahren durch Piezo-Injektoren, **Abb. 3-6**. Damit lassen sich die verschiedenen Einspritzungen sehr genau dosieren und mehrfache Einspritzungen während eines Verdichtungshubes werden möglich. Damit kann eine weiche und trotzdem emissionsarme Verbrennung erreicht werden. Zusätzlich haben Brennraum und Kolben eine spezielle Gestalt, **Abb. 3-5**, die es gestattet, die erforderliche Luftbewegung (Tumblewalze) und die Kraftstoffeinspritzung zu optimieren.

Potenzial zu weiteren Steigerungen des Wirkungsgrades der Benzin-Direkteinspritzung soll in der Verbesserung der Zündverfahren bestehen. Nach [SCH07] sollen sich auf diese Weise Verbesserungen von 2 % erreichen lassen, wenn auf den Hauptfunken der Zündspule noch weitere Funken folgen. Es wird auch an Mikrowellen-Zündanlagen für Direkteinspritzer gearbeitet.

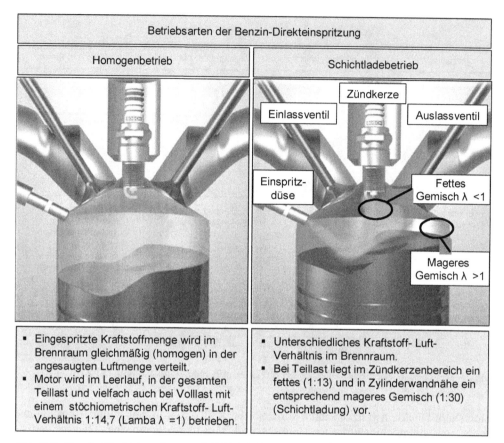

Abb. 3-5: Benzin-Direkteinspritzung mit Schichtladebetrieb [TAT08]

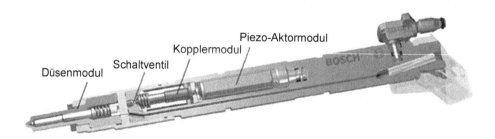

Abb. 3-6: Aufbau eines Piezo-Injektors [BOS08]

3.1.1.2 Aufladung und Downsizing

Das Downsizen von Verbrennungsmotoren wird derzeit auf breiter Front eingeführt. Es werden dabei die Hubräume der Motoren und auch die Zylinderzahlen verringert, also z. B. 6-Zylinder statt 8-Zylinder oder 1,4 Liter Hubraum statt 2 Liter. Das Gewicht des Motors selbst wird dadurch verringert.

Um nun aber trotz der Verkleinerung des Motors ausreichend Leistung bzw. Drehmoment zur Verfügung zu haben, müssen solche Motoren aufgeladen werden, d. h. mit Turboladern oder Kompressoren wird Luft in die Brennräume hineingedrückt, in die dann über die Einspritzventile Kraftstoff hineingespritzt wird. Die durch die Aufladung erreichte höhere Verdichtung steigert auf diese Weise den Mitteldruck p_m im Verbrennungsraum und erhöht somit den thermodynamischen Wirkungsgrad des Motors. Wegen der insgesamt kleineren Oberfläche werden die Wärmeverluste verringert.

Der Haupteffekt des Downsizings kommt jedoch aus dem anderweitigen Betrieb, verglichen mit konventionellen Verbrennungsmotoren. Downgesizte Motoren werden mit einem höheren Last-Drehzahl-Kollektiv betrieben. Damit ist die Drosselklappe weiter geöffnet und man spricht von einem entdrosselten Betrieb. Die Betriebspunkte im Motorenkennfeld verlagern sich hin zu einem Bereich mit niedrigem spezifischem Kraftstoffverbrauch.

Die zwei mit Abstand wichtigsten technologischen Konzepte zur Aufladung von Verbrennungsmotoren sind der Kompressor und der Abgasturbolader. Beide galten lange Zeit als Nischenprodukte. Vor dem Hintergrund der aktuellen globalen Trends werden heute wieder vermehrt Weiterentwicklungen des Kompressors eingesetzt. Doch insbesondere der Abgasturbolader hat in den letzten Jahren zunächst im Bereich der Dieselmotoren, später auch im Bereich der Ottomotoren erheblich an Bedeutung gewonnen.

Kompressoren sind mechanisch an die Kurbelwelle gekoppelt und sie werden z. B. von einem Riemen angetrieben. Somit erfolgt die Aufladung mechanisch, wodurch ein Teil der erzeugten Antriebsenergie wieder in den Wärmekraftprozess eingespeist wird. Hierdurch entsteht ein großer Nachteil gegenüber Verfahren wie der Abgasturboaufladung, welche von der Antriebsenergie weitestgehend entkoppelt arbeiten. Bei niedriger Drehzahl und Volllastanforderung hingegen ist das Ansprechverhalten des Kompressors dem des Turboladers überlegen. Daher wird der Kompressor hauptsächlich in Fahrzeugen wie beispielsweise dem aktuellen Audi S4 eingesetzt, welche die Kundschaft durch besonders attraktives dynamisches Verhalten überzeugen sollen. [BLU08]

Abgasturbolader (ATL) sind am Motor installierte Aggregate, die der Motoraufladung dienen und die durch Abgasenergie angetrieben werden. Da bei niedrigen Drehzahlen oder beim Lastwechsel nur ein geringer Anteil der maximalen Abgasenergie zur Verfügung steht, fallen bei älteren Konstruktionsprinzipien von Abgasturboladern einige gravierende Nachteile ins Gewicht. Hier wären das Turboloch, der Turboschub und ein vergleichsweise hoher Kraftstoffverbrauch zu nennen. Das Turboloch beschreibt das schlechte Ansprechverhalten eines Turbomotors. Der Begriff Turboschub bezeichnet das abrupte Einsetzen der Beschleunigung nach dem Turboloch, welches in Verbindung mit einem sehr hohen Kraftstoffverbrauch auftritt. Alle aktuellen Entwicklungen im Bereich der ATL-Technologie sind mit der Zielsetzung entstanden, den Einfluss dieser Nachteile zu verringern. Die technischen Neuheiten dienen entweder der Optimierung der Wirkungsweise eines einzelnen Turboladers oder der geeigneten Schaltung von zwei Turboladern.

Die Optimierung der Wirkungsweise eines einzelnen Turboladers erfolgt, indem man im Hinblick auf eine verbesserte Arbeitsweise der Turbine Modifikationen des Anströmungsverhaltens des Abgases durchführt. Dies geschieht entweder durch die Aufteilung des Abgasmassenstroms oder durch die Implementierung einer variablen Turbinengeometrie.

Bei der zweiflutigen Turbine wird der Abgasstrom im Abgaskrümmer und im Turbolader gleichmäßig so aufgeteilt, dass die erste Hälfte der Zylinder mit dem ersten Kanal und die zweite Hälfte mit dem zweiten Kanal verbunden ist. So werden z. B. bei einem Vierzylindermotor die Zylinder 1 und 4 durch einen anderen Luftstrom aufgeladen als die Zylinder 2 und 3, **Abb. 3-7**.

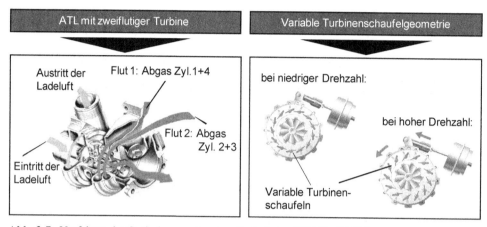

Abb. 3-7: Verfahren der Optimierung einzelner Turbolader [SPA08; SDS03; AUT09]

Die zweiflutige Ausführung des Turbinengehäuses verbessert die Geometrie der Turbinenkanäle und verringert die Strömungsverluste. Diese Anordnung führt dazu, dass sich der Ladeeffekt bereits bei sehr niedrigen Umdrehungszahlen einstellt und das Drehmoment ähnlich schnell aufgebaut wird wie bei einem Kompressormotor. Zudem lässt sich diese Technologie, welche z. B. im Peugeot 207 und im Mini Cooper S eingesetzt wird, in der Herstellung relativ kostengünstig umsetzen. [SDS03]

Bei Turboladern mit variabler Turbinengeometrie wird die Leistung der Turbine durch die Veränderung des Anströmungswinkels und der Anströmgeschwindigkeit des Abgasstroms am Turbinenradeintritt geregelt. Dies geschieht durch vor dem Leitrad angeordnete, verstellbare Leitschaufeln. Ein Vorteil dieser Technologie gegenüber Turboladern, welche mit einem Ladedruck-Begrenzungsventil ausgestattet sind und einen vergleichbaren Einfluss auf die Leistungscharakteristik haben, liegt in der permanenten Verfügbarkeit des vollständigen Abgasmassenstroms. Allerdings stellen die hohen Abgastemperaturen von 900°C bei Otto- und bis zu 1.050°C bei Diesel-Motoren eine große Herausforderung in Bezug auf die verwendeten Materialien dar [SDS03]. Aus diesem Grund erfolgt der Einsatz dieser Turbolader bisher lediglich in Fahrzeugen der oberen Preiskategorie. Hierzu zählen z. B. der Porsche 911 Turbo und der Mercedes G 270 CDI.

Eine weitere Möglichkeit, den Wirkungsgrad von Turbomotoren zu verbessern und die Drehmomentschwäche im unteren Drehzahlbereich zu mindern, ist die geeignete Schaltung zweier Turbolader. Bei der Parallel-Anordnung werden zwei Abgasturbolader gleicher Baugröße parallel geschaltet. Die Register-Aufladung sieht eine Reihenschaltung von zwei Turboladern unterschiedlicher Baugröße vor, **Abb. 3-8**.

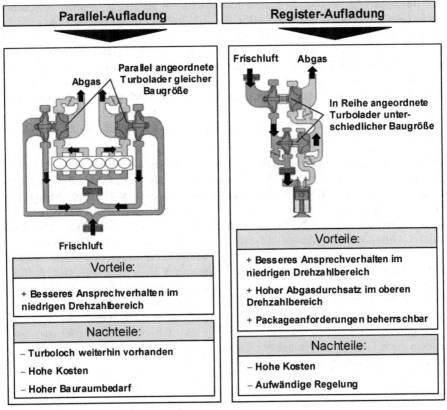

Abb. 3-8: Parallel- und Register-Aufladung [BSC07; KFZ08; PEH07]

Die zwei Turbolader eines Motors mit Parallel-Aufladung werden gleichmäßig mit Abgas beaufschlagt. Es wird angestrebt, dass die Abgasturbolader synchron hochlaufen. Der Vorteil dieser Anordnung gegenüber einer Monoturbo-Anordnung besteht darin, dass das Massenträgheitsmoment der zwei Abgasturbolader wesentlich geringer ist als das eines großen Abgasturboladers. Dies liegt darin begründet, dass der Laufradradius mit der fünften Potenz in das Massenträgheitsmoment eingeht [PEH07]. Aus dem kleineren Massenträgheitsmoment der Lader resultiert ein wesentlich besseres dynamisches Ansprechverhalten des Motors bei niedrigen Drehzahlen [JUN08]. Nachteilig ist dabei allerdings, dass der stationäre Drehmomentverlauf nach wie vor ein Turboloch aufweist. Da der Abgasmassenstrom auf die beiden Abgasturbolader aufgeteilt wird, erhält jede Turbine lediglich den halben Abgasmassenstrom. Somit kann im stationären Drehmomentverlauf kein nennenswerter Vorteil gegenüber einer Anordnung mit einem einzelnen Abgasturbolader erzielt werden [PEH07]. Zudem wirken sich die hohen Kosten und der stark erhöhte Bauraumbedarf nachteilig aus.

Unter der Registeraufladung ist eine Reihenschaltung von zwei unterschiedlich großen Abgasturboladern zu verstehen, von denen im unteren Drehzahlbereich der größere (Niederdruck-)Turbolader komplett abgeschaltet wird. In diesem Fall wird der gesamte Abgasstrom über den kleineren (Hochdruck-)ATL geleitet. Hierdurch werden höhere darstellbare Mitteldrücke sowie ein verbessertes Ansprechverhalten bei geringen Durchsätzen gewährleistet. Mit steigendem Ladedruckbedarf kann der zweite, größere Abgasturbolader sukzessive zugeschaltet werden [BSC07]. Bei hohen Drehzahlen wird nur die Niederdruck-Turbine durchströmt, um die maximale Verdichterleistung abzurufen. Zwei Bypässe dienen dann der Umströmung der Hochdruck-Turbine [SDS03]. Durch die Technologie der Registeraufladung lässt sich im Vergleich zu allen bisher vorgestellten Auflade-Verfahren eine deutliche Verbesserung des Ansprechverhaltens erzielen. Gleichzeitig ist ein hoher Abgasmassendurchsatz im oberen Drehzahlbereich möglich. Zudem sind die Anforderungen an das Package als beherrschbar einzustufen [BSC07]. Nachteilig sind die sehr hohen Kosten und der hohe Regelungsaufwand dieser Turbolader zu bewerten [SDS03].

Die hier vorgestellten Abgasturbolader sind rein thermodynamisch an den Verbrennungsmotor gekoppelt. Daher ist die Funktionserfüllung des Laders vollständig vom Massenstrom und von den thermodynamischen Zustandsgrößen des Abgases abhängig. Um ein hohes Anfahrmoment und attraktives Durchzugsvermögen zu erreichen, ist jedoch bereits im untersten Drehzahlbereich eine deutliche Wirkung des Aufladesystems wünschenswert. Dies kann trotz des erheblichen Fortschritts, welchen die aktuellen Entwicklungen im Bereich der Abgasturbolader mit sich bringen, nur durch eine Zusatzaufladung erreicht werden. Die Aufbringung der Antriebsenergie einer solchen Zusatzaufladung erfolgt unabhängig vom Betriebszustand der Verbrennungskraftmaschine. Es sind viele unterschiedliche technische Realisierungsmöglichkeiten zur Unterstützung der Aufladung denkbar. Hierbei werden z. B. Verfahren diskutiert, welche den Impuls der strömenden Gassäule nutzen. Im Rahmen der zunehmenden Elektrifizierung des Antriebsstrangs stehen zudem auch Lösungsvorschläge im Raum, welche die elektrische Unterstützung von bewährten ATL-Systemen vorsehen, **Abb. 3-9**.

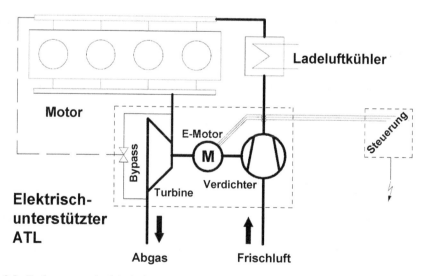

Abb. 3-9: Turbomotor mit elektrisch unterstützter Aufladung [HPJ00]

Elektrische Zusatzaufladeaggregate sind im Hinblick auf die beschriebene Problematik ein wichtiges Lösungskonzept. Im Rahmen der fortschreitenden Elektrifizierung der Komponenten des Antriebsstrangs ist zukünftig auch die prinzipielle Verfügbarkeit von elektrischer Energie im Fahrzeug mit den bekannten Möglichkeiten der Erzeugung, Speicherung und Weiterleitung als günstig einzustufen.

Eine Möglichkeit der Implementierung eines semi-elektrischen Aufladesystems ist die Integration des Elektromotors auf der Turboladerwelle, z. B. zwischen Turbinen- und Verdichterrad. Dieser Lader bewirkt trotz der Erhöhung des Massenträgheitsmoments des Laufzeugs eine spürbare Verbesserung des Ansprechverhaltens. Dies gilt insbesondere für jene Betriebspunkte, in denen lediglich ein kleiner Abgasmassenstrom zur Verfügung steht. Nachteilig wirken sich die hohen thermischen und mechanischen Belastungen auf den zwischen Turbolader und Verbrennungsmotor angeordneten E-Motor aus.

Das System des eBoosters geht noch einen Schritt weiter. Hierbei erfolgt eine Trennung von Turbolader und elektrisch unterstütztem Lader. Dank seines eigenen elektrischen Antriebs ist der eBooster völlig unabhängig vom Turbolader und der thermischen Energie der Abgase. Im Gegensatz zum elektrisch unterstützten Turbolader arbeitet dieses System daher als Reihenschaltung zweier Strömungsmaschinen zweistufig. Daher multiplizieren sich die Druckverhältnisse beider Aufladeaggregate, **Abb. 3-10**.

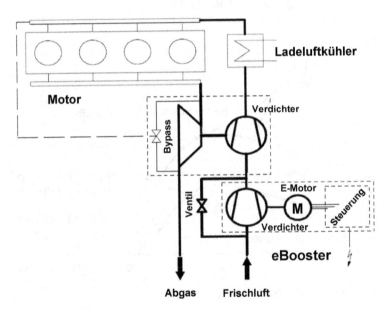

Abb. 3-10: Turbomotor mit eBooster [HPJ00]

Ein Vorteil der beiden weitgehend unabhängig voneinander arbeitenden Strömungsverdichter ist, dass diese flexibel aufeinander abgestimmt werden und auf den jeweiligen Einsatzzweck hin optimiert werden können. Ein weiterer Vorteil dieses Konzepts ergibt sich dadurch, dass eBooster und Abgasturbolader separate, durch Schläuche miteinander verbundene Aggregate darstellen. Somit kann durch eine entsprechende Positionierung die thermomechanische Belastung der elektrischen und elektronischen Komponenten geringer gehalten werden als beim elektrisch unterstützten Lader. Ein Problem stellt das vom eBooster geforderte hohe elektrische Leistungsniveau dar, welches sich nicht ohne weiteres in konventionelle 12V Bordnetze integrieren lässt. [HPJ00]

3.1.1.3 Zylinderabschaltung

Die Zylinderabschaltung stellt eine andere Möglichkeit dar, verbrauchsgünstiger zu fahren. Es können bei größeren Motoren ohne Fahrleistungseinschränkungen (aber mit etwas vermindertem Laufkomfort des Motors) 15 bis 20 % Kraftstoff eingespart werden. Auch das Abgasverhalten verbessert sich. Allerdings ist darauf zu achten, dass der Katalysator nicht zu kalt wird und dass er nicht längere Zeit von reiner Frischluft durchströmt wird. Deshalb bedeutet die Zylinderabschaltung nicht nur das Abschalten der Kraftstoffeinspritzung, sondern auch das Geschlossenhalten der Ventile, da durchaus längere Zeit mit reduzierter Zylinderzahl gefahren werden soll. Aktuelle Fahrzeuge erreichen 7 % Verbrauchsverminderung [LAU07].

Die Wirkungsweise der Zylinderabschaltung verdeutlicht **Abb. 3-11**, in der für eine vorgegebene Fahrwiderstandskennlinie die Annäherungen an die Bereiche geringsten spezifischen Kraftstoffbedarfs bei Zylinderabschaltung, z. B. im dritten Gang, gezeigt werden.

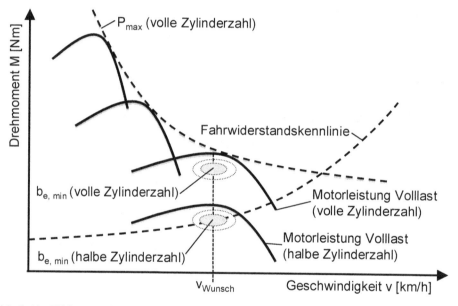

Abb. 3-11: Wirkungsweise der Zylinderabschaltung

Es wird ersichtlich, das die Wunschgeschwindigkeit nun mit einem deutlich geringeren Verbrauch gefahren werden kann, als das beim Vollmotor der Fall gewesen ist, bei dem der Motor im Teillastbereich betrieben worden ist.

3.1.1.4 Variabler Ventiltrieb

Mit Hilfe der Öffnungs- und Schließcharakteristika der Ein- und Auslassventile wird schon seit Beginn der Motorenentwicklung die Leistungsfähigkeit von Motoren verändert. Der Verbrauch des Verbrennungsmotors lässt sich durch sogenannte „Variable Ventiltriebe" reduzieren. Zu den Parametern der betriebspunktoptimierten Einstellungen gehören die Öffnungs- und Schließzeitpunkte sowie die Hubhöhen der Ventile. [SCH05]

Veränderungen der Öffnungs- und Schließzeitpunkte stellen die variable Spreizung bzw. die variable Steuerbreite dar. Durch das frühere Schließen eines Auslassventils bleibt mehr Restgas im Zylinder. Das bezeichnet man als interne Abgasrückführung. Da es sich um bereits verbrannte Luft handelt, stellt das ein sogenanntes „Inertgas" dar, das mit der eingespritzten Benzinmenge nicht mehr reagiert. Die Frischluftfüllung des Zylinders wird selbst für eine perfekte Verbrennung kleiner und es wird weniger Kraftstoff gebraucht. Da weniger Luft gebraucht wird, sinken die Drosselklappenverluste. Die Gemischtemperatur wird geringer. Das erhöht den Wirkungsgrad und es lassen sich durch den variablen Ventiltrieb nach [SHI07, SCH05, BOL07] bis zu 9 % Kraftstoffeinsparung erzielen.

Bei einer Veränderung des Ventilhubs kann vor allem im Teillastbereich im Ventilspalt des Einlassventils eine hohe Gemischgeschwindigkeit erreicht werden. Das sorgt für eine verbesserte, da feinere, Verteilung des Kraftstoffs im Zylinder. Die so beeinflusste Gemischverteilung verringert den Verbrauch um ca. 4 % [SAI07].

Abb. 3-12 stellt verschiedene Ventilerhebungskurven dar, bei denen die Effekte unterschiedlicher Parametervariationen abgebildet sind.

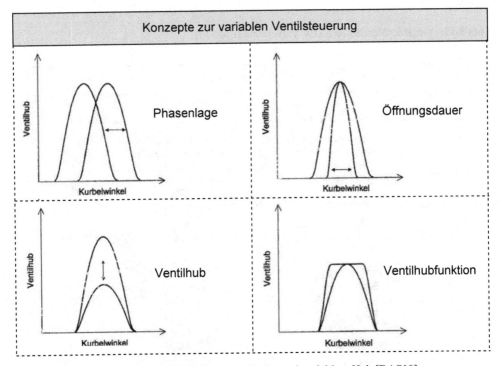

Abb. 3-12: Ventilhubkurven bei variabler Steuerbreite und variablem Hub [BAS10]

Derzeit werden vor allem mechanisch verstellbare Ventiltriebe eingesetzt. Dabei kommt es auf das Zusammenwirken von Nockenwellen und Ventilhebeln an, die meist einen Zwischenhebel aufweisen, der die Variabilität enthält. Ein Ausführungsbeispiel stellt die Valvetronic von BMW dar, **Abb. 3-13**. Ebenfalls in Serie befindet sich ein System, bei dem die Ventilhebel auf verschiedene Nockenkonturen verschoben werden, **Abb. 3-14**.

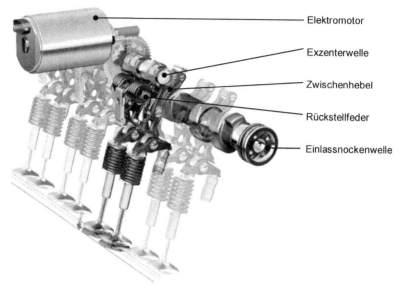

— Elektromotor

— Exzenterwelle

— Zwischenhebel

— Rückstellfeder

— Einlassnockenwelle

Abb. 3-13: Variabler Ventiltrieb BMW Valvetronic [EMO10]

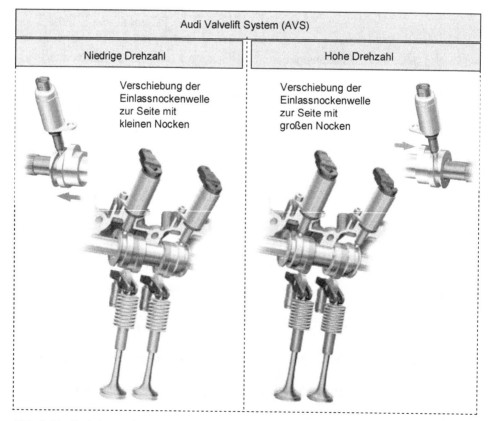

Abb. 3-14: Funktionsweise des Audi Valvelift Systems [GER10]

Zukünftig ist auch mit hydraulischen oder elektrischen Stellern zu rechnen bzw. es könnte der Ventiltrieb auch rein elektro-magnetisch und somit voll variabel ausgeführt werden, **Abb. 3-15**.

Heute noch nachteilig sind allerdings die höheren Kosten, die ungenügende Akustik dieser Steller und ihr hoher Energieaufwand (3 kW elektrische Energie) [HAS04]. Sobald solche Steller mit viel weniger Energie betrieben werden können, könnte eine selektive Reduzierung der aktiven Zylinder im Sinne einer Zylinderabschaltung relativ einfach realisiert werden.

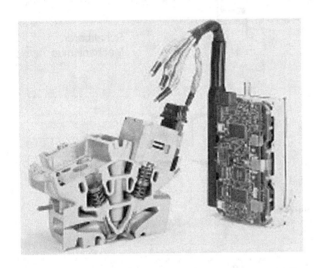

Abb. 3-15:
Elektromagnetischer Ventiltrieb
von Valeo [ATZ06]

3.1.1.5 Variable Kompression

Der thermische Wirkungsgrad eines Verbrennungsmotors hängt vom Verdichtungsverhältnis, also von der Änderung des Zylindervolumens zwischen dem unteren Totpunkt bis zum oberen Totpunkt des Kolbens ab. Der Motor wird bei höheren Verdichtungsverhältnissen effektiver, z. B. beim Dieselmotor. Allerdings begrenzen dann die ungewollten Selbstzündungen den ordentlichen Betrieb. Es können Geräusche und Motorschäden auftreten. In der Praxis werden für Ottomotoren Verdichtungsverhältnisse von etwa $\varepsilon = 12$ angewendet. Das gilt vor allem für den Volllastbereich. Im Teillastbereich könnte ein solcher Motor aber auch mit einem Verdichtungsverhältnis von über 15 betrieben werden [PIJ05a]. Das würde wiederum zu geringeren Kraftstoffverbräuchen führen. Damit nun sowohl im Volllastbereich als auch im Teillastbereich mit verbrauchsoptimalen Motoreinstellungen gefahren werden kann, wird an verschiedenen Lösungen zur Realisierung der variablen Kompression gearbeitet. **Abb. 3-16** gibt einen Überblick zu prinzipiell möglichen technischen Lösungen der variablen Kompression (VCR).

Nach [SHA07] lassen sich bei aufgeladenen Ottomotoren mit Hilfe der variablen Kompression Verbrauchsreduzierungen von bis zu 30 % erreichen. Das geschieht durch eine Verminderung der Kraftstoffanreicherung bei Volllast und/oder durch Hochaufladung des Motors. Wie **Abb. 3-16** allerdings verdeutlicht, erfordert die variable Kompression einen erheblichen maschinenbau-technischen Aufwand zu ihrer Realisierung. Das ist mit erhöhten Kosten und mit Zusatzgewicht verbunden. [ATZ08d]

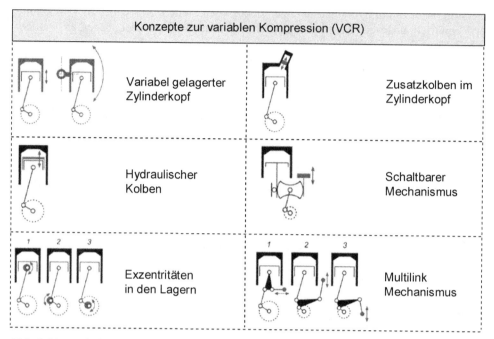

Abb. 3-16: Techniken der variablen Kompression [PAT10]

3.1.1.6 Nutzung der thermischen Abgasenergie

Im Abgas eines Verbrennungsmotors stecken etwa 30 % des Energiegehaltes des eingesetzten Kraftstoffs. Um wenigstens einen Teil der Energie für den Vortrieb nutzen zu
können, wurde an einem sogenannten Turbostreamer gearbeitet. [SFO08]

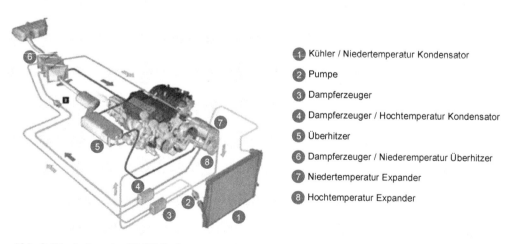

Abb. 3-17: Aufbau des BMW-Turbosteamers [TUR06]

Die Abgaswärme wird bei diesem System über einen Wärmetauscher an einen Hochtemperatur-Wasserkreislauf abgegeben. Aus dem Wasser wird durch die Überhitzung Wasserdampf (als Phasenwechsel mit hohem Wirkungsgrad), der auf eine Expansionsturbine wirkt. Das Wasser kondensiert wieder und die Turbine gibt ihre kinetische Energie an die Kurbelwelle des Motors weiter.

Um die noch immer hohe Energie des die Turbine verlassenden Wassers auch noch auszunutzen, wird diese Wärme sowie noch verfügbare Abgaswärme und die Wärme des normalen Motorkühlsystems (hier stecken noch einmal 30 % der Primärenergie des Kraftstoffs) auf einen mit Ethanol gefüllten Kreislauf gegeben. Dieses energieaufnehmende und dabei verdampfende Ethanol wirkt auf eine zweite Expansionsturbine ein und diese liefert so zusätzliche mechanische Energie an der Kurbelwelle ab.

Dieser sogenannte Turbostreamer nutzt etwa 80 % der Abgasenergie. Nach Überwindung der Wirkungsgrade soll nach [SFO08] der Motorwirkungsgrad um bis zu 15 % steigen. Serienreif könnte das System etwa 2015 sein.

Weiterhin kann die Abgaswärme zur Stromerzeugung verwendet werden. Das als Seebeck-Effekt bekannte Verfahren nutzt die Eigenschaft von elektrisch leitenden Materialien, dass sie bei Einwirken unterschiedlicher Temperaturen an verschiedenen Stellen eines Leiters elektrische Spannungen entstehen lassen. Ob diese Methode wirklich zur Stromerzeugung in Fahrzeugen eingesetzt werden wird, hängt von den Kosten und von dem noch zu steigernden Wirkungsgrad der Materialien durch eine Auswahl besser geeigneter Materialien in der Zukunft ab. [ATZ08]

3.1.1.7 Neue Brennverfahren

Als weitere Verbesserung im Bereich der konventionellen Verbrennungsmotoren wird seit Jahren daran gearbeitet, den thermodynamischen Wirkungsgrad durch neue Brennverfahren zu steigern. Einen möglichen Evolutionsschritt stellt dabei die sogenannte homogene Kompressionszündung dar, welche eine Kombination des klassischen Otto- und Dieselmotors darstellt. Das Verfahren, welches auch als Homogeneous Charge Compression Ignition (HCCI) bezeichnet wird, nutzt dazu vom Ottomotor den Homogenbetrieb mit früher Kraftstoffeinspritzung und äußerer Gemischbildung. Vom Dieselmotor stammt das Prinzip der selbstständigen Kraftstoffentzündung durch eine hohe Kompression, **Abb. 3-18**. [CHR06, BAC08]

Aufgrund der Eigenschaft, dass HCCI-Motoren prinzipiell sowohl mit Benzin- als auch mit Dieselkraftstoff betrieben werden können, differieren die herstellerabhängigen Bezeichnungen. Geläufig sind z. B. die Begriffe „Diesotto" von Daimler bei Betrieb mit Benzin, „GCI" von Volkswagen ebenfalls bei Betrieb mit Benzin und „CCS" von Volkswagen bei Betrieb mit Dieselkraftstoff.

Aufgrund der höheren Zündwilligkeit der Homogenzündung bei Betrieb mit Otto-Kraftstoff wird diese technische Umsetzung der homogenen Kompressionszündung in einer Reihe von Entwicklungen favorisiert. Der große Vorteil des HCCI-Verfahrens gegenüber dem ottomotorischen Prinzip besteht dabei in der homogenen und zeitgleich über den Brennraum verteilten Zündung ohne die sonst übliche Flammenfront mit hohen Temperaturspitzen. Dadurch kann zum einen der Verbrauch um bis zu 20 % gesenkt und zum anderen das Abgasverhalten in Bezug auf die Stickoxid- und Rußpartikelemissionen deutlich verbessert werden. Bei einigen Konzepten ist eine lastabhängige Umschaltung von Fremdzündung auf Selbstzündung angedacht, wobei eine nicht wahrnehmbare Umschaltung im Fahrbetrieb noch eine Herausforderung darstellt. [CHR06, BLA06]

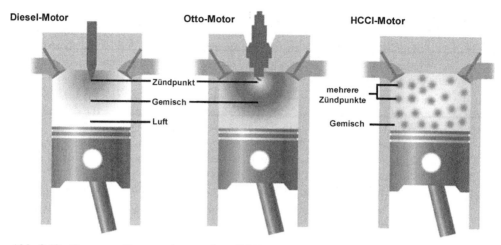

Abb. 3-18: Homogene Kompressionszündung [MAR06]

3.1.2   Reduktion der Abgasemissionen

Um die strikter werdenden gesetzlichen Anforderungen in Bezug auf die Emissionen zu erfüllen, wird beim Verbrennungsmotor bereits ein enormer Aufwand unternommen, um möglichst saubere Rohemissionen zu erhalten. Als Beispiel sei hier auf die Kraftstoff-Direkteinspritzung und das Downsizing verwiesen. Dennoch benötigen moderne Verbrennungsmotoren zusätzliche Abgasnachbehandlungssysteme, um die geforderten Grenzwerte zu erreichen. Die drei Abgashauptkomponenten bilden dabei Kohlenmonoxid (CO), Kohlendioxid (CO_2) und die Stickoxide (NO_x). Während bei der ottomotorischen Verbrennung zusätzlich noch Kohlenwasserstoffe (HC) entstehen, emittiert der Dieselmotor noch Feinstaubpartikel in Form von Ruß.

Die einzelnen aufgeführten Abgasbestandteile beeinflussen verschiedene Umweltsysteme. Während z. B. CO_2 als Treibhausgas gilt und somit den Klimawandel verstärkt, weisen Kohlenwasserstoffe sowie Stickoxide, und hier insbesondere der NO_2-Anteil, eine ozonschädigende Eigenschaft auf, die gleichzeitig eine krebsfördernde Wirkung auf den menschlichen Organismus besitzen. Die Menge an ausgestoßenem Kohlenstoffdioxid als Verbrennungsprodukt ist direkt proportional zum verbrannten Kraftstoff, so dass er sich lediglich durch verbrauchsreduzierende Maßnahmen verringern lässt.

Zur Eliminierung bzw. Verringerung der aufgeführten Emissionen wurden verschiedene Systeme entwickelt, die gegen die unterschiedlichen Schadstoffe wirken. **Abb. 3-19** gibt einen Überblick zu den angewandten Verfahren. Deren Wirkung wird im Weiteren näher erläutert.

3.1.2.1   Drei-Wege-Katalysator

Dreiwege-Katalysatoren sind die wichtigste Abgasreinigungs-Technologie für konventionelle Ottomotoren. Der Katalysator enthält auf einem keramischen oder metallischen Träger katalytisch wirksame Verbindungen mit Edelmetallen wie Platin, Palladium und

Rhodium. Üblich ist heute der geregelte Dreiwege-Katalysator, der über eine Lambda-Sonde ein stöchiometrisches Kraftstoff-Luftverhältnis von $\lambda=1$ einregelt. Der Katalysator weist typischerweise einen Wirkungsgrad von über 90 % auf. [PIS05a]

Systeme zur Emissionsreduzierung			
System	Beispiel	Reduktion	Wirkung
Drei-Wege-Katalysator	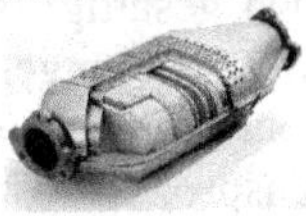	CH, NO_x, CO	> 90%
NO_x-Speicher-Katalysator		NO_x	70%
SCR-Katalysator		NO_x	90 - 98%
Abgasrückführung		NO_x	20 - 50%
Rußpartikelfilter	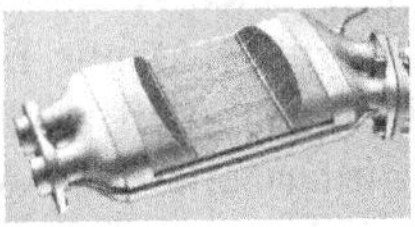	Feinstaub-partikel	60 - 99%

Abb. 3-19: Systeme zur Reduzierung von Fahrzeugemissionen

Der Drei-Wege-Katalysator wirkt gleichzeitig auf die drei Schadstoffe Kohlenwasserstoffe, Stickoxide und Kohlenmonoxid. Alle drei Verbindungen werden dabei zu Kohlenstoffdioxid umgewandelt, wobei bei der Umwandlung der Kohlenwasserstoffe zusätzlich Wasser entsteht und der NO-Anteil der Stickoxide zu reinem Stickstoff reagiert.

Da für die Stickoxidreduktion ein stöchiometrisches Kraftstoff-Luftverhältnis erforderlich ist, kann der Drei-Wege-Katalysator nicht bei quantitativ geregelten Dieselmotoren und Otto-Magermixmotoren mit einem Lambda ungleich eins eingesetzt werden. Alternativ bieten sich Oxidationsfilter an, die aufgrund der geringeren Abgastemperaturen näher am Abgaskrümmer angebracht werden müssen. Einziger Unterschied zur sonst analogen Funktionsweise gegenüber dem Drei-Wege-Katalysator ist die reine Oxidation der NO-Anteile zu Stickstoffdioxid. Dieses NO_2 kann jedoch durch einen zusätzlich verbauten NO_x-Speicherkatalysator oder einen SCR-Katalysator nachbehandelt werden. [PIS05a, BOS04]

3.1.2.2 NO$_x$-Speicherkatalysator

Zur Reduzierung der vor allem bei Magermotoren auftretenden hohen Stickoxidemissionen durch den Sauerstoffüberschuss haben sich in den letzten Jahren NO$_x$-Speicherkatalysatoren als geeignete Abgasnachbehandlungstechnologie durchgesetzt. Dabei adsorbieren und speichern sogenannte NO$_x$-Adsorber die motorseitigen Stickoxide. Durch einen Oxidations-Katalysator wird die Umwandlung von Stickstoffmonoxid (NO) zu Stickstoffdioxid (NO$_2$) beschleunigt, welches dann als Nitrat in Erdalkali-Oxiden zwischengespeichert wird. Die Reduktionsrate der Stickoxide beträgt rund 70 %. [BOS04]

Wenn der Speicherkatalysator mit Stickoxiden gesättigt ist, muss der Motor für wenige Sekunden in einen kraftstoffreichen Betrieb mit λ>1 umgeschaltet werden, um die gespeicherten Stickoxide auszulösen und in einem konventionellen Drei-Wege-Katalysator unschädlich zu machen. Dieser Regenerationsprozess wird in regelmäßigen Abständen wiederholt, der somit zu einem leicht erhöhten Kraftstoffverbrauch während der Regenerationsphase führt. [BOS04]

Nachteilig ist die Eigenschaft der NOx-Adsorber, die entstehenden Schwefeloxide aus der Verbrennung mit schwefelhaltigen Kraftstoffen zu adsorbieren. Diese Schwefelverbindungen lassen sich leider nur sehr schwer desorbieren. Aus diesem Grund sind zum Betrieb Kraftstoffe mit einem sehr geringen Schwefelgehalt von weniger als 10 ppm Schwefel erforderlich, wie sie mittlerweile EU-weit eingeführt sind.

3.1.2.3 SCR-Katalysator

Ebenfalls zur Reduktion von Stickoxiden im Abgas werden zunehmend SCR-Katalysatoren (Selective Catalytic Reduction) mit einer Ammoniakbeimischung zum Abgas verwendet. Während ein SCR-Katalysator zunächst nur bei größeren Fahrzeugen mit Dieselmotor z. B. LKW über 6 t Gesamtgewicht zur Einhaltung der Euro-5-Abgasnorm eingesetzt wurde, finden diese Systeme mittlerweile auch Anwendung in leichten Nutzfahrzeugen sowie in einigen PKW zur Erreichung noch strikterer NO$_x$-Grenzwerte, z. B. in den USA. Der große Vorteil der SCR-Technologie ist die Möglichkeit, den Verbrennungsmotor einseitig auf eine hohe Kraftstoffeffizienz und gutes Leistungsverhalten zu optimieren und dabei keinen Kompromiss in Bezug auf niedrige Rohemissionen eingehen zu müssen.

Beim SCR-Verfahren werden die NO$_x$-Emissionen in einem Katalysator mit katalytisch aktiven Übergangsmetallverbindungen auf keramischen Trägern behandelt. Zusätzlich wird ein separater Tank mit einer wässrigen Harnstofflösung als Mischung aus 32,5 % Harnstoff und 67,5 % Wasser als Reduktionsmittel benötigt. Diese auch unter dem Markennamen „AdBlue" vertriebene Flüssigkeit wird in einer genau geregelten Menge durch eine Pumpe in den Abgasstrom eingesprüht. Dort wird es durch Hydrolyse in einem Vorkatalysator zu Ammoniak umgewandelt, welches im nachfolgenden Katalysator die Umwandlung der Stickoxide (NO$_x$) in Stickstoff (N) und Wasser (H$_2$O) bewirkt. Der Systemwirkungsgrad wird mit sehr hohen Werten von 90 bis 98 % angegeben. [BOS04]

Der Harnstoffverbrauch liegt in einem Bereich zwischen 2 und 8 % des Kraftstoffverbrauchs, sodass ein entsprechend dimensionierter Tank einen sehr langen Betrieb gewährleistet. Während LKWs den Harnstofftank regelmäßig an der Tankstelle auffüllen müssen, ist bei den angebotenen PKWs mit SCR-System der Harnstofftank so dimensioniert, dass dieser nur zu den regulären Fahrzeuginspektionen in der Werkstatt nachgefüllt werden muss. [BOS04]

3.1.2.4 Rußpartikelfilter

Zur Reduktion der bei Dieselmotoren entstehenden Feinstaubpartikel werden seit den 1990er Jahren bei PKW zunehmend Rußpartikelfilter verwendet. Durch die Einführung von Hochdruck-Einspritzsystemen bei Dieselmotoren konnte zwar die Leistungsentfaltung und die Kraftstoffeffizienz stark gesteigert werden, allerdings sank gleichzeitig die Größe der emittierten Rußpartikel auf eine Dimension, die für den menschlichen Organismus eine gesundheitliche Gefahr darstellt. Die menschlichen Atemwege können die Feinstaubpartikel nicht mehr aufhalten, sodass sie beim Einatmen unmittelbar in die Lunge gelangen. Dort können insbesondere die auf der Partikeloberfläche abgelagerten Kohlenwasserstoffe eine krebserregende Wirkung entfalten. [IDW08]

Neben der eigentlichen Filterung der Feinstaubpartikel übernimmt der Partikelfilter zusätzlich die Aufgabe, die angesammelten Rußpartikel bei einem bestimmten Beladungszustand zu CO_2 zu verbrennen. Aus diesem Grund bestehen die Filter aus hitzebeständigen Materialien wie keramischen Werkstoffen oder Metallen. In Bezug auf die Filterung des Abgases unterscheidet man zwei grundsätzlich verschiedene Funktionsarten. Zum einen gibt es den Wandstromfilter, bei dem das Abgas im Filter eine poröse Membran durchdringt und zum anderen den Durchflussfilter, bei dem das Abgas innerhalb des Filters an adsorbierenden Oberflächen entlang strömt. Bei beiden Verfahren basiert die Partikelablagerung auf Kohäsionskräften. Während Wandstromfilter zwar einen sehr hohen Wirkungsgrad von rund 99,9 % aufweisen, erhöhen sie gleichzeitig den Abgasgegendruck, der zu einem gesteigerten Kraftstoffverbrauch führt. Diesen Nachteil weist der Durchflussfilter zwar nicht auf, er besitzt dafür aber auch nur einen Wirkungsgrad von rund 60 %. [BOS04]

Zur Detektion des Beladungszustandes wird der Filtergegendruck als Differenz zum Druck vor und hinter dem Filter gemessen. Ab einem bestimmten Wert wird die Abgastemperatur durch eine Kraftstoffnacheinspritzung, über ein zusätzliches Heizelement oder über einen Oxidationskatalysator angehoben. Dadurch verbrennen die Kohlenwasserstoffe zu CO_2, während die Asche im Filter verbleibt. Diese Verbrennungsrückstände müssen in größeren Abständen von mehr als 100.000 km Laufleistung mechanisch herausgespült werden. [BOS04]

3.1.2.5 Abgasrückführung

Eine weit verbreitete Methode zur Reduzierung der Stickoxidemissionen besteht in der Abgasrückführung (AGR), bei der ein Teil der Abgasmenge in den Ansaugtrakt geleitet und der Frischluft beigemischt wird. Dadurch, dass weniger Frischluft verbrennen kann, wird die Verbrennungstemperatur im Brennraum gesenkt, sodass der Bildung von Stickoxiden in heißen Zonen entgegengewirkt wird. Allerdings fördert ein geringeres Temperaturniveau beim Dieselmotor die Entstehung von Rußpartikeln. Durch die Beimischung der nicht brennbaren Gase zur Ansaugluft kann gleichzeitig die Drosselklappe weiter geöffnet werden, was Drosselverluste reduziert und somit Kraftstoff einspart.

Bei der technischen Realisierung unterscheidet man zwischen der innermotorischen Abgasrückführung, die durch die Überschneidung der Taktzeiten von Einlass- und Auslassventilen umgesetzt wird und der meistens verwendeten Lösung der externen Abgasrückführung mit entsprechenden Ventilen und Leitungen. Während bei Ottomotoren die maximale Abgasrückführrate bei ca. 30 % liegt, beträgt die Höchstgrenze bei Dieselmotoren bis zu 50 %. [BOS04]

3.1.3 Zwischenfazit

Die Betrachtung der zur Weiterentwicklung der Verbrennungsmotoren noch verfügbaren Potenziale bezüglich der Verbrauchsverminderungen und der Emissionseinschränkungen hat gezeigt, dass dieses Potenzial bereits heute erkennbar vorliegt. Dieselfahrzeuge erfüllen heute schon die Emissionsvorschriften Euro 5, die Euro 6 Norm wird bis zum Jahr 2014 auch erreicht. Selbst die starke Reduzierung der Partikelemissionen um 80 % kann von entsprechenden bekannten Partikelfiltern geleistet werden.

Die für die Ottomotoren geforderten Verbrauchsreduzierungen von CO_2 auf 120 g/km im Jahr 2015 sind ebenfalls realisierbar. Aus der Industrie selber kommen Vorschläge für weitergehende Verbrauchsreduzierungen.

Aus einer rein technischen Betrachtung heraus können die heute erkennbaren legislativen Emissionsvorgaben somit durchaus über die reine Optimierung konventioneller Antriebe erfüllt werden, allerdings wird das mit deutlichen Kostensteigerungen der Motoren verbunden sein. Darüber hinausgehende Verbesserungen bis hin zum vollständig lokal emissionsfreien Fahren sind durch klassische Verbrennungsmotoren allerdings nicht zu erreichen. Ob das eine wirklich notwendige Forderung ist, steht aber in der Entscheidungsmacht der Politik. Moderne Motoren können nahezu als „Luftreinigungsmaschinen" eingesetzt werden. Allerdings bleibt die Abhängigkeit vom Erdöl mit allen preislichen und politischen Unsicherheiten bestehen. Deshalb macht es Sinn, sich um die alternativ angetriebenen, hier vor allem die elektrisch angetriebenen Fahrzeuge weiter zu kümmern. Das wird nachfolgend geschehen.

3.2 Hybridantriebe

Schon seit vielen Jahren wird an ausgewählten Hochschulinstituten wie dem Institut für Kraftfahrwesen Aachen (ika) (bis 2008, seitdem Institut für Kraftfahrzeuge Aachen (ika)) an der RWTH-Aachen University besonders intensiv an Hybridantrieben entwickelt und geforscht. Eine Reihe von Versuchsfahrzeugen sind aufgebaut und hinsichtlich ihrer vielfältigen Eigenschaften untersucht worden. Als Beispiel sei hier auf den Ford Escort Hybrid verwiesen, der bereits 1993 aufgebaut wurde und der wertvolle Erkenntnisse für weitere Optimierungen geliefert hat. Diese Entwicklungen waren stets von der Idee getragen, eine lokal emissionsfreie Fahrt zu gewährleisten, darüber hinaus aber keine Einschränkungen z. B. in Bezug auf die Reichweite aufzuweisen. Beim Vorhandensein ausreichend leistungsfähiger Batterien können alle Hybridarbeiten auch dazu verwendet werden, reine Batteriefahrzeuge zu realisieren. Auch dazu hat es am ika mehrere Vorhaben gegeben, z. B. den Aufbau des rein batteriebetriebenen Ford e-Ka im Jahr 2000.

Das Wort „Hybrid" kommt ursprünglich aus dem Griechischen und bedeutet so viel wie „gemischt" oder „von zweierlei Herkunft". Ein Hybridfahrzeug ist per Definition ein Fahrzeug, welches mindestens zwei Energiewandler und zwei im Fahrzeug eingebaute Energiespeichersysteme besitzt, um das Fahrzeug anzutreiben [EUP07]. Dabei stellen Energiewandler z. B. Otto-, Diesel- oder Elektromotoren mit ihren jeweiligen Energiespeichersystemen wie Batterien bzw. Kraftstofftanks dar.

Der Hybridantrieb hat die Chance zur Kraftstoffeinsparung und zur gleichzeitigen Verbesserung des Fahrverhaltens eines Fahrzeuges, da sich intelligente Ergänzungen der Antriebssysteme erreichen lassen. **Abb. 3-20** zeigt die Drehmomentverläufe eines Verbrennungsmotors und eines Elektromotors. Aus diesem Bild wird deutlich, dass der Elektromotor mit einem guten Wirkungsgrad bei niedrigen Drehzahlen bzw. Fahrgeschwindigkeiten arbeitet, wo die spezifischen Kraftstoffverbräuche des Verbrennungsmotors schlecht sind. Bei höheren Drehzahlen und höheren Lasten ist der Elektromotor überfordert und der Verbrennungsmotor kommt bei guten Kraftstoffverbräuchen zum Einsatz.

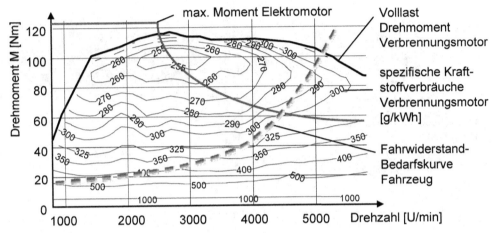

Abb. 3-20: Drehmomentverläufe von Elektro- und Verbrennungsmaschinen

Die ebenfalls in **Abb. 3-20** eingetragene Fahrwiderstandskennlinie als erforderliches Drehmoment zum Antrieb des Fahrzeugs zeigt die sehr ungünstigen Betriebspunkte, wenn der Verbrennungsmotor im Teillastbereich betrieben wird. Oben war bereits gezeigt worden, dass Änderungen im Motorbetrieb hier Verbesserungen bringen würden. Mit dem Hybridantrieb kann dieser Missstand aber gleich behoben werden.

Der Hybridantrieb erfordert nur eine kleinere Batterie, die damit kostengünstiger ist als diejenige eines reinen batteriebetriebenen Elektrofahrzeugs. Mit dem Elektroantrieb lässt sich auch eine Unterstützungswirkung des Verbrennungsmotors beim Beschleunigen erreichen, gebremst werden kann zu einem erheblichen Teil elektrisch, wobei dann die Batterie in diesem als Rekuperation genannten Zustand wieder aufgeladen wird.

Nicht zu unterschätzende Probleme stellen allerdings die Nebenaggregate dar. Bisher werden sie vor allem vom Verbrennungsmotor angetrieben. Da diese Antriebsquelle bei einem Hybridantrieb zeitweise stillsteht, müssen hier elektrische Lösungen eingeführt werden. Bei der Lenkung ist das im unteren Fahrzeugsegment bereits erfolgt, in den Mittelklassefahrzeugen geschieht es derzeit, bei der elektrischen Radbremse hat es dagegen mehrfach Rückschläge gegeben, bei der elektrischen Klimaanlage leidet die Batterie unter der hohen Stromaufnahme des Klimakompressors. Insgesamt ist die Elektrifizierung der Nebenaggregate aber eine interessante Aufgabe, der die Zulieferindustrie engagiert nachgeht. Durch den vom Verbrennungsmotor entkoppelten Betrieb können die Aggregate effizienter genutzt werden [NAU07]. Das reduziert auch den Kraftstoffverbrauch des Verbrennungsmotors.

Der erhebliche Nachteil der elektrischen Antriebe steckt noch immer in der Energiespeicherung. Seit der Olympiade 1972 gibt es das eindrucksvolle Bild zum Energievergleich, **Abb. 3-21**.

Abb. 3-21: Energievergleich BMW 1602 aus dem Jahr 1972 [GRA10]

Damals wurden für die Begleitmannschaft des Marathonlaufs BMW Fahrzeuge zu Elektrofahrzeugen umgebaut. Zwar hat sich durch neue Batterietechnologien bis heute einiges geändert, aber von einem Durchbruch zu sprechen, dürfte noch verfrüht sein. Elektrische Reichweiten von 100 km werden als erreichbar angesehen, die vom Verbrennungsmotor gewohnten Fahrstrecken von über 500 km liegen jedoch noch in weiterer Ferne. Damit ist die Hybridlösung derzeit eine gute Alternative, mit den alternativen Antrieben zu beginnen. Eine interessante Lösung wird derzeit von Opel bzw. Chevrolet aus dem General Motors Konzern vorbereitet, bei der das Fahrzeug die ersten 50 km elektrisch fahren wird, um dann bei leerer Batterie mit dem Verbrennungsmotor den Fahrstrom zu erzeugen, **Abb. 3-22**. Der Kraftstoffvorrat soll dann für 500 km ausreichen.

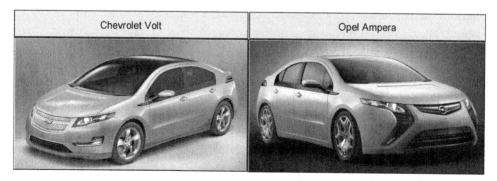

Abb. 3-22: Chevrolet Volt und Opel Ampera auf der gleichen technischen Plattform

Die Batterie wird nur an der Steckdose aufgeladen. Sollte der Nutzer nur kurze Strecken fahren, so hat er ein Elektrofahrzeug, bei längeren Strecken einen Hybrid (Plug-In-Hybrid).

Unterschieden werden heutige Hybridkonzepte nach der Anordnung und den Leistungsklassen der elektrischen Antriebe. **Abb. 3-23** fasst diese Hybridkonzepte und ihre Funktionalitäten zusammen [IKA08, NAU07, HYB08].

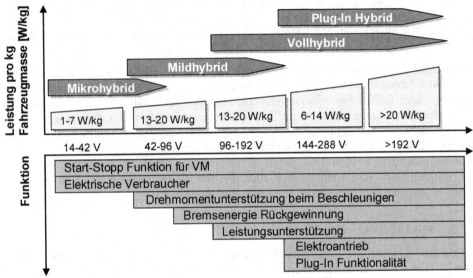

Abb. 3-23: Übersicht der Hybridklassen nach elektrischer Leistung [IKA08, NAU07, HYB08]

3.2.1   Mikro-Hybrid

Die auf dem europäischen Markt zuerst angebotene Hybridisierung war der eher zögerliche Ersatz von Lichtmaschine und Anlasser durch einen integrierten Starter-Generator. Diese Kombinations-Elektromaschine wurde von einigen Herstellern in den Antriebsstrang integriert, von anderen über einen Riemen mit der Kurbelwelle verbunden, **Abb. 3-24**.

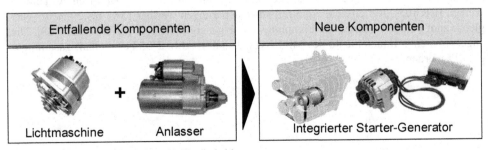

Abb. 3-24: Komponentenwechsel Mikrohybride

Für diese Lösung musste die Batterie nur mit einer etwas vergrößerten Kapazität versehen werden. Sobald eine Fahrgeschwindigkeitsschwelle unterschritten wird und der Fahrer den Fuß auf der Bremse hat, geht der Motor aus. Das Fahrzeug nimmt dann an, es würde gleich angehalten, z. B. vor einer Ampel. Sobald der Fuß von der Bremse geht, springt der Motor wieder an. Das Anlassen geschieht dabei komfortabel ohne die vom konventionellen Anlasser bekannte Geräuschentwicklung, da der Starter-Generator den Motor schneller hochdreht als der herkömmliche Anlasser und das Anlasserritzel nicht in den Zahnkranz am Schwungrad einspuren muss. Sollte das Auto eine Kupplung haben, springt der Motor wieder an, sobald die Kupplung losgelassen wird. Bei einigen Fahrzeugen ist dann automatisch der erste Gang eingelegt. Eine automatische Kupplung sorgt für ruckfreies Anfahren. Mit solch einem Miko-Hybrid sind 7 % bis 11 % Kraftstoffeinsparung möglich. Das richtet sich nach dem Anteil am Stadt- oder Überlandverkehr [NAU07].

Die aktuelle Entwicklung des Mikro-Hybrids stellt bereits den zweiten Versuch dar. In den 1990er Jahren hatte VW dieses Hybridprinzip mit einer speziellen Version des Kompaktfahrzeuges Golf schon einmal versucht. Damals waren solche Motorabschaltungen nicht erfolgreich. Einen neuen Anlauf hat um die Jahrtausendwende Continental mit dem ISAD-System (Integrated Starter Alternator Damper) unternommen. Damals sollte zusätzlich ein 42 Volt Bordnetz für die elektrisch angetriebenen Aggregate wie Bremse und Lenkung eingeführt werden. Das „D" in ISAD steht für Dämpfung, denn es war vorgesehen, mit der Starter-Generator-Einheit auch die Motorschwingungen zu dämpfen. Diese Funktion hat jedoch zu viel elektrische Energie verbraucht.

3.2.2 Mild Hybrid

Sobald eine 5 bis 15 kW Elektromaschine eingesetzt wird, spricht man von einem Mild Hybrid. Hier ist die Bremsenergierückgewinnung normalerweise üblich. Auch eine Antriebsunterstützung kann durch den Elektromotor bereitgestellt werden. Das geschieht vor allem bei niedrigen Fahrgeschwindigkeiten, weil in diesem Betriebszustand der Elektromotor viel besser ist als der Verbrennungsmotor. Die größte Kraftstoffeinsparung kommt auch hier durch das Abschalten des Verbrennungsmotors zustande.

Der Mild-Hybrid kann ebenfalls sowohl mit einer integrierten Maschine als Integrated Starter Generator (ISG) von z. B. Continental als auch mit einer riemengetriebenen Maschine als Belt Alternator Starter (BAS) von z. B. Valeo realisiert werden. Die Spannungen liegen bei diesen Systemen zwischen 42 Volt und 150 Volt. Damit werden gesonderte Energiespeicher erforderlich, z. B. spezielle Hochvoltbatterien oder auch Super-Kondensatoren (sogenannte SuperCaps). Diese Energiespeicher müssen sowohl kurzzeitig hohe Ströme zum Antreiben abgeben, als auch noch höhere Ströme beim Bremsen aufnehmen können [BRA05]. Als erreichbare Kraftstoffeinsparungen werden 15 % bis 20 % im Vergleich zum konventionellen Verbrennungsmotor genannt [IKA08, NAU07, HYB08]. Die angesprochenen Bauelemente des Mild Hybrid sind in **Abb. 3-25** beispielhaft zusammengestellt worden.

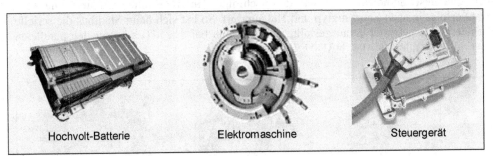

Hochvolt-Batterie | Elektromaschine | Steuergerät

Abb. 3-25: Zusatzkomponenten in Mildhybriden

Für einen Saturn VUE (SUV-Modell der ehemaligen General Motors-Marke Saturn) in der Hybridversion liefert die Literatur ein Beispiel für ein Fahrspiel, **Abb. 3-26**.

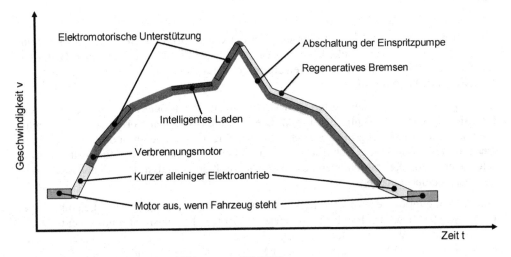

Abb. 3-26: Fahrspiel eines Hybridfahrzeuges [OLV08]

Daraus wird deutlich, dass sowohl zum Anfahren als auch zum Boosten zwischendurch auf den elektrischen Antrieb zurückgegriffen wird. Während der Verzögerung wird der Verbrennungsmotor gar nicht gestartet, bei niedrigen Geschwindigkeiten überbrückt der Elektromotor allein. Der Mild-Hybrid wird von mehreren Herstellern als ein Optimum zwischen sowohl dem technischen und dem finanziellen Aufwand als auch den erreichbaren Einsparungen an Kraftstoff angesehen.

3.2.3 Vollhybride

Längeres, rein elektrisches Fahren wird mit dem sogenannten Vollhybrid möglich. Die Motorleistungen liegen üblicherweise über 20 kW, die Batterien oder SuperCaps haben Spannungen von 300 Volt, **Abb. 3-27**. Bei der Realisierung gibt es allerdings Unterschiede, denn es wird in parallele, serielle und leistungsverzweigte Hybridantriebe unterschieden. Die Besonderheiten werden in den nachfolgenden Abschnitten erläutert. Die Auswahl erfolgt je nach Fahrzeugtyp und Nutzungsart. So hat sich beim Stadtbus die serielle Schaltung als geeignet herausgestellt, während man bei den SUVs besser den parallelen Hybrid verwendet [IKA08, NAU07, HYB08, LEH06].

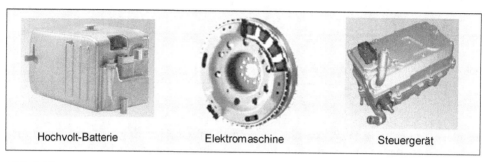

| Hochvolt-Batterie | Elektromaschine | Steuergerät |

Abb. 3-27: Zusatzkomponenten bei einem Voll-Hybrid

Mit den noch üblichen NiMH-Batterien schaffen die Hybridfahrzeuge etwa 10 km rein elektrisches Fahren. Die zukünftig eingesetzten leistungsfähigeren Li-Ionen-Batterien werden diese rein elektrisch zurückgelegte Strecke auf rund 20 km verdoppeln [BLO09, NAU07, TOY08, HYB08].

In den Fortschritten bei der Batterieentwicklung dürfte das größte Potenzial zur weiteren Realisierung von Hybridantrieben liegen. Die Hybride haben den Vorteil, dass sie gegenüber dem Elektrofahrzeug mit weniger leistungsfähigeren, kleineren und damit preiswerten Batterien auskommen. Lokal lässt sich mit dem Vollhybrid bereits eine beträchtliche Strecke emissionsfrei fahren, wenn es das Steuergerät denn zulässt. Das ist abhängig vom Ladezustand der Batterie.

Die für Vollhybride verwendeten Elektromotoren sind leistungsstärker als diejenigen, die in den Mikro- oder Mild-Hybriden eingesetzt werden. Die Systeme unterscheiden sich außerdem in der Wahl der Motorenanzahl. Es werden zukünftig sowohl die „reinen" Parallelhybride angeboten, die mit nur einem Motor auf die Getriebeeingangswelle arbeiten, wie schon der 1993 vorgestellte Ford Hybrid oder der Audi Duo von 1997 [IKA05; HYB10]. Es gibt aber auch schon länger Vorschläge mit zwei Elektromotoren [SCH04]. Mehrere Motoren sind als Folge der Leistungsverzeigung z. B. im Toyota Prius unabdingbar. Die Anwendung von Radnabenmotoren in Hybridantrieben erscheint aus Aufwandsgründen eher zweifelhaft. Diese Motoren bleiben wahrscheinlich den kleineren Elektro- oder Brennstoffzellenfahrzeugen vorbehalten.

In allen Fällen stellt die Unterbringung der Batterie sowie des Elektromotors besondere Anforderungen an das „Package" der Fahrzeuge. Sehr intelligent ist deshalb die Unterbringung der Elektromotoren in der Glocke des Getriebes, **Abb. 3-28**. Werden leistungsverzweigte Systeme eingesetzt, dann wird auch die Unterbringung der Elektromotor-Getriebekombination kompliziert.

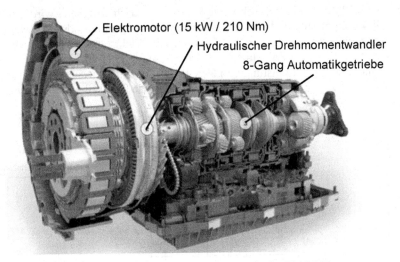

Abb. 3-28: Unterbringung des Elektromotors in der Getriebeglocke [CAD10]

3.2.3.1 Parallele und leistungsverzweigte Hybride

Derzeit vorgestellte bzw. in der Entwicklung befindliche Hybridantriebe realisieren in der Regel einen Parallel-Hybrid oder einen leistungsverzweigten Hybrid, **Abb. 3-29**.

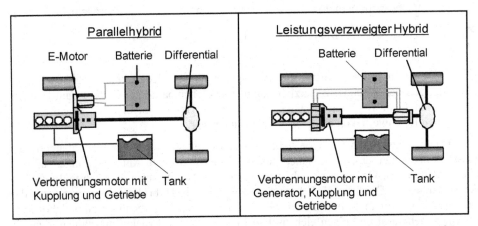

Abb. 3-29: Schematischer Antriebsstrang eines parallelen (links) und eines leistungsverzweigten (rechts) Hybriden [IKA08]

Beide Hybridformen haben eine mechanische Verbindung zwischen dem Verbrennungs-motor und der angetriebenen Achse. Der Verbrennungsmotor kann durch Öffnen der Kupplung vom Antriebsstrang abgekoppelt werden. Bei dem mechanisch einfachen Auf-bau des Parallelhybrids können beide Antriebsquellen gemeinsam, also sowohl der Ver-brennungsmotor als auch der Elektromotor, oder auch jede für sich allein das Fahrzeug antreiben. Bei der Verwendung nur des Elektromotors ergibt sich ein lokal emissionsfreier

Betrieb, der meist bis zu einer Geschwindigkeit von 60 km/h eingesetzt wird. Bei höheren Geschwindigkeiten arbeitet üblicherweise der Verbrennungsmotor allein. Zusätzlich kann zur Unterstützung (im Sinne einer Boost-Funktion) der Elektromotor zugeschaltet werden. Dazu liefert **Abb. 3-30** ein Zahlenbeispiel. Eine Kombination aus einem Verbrennungsmotor mit einer maximalen Leistung von 60 kW und einem Elektromotor mit einer Dauerleistung von 20 kW, der kurzzeitig mit 40 kW belastbar ist, ergibt eine maximale Kurzzeitleistung von 100 kW.

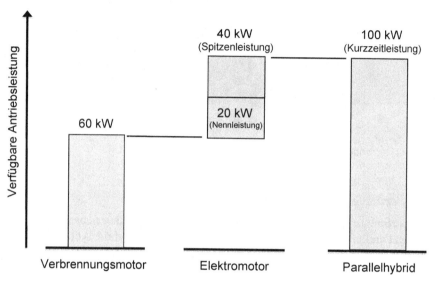

Abb. 3-30: Leistungsaddition beim Parallelhybrid

Damit lassen sich mit normalerweise sehr sparsamen Antrieben kurzzeitig beachtliche Fahrleistungen bereitstellen. Zusätzlich kann ein solcher paralleler Hybrid natürlich zur Rekuperation beim Bremsen herangezogen werden. Das ergibt eine Verlängerung der elektrischen Reichweite von etwa 10 % im Stadtverkehr.

Die leistungsverzweigten Getriebe haben als Kern des Antriebes ein Planetengetriebe, das die Leistungen des elektrischen und des mechanischen Antriebsstranges addiert (Drehzahladdition). Damit lässt sich dann sogar die Arbeitsweise eines stufenlosen Getriebes darstellen. Deshalb wird diese Struktur gern als Hybridform eingesetzt, da der Fahrkomfort vor allem beim Schalten sehr hoch ist. Allerdings benötigt ein solches System einen Generator und einen elektrischen Motor, also zwei Elektromaschinen, denn es muss aus einem Teil der Verbrennungsmotorleistung Strom erzeugt werden, der sowohl die Batterie lädt als auch über den auf das Planetengetriebe wirkenden Antriebsmotor für den Vortrieb sorgt. In der Regel ist der Verbrennungsmotor im leistungsverzweigten System damit auch größer als bei einem Parallelhybrid. Nach [LEH06] sollen sich die Verbrauchsunterschiede signifikant unterscheiden. Das ist durch die mehrfache Energiewandlung auch verständlich.

In einer eigentlich ungewöhnlichen Zusammenarbeit haben die Daimler AG als damalige DaimlerChrysler, General Motors und BMW den Two-Mode-Hybrid als eine weitere Variante entwickelt, **Abb. 3-31**.

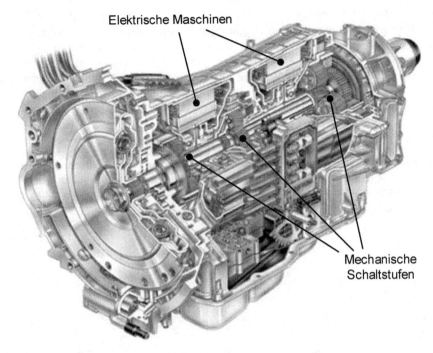

Elektrische Maschinen

Mechanische
Schaltstufen

Abb. 3-31: Two-Mode Getriebe [TRU06]

Bei den Betriebsarten wird in niedrige und hohe Fahrgeschwindigkeiten unterschieden. Durch die Integration zweier Elektromotoren im Getriebe kann die Funktionalität eines stufenlosen Getriebes realisiert werden (EVT: Electric Continuously Variable Transmission). Zusätzlich hat das Getriebe aber vier mechanische Gänge, die feste Übersetzungsverhältnisse realisieren. Werden diese Gänge verwendet, dienen die Elektromotoren wieder der Beschleunigungsunterstützung und dem regenerativen Bremsen. Die vier festen Übersetzungen in den Gängen überlagern die beiden EVT Betriebsarten, so dass sich sechs verschiedene Fahrmöglichkeiten ergeben, **Abb. 3-32**.

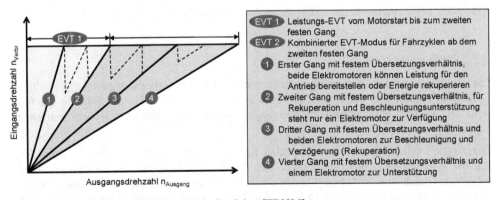

Abb. 3-32: Betriebsarten des Two-Mode-Getriebes [TRU06]

Dieses Two-Mode Getriebe hat in etwa die Größe eines herkömmlichen Automatikgetriebes. Die Regelung erfolgt mit einem zugehörigen Elektronikbaustein. Als Vorteile dieses Hybridantriebes werden Kraftstoffeinsparungen, aber auch sehr gute dynamische Fahrzeugeigenschaften und ein hohes Zugvermögen genannt. Zweck dieser aufwändigen Konstruktion ist es, die elektrischen Verluste im elektrischen Kreis dadurch zu verringern, dass die Verwendung des Stroms möglichst gering gehalten wird, **Abb. 3-33**. Insgesamt soll sich eine kraftstoffsparende Hybridfunktion ergeben.

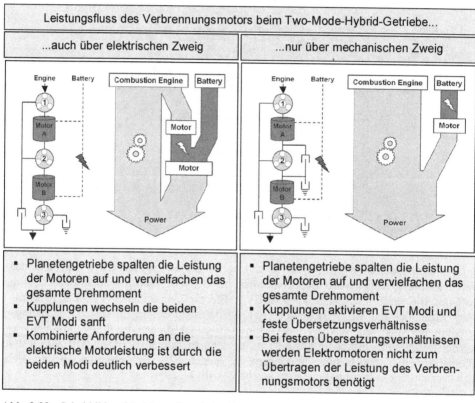

Abb. 3-33: Schaltbild und Leistungsfluss beim Two-Mode-Hybrid-Getriebe [TRU06]

3.2.3.2 Serielle Hybride

Ein serieller Hybrid ist dadurch gekennzeichnet, dass der Verbrennungsmotor nur einen Generator antreibt und dadurch Strom zum Fahren und zum Laden der Batterie erzeugt wird. Der Verbrennungsmotor kann permanent im Bestpunkt seines Verbrauchs betrieben werden.

Der Antrieb erfolgt durch einen zentralen Elektromotor oder durch mehrere, dann den Rädern zugeordnete Antriebseinheiten. Bei der Verwendung radnaher Elektromotoren entfällt das mechanische Achsdifferential, außerdem kann durch Einspeisung unterschiedlicher Antriebsmotoren rechts und links eine Fahrdynamik-Regelfunktion realisiert werden. Bedarfsspitzen beim Antrieb werden aus der Batterie gedeckt. Aus ihr kann das

Fahrzeug auch eine gewisse Strecke autark emissionsfrei betrieben werden. Rekuperationsbremsungen sind natürlich auch möglich, da die Antriebsmotoren auch als Generatoren betrieben werden können und Strom in die Batterie zurückspeisen können, **Abb. 3-34**.

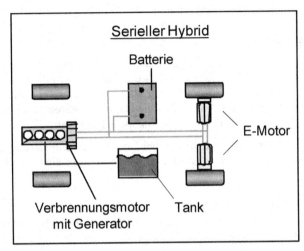

Abb. 3-34: Schematischer Antriebstrang eines seriellen Hybriden [IKA08]

Anders als beim Parallel-Hybrid müssen der Verbrennungsmotor, der Generator und auch der Elektromotor so ausgelegt werden, dass von jedem der Aggregate die maximale erforderliche Leistung bereitgestellt werden kann. Damit sind diese Aggregate im seriellen Hybrid größer und schwerer als beim Parallel-Hybrid. Bei der Ausführung des Verbrennungsmotors als Range-Extender könnte er auch kleiner ausgeführt werden [NAU07], nur würde das schon einer Beschneidung der Leistungsfähigkeit entsprechen. Dann wären auch kleine Langstrecken-Dauerleistungen möglich, bei denen es ausschließlich auf die Leistung des Verbrennungsmotors ankommt. Ein derartiges Fahrzeug wird von GM im Jahr 2011 als Chevrolet Volt/Opel Ampera in den Markt eingeführt, **Abb. 3-35**. Dabei ist allerdings zweifelhaft, ob dieses Fahrzeug als Elektrofahrzeug oder als Hybridfahrzeug bezeichnet werden sollte. Es kann ja 50 km rein elektrisch fahren, was die Hybridfahrzeuge (bisher) eigentlich nicht können.

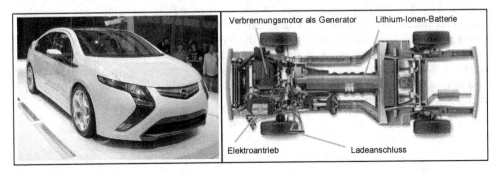

Abb. 3-35: Opel Ampera

Als neue Betriebsstrategie ist vorgesehen, dass das GM-Fahrzeug zuerst rund 50 km rein elektrisch fährt. Wenn die Batterie dann leer ist, wird mit dem Verbrennungsmotor weitergefahren, so dass sich eine Reichweite (je nach Tankinhalt) von ca. 500 km ergibt. Die Batterie wird nur an der Steckdose wieder aufgeladen, da das Emissionsverhalten der Kraftwerke besser ist, als das des Verbrennungsmotors. Für viele Pendler reicht die elektrische Reichweite des Fahrzeugs wahrscheinlich aus, so dass dieser Hybrid in der Praxis ein Elektrofahrzeug, aber immer mit Reichweitenreserve sein wird.

Abschließend sei noch darauf hingewiesen, dass sich Stadtbusse besonders gut für die Anwendung als serielle Hybride eignen. Durch die Fahrzyklen gibt es beachtliche Stillstandszeiten an den Haltestellen, während derer auch ein kleiner Dieselmotor in der Lage ist, die Batterie aufzuladen. Außerdem liefern die Haltestellenbremsungen (und bei vielen Städten auch deren Topographie) erhebliches Rekuperationspotenzial.

Schließlich erlauben elektrische Radantriebe bei Bussen die Realisierung eines niedrigen Wagenbodens (Niederflurbusse). Das ist für Stadtverkehrsbusse ein erheblicher Vorteil.

3.2.4 Plug-In Hybride

Der zuvor bereits erwähnte Opel Ampera könnte auch als Plug-in-Hybrid bezeichnet werden, allerdings hat er dazu eigentlich einen zu großen Verbrennungsmotor. Die Idee des Plug-In-Hybrids ist, wie beim Elektrofahrzeug, die Nutzung des Kraftwerksstroms, der zumindest zukünftig ökologischer erzeugt werden dürfte als das in einem Kraftfahrzeug der Fall ist. Die Batterie eines Plug-In-Hybrids wird also nur an einer Steckdose aufgeladen. Wo diese Steckdose sein wird und wie abgerechnet werden wird, ist noch nicht abschließend geklärt. Geht man vom durchschnittlichen Nutzungspotenzial der Fahrer aus, dann fahren in Europa 80 % der Leute pro Tag weniger als 50 km, in den USA fahren 2/3 aller Bürger täglich weniger als 64 km. Vor diesem Hintergrund sind die Auslegungsdaten von GM Volt/Opel Ampera zu verstehen. Für viele Anwendungen dürfte die tägliche Batterieladung ausreichen. Der Verbrennungsmotor dient lediglich als „Rückfallebene", als sogenannter Range-Extender bzw. als Antriebsquelle bei längeren Strecken. Der Plug-In-Hybrid stellt damit einen weiteren Schritt auf dem Weg zum Elektrofahrzeug dar, er kommt aber mit den heutigen Unzulänglichkeiten der Batterietechnik zurecht. [WAL05, NAU07, HYB08]

Noch offen sind allerdings die Ladestrategien für solche Fahrzeuge, denn nach heutigem Diskussionsstand kann nicht davon ausgegangen werden, dass die Fahrer bewusst Ladestecker in Steckdosen stecken. Eine solche Anforderung dürfte die Kundenakzeptanz zumindest kurzfristig deutlich mindern. Auch die Versorgung mit einer ausreichenden Anzahl an Ladestationen führt noch zu erheblichen Diskussionen. So ist noch nicht entschieden, ob die Stromkunden wirklich über die Netzentgelte die Kosten für die Kabelverlegungen zu den Ladestationen übernehmen müssen. Die Ladeproblematik kann durch induktive Stromübertragungen von der Straße auf das Fahrzeug gelöst werden. Daran wird in Deutschland [SEW10] und am Korea Advanced Institute of Technology (KAIST) in Süd-Korea intensiv gearbeitet.

3.3 Elektrofahrzeuge

Der Begriff Elektrofahrzeug steht heute für mehrere Konzepte, die als Gemeinsamkeit haben, dass die Vortriebskraft im Fahrzeug durch Elektromotoren erzeugt wird. Die Energiequellen sind dagegen unterschiedlich. So gibt es die batterieelektrischen Fahrzeuge schon seit dem Beginn der Fahrzeugentwicklung. Sie hatten sich in einigen Bereichen bereits erheblich durchgesetzt, so z. B. bei Postverteilerfahrzeugen in großen Städten in den 40er und 50er Jahren des letzten Jahrhunderts.

Bei den Bussen hat es schon länger Oberleitungsbusse gegeben, die allerdings den Nachteil hatten, dass sie an eine Strecke „angebunden" gewesen sind. In einigen Städten haben solche Busse zusätzlich einen Batterieanhänger gehabt, um etwas mehr Freizügigkeit zu haben bzw. auch Strecken ohne Oberleitung bedienen zu können. Derzeit gibt es Bestrebungen, die Oberleitungskabel in die Fahrbahn zu verlegen und die elektrisch betriebenen Fahrzeuge während der Fahrt zu laden [IAV09]. Darauf wird in Abschnitt 4.1.4 noch näher eingegangen.

Der nächste Entwicklungsschritt wurde in der Einführung von Solarzellen gesehen. Allerdings sind diese für den mobilen Einsatz zu wenig leistungsfähig. Das zeigen z. B. die großen Flächen mit Solarzellen auf Hausdächern. Auf Fahrzeugen wurde und wird an die Beschichtung mit amorphem Silizium als Dünnschicht gedacht. Nur die bisher erreichbaren 7 % Wirkungsgrad stehen dem entgegen. Solarstrom für die Mobilität lässt sich bisher nur in stationären Anlagen erzeugen, die je nach Zellenart Wirkungsgrade von 20 bis 40 % erreichen, allerdings eine geringe Energiedichte in der Größenordnung von 20 bis 50 W/kg aufweisen [FRA10; SOL10]. Somit bleiben die Solarzellen in Fahrzeuganwendungen auf den Betrieb von Nebenfunktionen begrenzt, z. B. auf den Betrieb der Standlüftung.

Als Alternative zu Batterien wurde im Anschluss an den schon früher erwähnten „Rügen-Großversuch" mit 60 Elektrofahrzeugen der Einsatz von Brennstoffzellen gesehen. Deshalb wurde 1993 erneut mit der Entwicklung solcher Systeme begonnen [HYB10b].

Als aussichtsreiche Elektrofahrzeuge können heute nur das batterieelektrisch betriebene und das mit einer Brennstoffzelle versehene Fahrzeug angesehen werden. Bei den Brennstoffzellen kann allerdings noch darüber „gestritten" werden, mit welchem Brennstoff die Zelle versorgt wird. Derzeit hat Wasserstoff die größten Chancen.

3.3.1 Batteriebetriebene Elektrofahrzeuge

Durch die gemeldeten Fortschritte in der Batterietechnologie, die sich aus einem Wandel von Nickelmetall-Hydrid hin zu Lithium-Ionen ergeben, und die andauernde Klimadiskussion sowie die steigenden Kraftstoffpreise wird das mit der Batterie versehene Fahrzeug derzeit als Lösung der Zukunftsprobleme angesehen. Allerdings ergeben Zukunftsstudien, dass es noch viele Jahre ein Nebeneinander der Verbrennungsmotoren und der elektrischen Antriebe geben wird, dann meist auch als Hybrid-Versionen, **Abb. 3-36**.

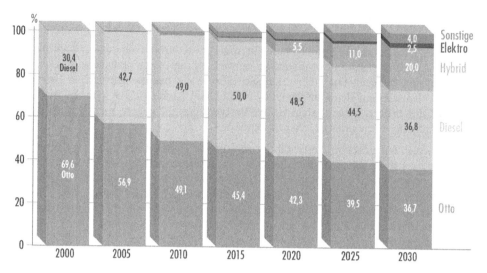

Abb. 3-36: Prognostizierte Verteilung der zukünftigen Antriebstechnologien [SEH09]

Bei den „reinen" Elektrofahrzeugen sind die bisher vom Verbrennungsmotor angetriebenen Aggregate wie Servo-Lenkung, unterdruckverstärkte Bremse sowie Klimatisierung und Heizung nicht mehr ohne weiteres vorhanden. Deshalb müssen für diese Fahrzeuge Umkonstruktionen erfolgen. Nachfolgend wird sich zeigen, dass diese auch energetisch optimierten Aggregate Einzug in die weiterhin konventionell angetriebenen Fahrzeuge halten werden. Die im VW Golf und ähnlichen Fahrzeugen standardmäßig verwendete elektrische Servolenkung ist ein solches Beispiel. Während des Rügen-Versuchs ist die Notwendigkeit einer solchen elektrischen Lenkung sehr deutlich geworden. **Abb. 3-37** zeigt den Tesla Roadster mit den eingebauten elektrischen Aggregaten.

1 Antriebsbatterie aus Lithium-Ionen-Zellen

2 Sicherheitsabschaltung der Antriebsbatterie

3 DC/AC-Wandler

4 Drehstrommotor

5 Luftkühlung des Antriebs

6 Elektrische Heizung

7 Elektrisch betriebene Klimaanlage

8 Elektrische Lenkung

9 Elektrisch angesteuertes Bremssystem

Abb. 3-37: Tesla Roadster mit zentral angeordnetem Elektromotor [BEA08]

Es gibt allerdings auch bei solchen Fahrzeugen Abwärme. So müssen der Elektromotor, die Batterie und auch der Leistungselektronik aktiv gekühlt werden. Bei den auch noch verwendeten Hochtemperatur-Batterien mit 300°C Innentemperatur (ZEBRA-Batterie) muss dazu Öl verwendet werden. Hier besteht bei eventuellen Undichtigkeiten allerdings Brandgefahr. Im zuvor gezeigten Tesla Roadster wird zur Kühlung eine Wasser-Glykol-mischung verwendet. Die Li-Ionen Batterien sollen bei einer Temperatur von höchstens 40°C betrieben werden. Das liefert nicht viel Abwärme zum Heizen des Fahrzeugs.

Gegenüber der Verwendung von Wasserstoff als Energieträger wird der Fahrzeugbetrieb mit Batterien aus Gründen der Infrastruktur als sehr vorteilhaft angesehen. Das elektrische Netz ist vorhanden, allerdings sind damit relativ lange Ladezeiten verbunden. Ungeklärt ist auch noch die Versorgung der sogenannten „Laternenparker". Hier müssen im öffentlichen Straßenraum Ladestationen geschaffen werden. Dass dies möglich ist, beweisen die Schweden schon jahrzehntelang mit vorgehaltenen Stromanschlüssen für die elektrische Motorheizung im Winter. Insgesamt kann von einem ziemlich guten Bedienkomfort für das Elektroauto ausgegangen werden, wenn die Fahrzeugbatterie im häuslichen Bereich wieder aufgeladen wird [NAU07, RBC08]. Noch zu untersuchen ist allerdings die Akzeptanz der Nutzer, selber den Stecker in die Ladestation zu stecken. Die Erfahrungen aus Großversuchen haben zumindest gezeigt, dass die Kunden das nicht immer tun wollen. Entwicklungen zum induktiven Laden, auch während der Fahrt [IAV09, HEI10] wollen dem Widerstand schon jetzt Rechnung tragen.

Von den Elektroingenieuren wird die Entwicklung eines Elektrofahrzeuges als einfach angesehen [NAU07]. Da der Antriebsstrang lediglich die Komponenten Batterie, Motor und Leistungselektronik habe, seien diese Aggregate doch einfach im Fahrzeug unterzu-bringen. Bei der Verwendung von Radnabenmotoren entfalle auch noch das Achsdifferen-tialgetriebe. Eine solche Betrachtung vernachlässigt das Gesamtsystem „Elektro-Fahrzeug". Die schwere Batterie crashsicher unterzubringen, die Kabel so zu verlegen, dass die Feuerwehr im Notfall das Dach abschneiden und die Insassen retten kann, dabei die Grenzen der elektromagnetischen Verträglichkeit (EMV) einzuhalten, und schließlich ein gutes akustisches Verhalten zu erreichen, sind einige zusätzliche Anforderungen an diese Entwicklungen. Das Argument des einfachen Aufbaus trifft auf ein Elektrofahrzeug sicherlich nicht zu.

Die derzeitigen Entwicklungsbemühungen konzentrieren sich nach wie vor auf Elektro-motoren und ihre Integration in die Getriebe oder die Radnaben, die Leistungselektronik und vor allem auf die Energiespeicher. **Abb. 3-38** zeigt eine vergleichende Gegenüberstel-lung verschiedener Batterien mit dem Energieinhalt von Benzin.

Hier werden die erheblichen Differenzen deutlich, die bislang einen Markterfolg der Elektrofahrzeuge verhindert haben. Als Reichweiten, welche die Folge der begrenzten Speicherkapazität der Batterien sind, haben sich bislang nur 100 bis 150 km mit einer Batterieladung realisieren lassen. Das sind für die Nutzer erhebliche Einschränkungen, selbst wenn, wie oben angesprochen, die täglich tatsächlich gefahrenen Strecken geringer sind. Die Nutzer brauchen für Langstrecken noch immer ein konventionell angetriebenes Fahrzeug. Das könnte zukünftig auch als „Car-Sharing" oder als „Stadtteilauto" zur Ver-fügung gestellt werden. Insgesamt war bisher die Nachfrage nach Elektrofahrzeugen durch Kunden gering. Nachdem nun aber die Politik dieses Thema für sich entdeckt hat, kann es durchaus sein, dass Anreize gegeben werden, die den Erwerb und die Nutzung eines Elektrofahrzeuges interessant machen. Die bis vor einiger Zeit geringen Entwick-lungsaktivitäten der Fahrzeughersteller und der Zulieferer sind nicht verwunderlich.

Speichersystem	Energie-träger	Energiedichte Wh/kg	Faktor zu Benzin	Faktor zu Diesel
Kondensator	Kondensator	4	3.175	2.900
Sekundärzellen	NaNiCl	100	127	126
	Pb-PbO2	20 – 40	635-317	580-290
	Ni-Cd	40 – 60	317-211	290-193
	Ni-MH	60 – 90	211-141	193-129
	Ag-Zn	80 – 120	159-106	145-97
	Li-Ion	100 – 200	127-64	116-58
Kraftstoff	Benzin	12.700	1	1,1
	Diesel	11.600	0,9	1

Abb. 3-38: Gegenüberstellung der Energiedichte verschiedener Energieträger

Die geringe Reichweite der Elektrofahrzeuge ist, betrachtet man die statistische Nutzung eines PKW mit 3,4 bis 4,3 Fahrten pro Tag bei jeweiligen Strecken von 16 bis 26 km, eigentlich kein Problem. Zwischen den Fahrtstrecken sind Parkzeiten von durchschnittlich drei Stunden zum Laden der Batterie zu nutzen, nachts sind es etwa neun Stunden [WAL05]. Damit könnten die Fahrzeugbatterien stets gut geladen sein. Zukünftige Pläne, die Fahrzeugbatterien als Energiezwischenspeicher zu verwenden und sie beim Parken für andere Zwecke wieder zu entladen, sind sicherlich noch intensiv zu diskutieren. Vor allem muss die Zyklenfestigkeit der Batterien ein solches Vorgehen überhaupt erlauben.

Untersucht man die beim Stadtverkehr erforderlichen Motorleistungen, so zeigt die rote Kurve in **Abb. 3-39** als Bedarfsleistung eines kleineren Fahrzeuges, dass 15 kW bis zu Geschwindigkeiten von rund 75 km/h bereits gut ausreichend sind. Die derzeit vorgesehenen Elektromaschinen leisten üblicherweise mehr. Damit wird ein Elektrofahrzeug im Stadtverkehr mit ausgezeichneten Fahrleistungen aufwarten können. Diese werden kein Grund für Kundenunzufriedenheit sein. Allerdings geht **Abb. 3-39** von einer ebenen Fahrbahn aus. In einem hügeligen Gelände stellt sich die Leistungsfähigkeit eines Elektrofahrzeuges durchaus komplexer dar.

Die derzeitige Klima- und Ressourcendiskussion wird sicherlich dafür sorgen, die Kundenentscheidungen zu beeinflussen. Die Kosten für konventionelle Kraftstoffe, und somit die gesamten „Cost of Ownership", steigen. Damit kann ein Autokäufer rational seine Entscheidung für ein Elektroauto begründen. Es könnte also sein, dass die von der Bundesregierung derzeit bis 2020 gewünschten eine Million Elektrofahrzeuge doch Wirklichkeit werden können. [OWY07]

Derzeit gehört es „zum guten Ton", dass sich die Fahrzeughersteller um die Entwicklung von Elektrofahrzeugen kümmern. Einige von ihnen verknüpfen das elektrisch angetriebene Fahrzeug auch mit der Möglichkeit, dort einen Verbrennungsmotor einzubauen [VOL09b]. Damit sinkt die Gefahr einer Fehlinvestition deutlich. Da die Reichweite von der Batterie abhängt, greifen die Fahrzeughersteller nun auch in die Batterieentwicklung ein [DAI09b], um hier für ausreichende Energieinhalte zu sorgen. Eine Ausweitung der Reichweite dürfte eine wesentliche Voraussetzung für die erfolgreiche Einführung von

Elektrofahrzeugen sein, denn die Käufer möchten zumindest die Möglichkeit haben weiter zu fahren. Ob sie es denn tun, ist eine andere Frage.

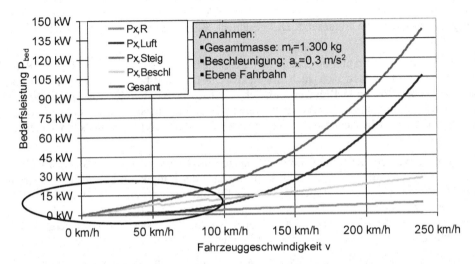

Abb. 3-39: Erforderliche Antriebsleistung eines typischen Pkw

Der andere wesentliche Faktor, der dem alternativ angetriebenen Fahrzeug zum Markterfolg verhelfen kann, ist die Bereitstellung der Antriebsenergie. Hier gibt es den auch auf der Welt-Wasserstoff-Konferenz 2010 diskutierten Wettkampf zwischen dem Strom aus der Steckdose und dem Wasserstoff von neuen Tankstellen.

Bezüglich des Gesamtwirkungsgrades gibt es mehrere Einflussgrößen, welche keinen klaren Vorteil bezüglich des Gesamtwirkungsgrades liefern, z. B. den Strommix eines Landes oder die Quellen für den Wasserstoff und dessen Reinheit. Solange der Wasserstoff als industrielles Abfallprodukt angesehen werden kann, ist die Brennstoffzelle von unschätzbarem Vorteil. Wird aus Strom erst Wasserstoff erzeugt, der für die Speicherung im Fahrzeug bis auf 700 bar verdichtet werden muss, um dann in der Brennstoffzelle zu Strom rückverwandelt zu werden, dürfte die Batterie trotz der Lade- und Entlade-Verluste Wirkungsgradvorteile aufweisen [STE07]. Dann bleiben noch die Zeitaufwendungen für das Laden der Batterie bzw. für das Füllen des Wasserstofftanks. Da diese Verhältnisse noch unklar sind und das Brennstoffzellenfahrzeug als Alternative innerhalb der neuartigen Antriebe anzusehen ist, wird darauf anschließend eingegangen.

3.3.2 Brennstoffzellenbetriebene Elektrofahrzeuge

Wegen der beim „Rügen-Versuch" erkannten Probleme mit den Batterien entstand anschließend eine Entwicklungsrichtung, die sich mit der Brennstoffzelle als Ersatz für die große Traktionsbatterie befasst hat.

Brennstoffzellen sind schon lange bekannt, die direkte Nutzung des Luftsauerstoffs in der sogenannten PEM-Brennstoffzelle (Proton Exchange Membrane) hat jedoch für einen deutlichen Schub in der praktischen Anwendbarkeit gesorgt. Den Vorgang in der Brennstoffzelle kann man sich als Umkehrung der Elektrolyse vorstellen. Legt man eine elektrische Spannung an zwei im Wasser befindlichen Elektroden, so wird das Wasser an einer Elektrode in Wasserstoff und an der anderen in Sauerstoff zerlegt. Das ist die Elektrolyse. Hierbei entsteht explosives Knallgas. In der Brennstoffzelle lässt man nun über eine Apparatur reinen Wasserstoff mit dem Sauerstoff in der Luft reagieren. Es wird wieder Wasser gebildet und Strom freigesetzt. Das geschieht sogar mit einem akzeptabel hohen Wirkungsgrad.

Der Elektromotor kann nun direkt aus der Brennstoffzelle gespeist werden. Mit der Regelung der Gaszufuhr lässt sich auch die elektrische Leistung beeinflussen. Dann ist aber keine Rekuperation beim Bremsen möglich. Deshalb bietet sich der zusätzliche Einsatz einer Pufferbatterie an. Die Brennstoffzelle wird dann möglichst in einem optimalen Wirkungsgrad-Bereich betrieben oder sogar abgeschaltet, die Bremsenergie kann wiedergewonnen werden.

Den reinen Wasserstoff führen die derzeitig gebauten Fahrzeuge entweder in Tanks als Druckwasserstoff mit einem Druck bis zu 700 bar oder tiefgekühlt bei einer Temperatur von minus 253 °C in einem isolierten Tank als flüssigen Wasserstoff mit. Beide Methoden erfordern erhebliche Zusatzenergien, die von der Primärenergie bereitgestellt werden muss. So ist bei dem kryogenen Wasserstoff etwa die Hälfte der Ausgangsenergie schon aufgebraucht worden, um den kalten und flüssigen Wasserstoff im Tank bereitzustellen.

Deshalb wird auch daran gearbeitet, den Wasserstoff erst an Bord des Fahrzeuges, z. B. aus Methanol, zu reformieren. In der NECAR-Entwicklung von DaimlerChrsyler [NEC10] sind beide Methoden stets parallel bearbeitet worden. Mit der Verwendung von Methanol würde sich auch die Infrastrukturfrage entspannen. Bislang ist jedoch das direkte Tanken von Wasserstoff die bevorzugte Variante der Entwickler [HEI06, NAU07, EIC08]. Zudem ist Methanol toxisch und an der Tankstelle nicht so einfach zu handhaben, wie die Kunden es von Benzin oder Diesel gewohnt sind.

3.3.2.1 Bauweisen der Brennstoffzellen

Die Automobilindustrie bevorzugt derzeit die PEM-Brennstoffzelle, da sie ein gutes Startverhalten auch bei kaltem Wetter hat und eine hohe Leistungsdichte aufweist. Sie kann entsprechend den Anforderungen des Fahrzeugs mit einer variablen Leistungsabgabe betrieben werden und sie ist schon so weit entwickelt, dass sie fahrzeuggeeignet ist [NAU07, HEI06, EIC08]. **Abb. 3-40** zeigt die prinzipielle Arbeitsweise dieser Brennstoffzelle.

An den Wasserstoff für die Brennstoffzelle werden spezielle Reinheitsanforderungen gestellt, die nicht von jedem Industrie-Wasserstoff erfüllt werden. In die Brennstoffzelle werden der reine Wasserstoff und Luft als Sauerstoffquelle hineingedrückt, z. B. mit einem Luftkompressor. Zwischen den beiden Gasen befindet sich eine protonendurchlässige Elektrolyt-Membran die dafür sorgt, dass der Wasserstoff sein Elektron an die Anode abgibt und das Proton durch die Membran hindurch zum Sauerstoff wandert. Auf der Sauerstoffseite der Membran bilden die diffundierte Wasserstoff und der Sauerstoff dann Wasser, das abhängig von der Arbeitstemperatur der Brennstoffzelle vorwiegend als Wasserdampf aus der Zelle austritt. Vor der Reaktion in der Brennstoffzelle wird der Wasserstoff mit Hilfe eines Katalysators ionisiert, damit diese Zerlegung problemlos funktioniert. Durch die Aufteilung des elektrischen Potenzials entsteht zwischen Anode und Kathode ein Potenzialgefälle, das den Stromfluss zum Verbraucher ermöglicht. Die theoretisch mögliche Spannung einer Zelle liegt bei 1,23V, jedoch wird in der Praxis aufgrund von

Reaktionshemmungen oder ungenügender Gasdiffusion eine Zellspannung zwischen 0,6 bis 0,9V erreicht. Um damit eine Motorspannung von 300 V zu erreichen, müssen viele dieser Einzelzellen in Reihe geschaltet werden. [NAU07, HEI06, EIC08, PUL06]

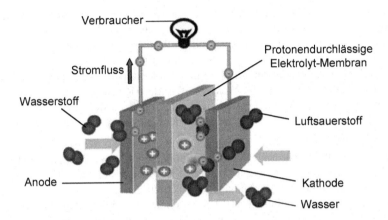

Abb. 3-40: Aufbau und Funktionsweise einer PEM-Brennstoffzelle [NBW10]

Ein erhebliches Problem beim Betrieb der Brennstoffzelle stellt das Feuchtigkeitsmanagement der Membran dar. Sie besteht im Wesentlichen aus einem Polymer-Werkstoff, der nur Protonen durchlässt. Damit die Protonen durch die Membran wandern können, spielt das Wassermanagement bei aktuellen Membranen eine entscheidende Rolle. Die Protonenleitfähigkeit der Membran und damit die Leistung des Stacks steigt proportional zum Wassergehalt der Membran. Deshalb muss die Membran stets feucht gehalten werden, sie darf nicht austrocknen. Der Wassergehalt der Membran kann z. B. über die Befeuchtung der Reaktionsgase erhöht werden. Andererseits darf die Zelle nicht zu feucht werden. Es besteht die Gefahr, dass sich die Kanäle in der Gasdiffusionslage mit flüssigem Wasser zusetzen und damit der Gastransport nicht mehr ausreichend gewährleistet ist. Insgesamt geht die Lebensdauer der Brennstoffzelle bei unsachgemäßer Behandlung zurück. In diesem Zusammenhang sind auch die eingesetzten Betriebstemperaturen in den Zellen wichtig. Bereits bei den PEM-Zellen unterscheidet man zwischen Nieder- und Hochtemperaturzellen, **Abb. 3-41**.

Brennstoff-zellentyp	Vertreter	Betriebs-temperatur	Membran	Betriebs-stoffe	Zellen-wirkungs-grad	System-wirkungs-grad
Nieder-temperatur-zelle	Niedertemperatur Polymer-Elektrolyt-Fuel-Cell (NT-PEFC)	< 100° C	Polymer-folie	Wasserstoff	58%	32-40%
	Hochtemperatur Polymer-Elektrolyt-Fuel-Cell (HT-PEFC)	180° C	Hoch-temperatur-fester Kunststoff			
Hoch-temperatur-zelle	Solid-Oxide-Fuel-Cell (SOFC)	600-1.000° C	Keramik	Wasserstoff, Erd- und Flüssiggas, Benzin, Diesel	65%	35-55%

Abb. 3-41: Vergleich Nieder- und Hochtemperaturbrennstoffzellen [NBW10]

Die Niedertemperatur-PEM-Zelle (NT-PEFC) arbeitet meist zwischen 60 bis 80 °C, während die Hochtemperatur-PEM (HAT-PEFC) ab ca. 140 °C betrieben wird. Bei der Niedertemperatur-Brennstoffzelle wird eine dünne, gasdichte Polymerfolie verwendet, die mit Fluor versetzt worden ist (perfluoriert). Sie bildet die oben angesprochene protonendurchlässige Membran. Bei der Betriebstemperatur unter 100 °C und einem erforderlichen Kompressordruck für die Luft zwischen 1,5 und 3 bar kann der Wasserhaushalt relativ leicht beherrscht werden, so dass der notwendige Wassergehalt der Membran nicht unterschritten wird. Allerdings ist es bei dieser Brennstoffzelle erforderlich, die chemische Reaktion durch einen teuren Platin-Katalysator zu unterstützen. Außerdem muss der Wasserstoff sehr rein sein, was nicht alle Wasserstoff-Industriegase garantieren. Der mit einer solchen Zelle erreichbare Wirkungsgrad liegt bei ca. 58 %, der elektrische Systemwirkungsgrad (Berücksichtigung der Aggregate wie Kompressoren, Pumpen etc.) beträgt zwischen 32 und 40 %.

Um von den hohen Wasserstoffanforderungen unabhängig zu werden, ist die Hochtemperatur-PEM-Brennstoffzelle entwickelt worden. Sie arbeitet bei etwa 140°C. Das macht zwar das zuvor erwähnte Wasser-Management schwieriger, die chemische Reaktion zur Energiegewinnung benötigt hingegen keinen so qualitativ hochwertigen Wasserstoff und auch der Katalysator kann deutlich kleiner werden, was zu geringeren Kosten führt. Der erzielbare Wirkungsgrad ist vergleichbar mit dem der Niedertemperatur-Brennstoffzelle. [NBW10]

Die schon immer als Hochtemperatur-Brennstoffzelle bezeichnete Bauart ist die sogenannte SOFC (Solid Oxide Fuel Cell), die im Temperaturbereich von 600 °C bis 1.000 °C betrieben wird. Wie Untersuchungen gezeigt haben, könnte auch sie prinzipiell in Fahrzeugen eingesetzt werden [FOJ10]. Den Elektrolyt der SOFC als Pendant zur Elektrolyt-Membran der PEM-Zelle bildet eine Keramik. Um mit ihr eine ausreichend hohe Ionenleitfähigkeit zu erreichen, sind die hohen Prozesstemperaturen erforderlich. Die SOFC kann auch Wasserstoff verarbeiten, die Vorteile für die Fahrzeuganwendung liegen jedoch besonders in der Verwendbarkeit von Erd- und Flüssiggasen, sowie von Benzin oder Diesel. Damit ist für diese Brennstoffzellen keine Wasserstoff-Infrastruktur erforderlich. Allerdings ist dieser Antrieb nicht CO_2-frei, da weiterhin kohlenstoffbasierte Energieträger eingesetzt werden. Außerdem eignet sich die SOFC nur für „Vielfahrer", da die hohen Temperaturen in der Brennstoffzelle auch im Stand beibehalten werden müssen. Eine gewisse Erleichterung liefern intensive Isolationsmaßnahmen. Der Systemaufbau der SOFC wird als vergleichsweise einfach angesehen. Die Lebensdauer soll hoch sein, der Zellenwirkungsgrad wird mit 65 % angegeben, während der Systemwirkungsgrad je nach Anordnung zwischen 35 % und 55 % liegt.

3.3.2.2 Leistungsmerkmale

Für den Betrieb sind für Brennstoffzellen-Fahrzeuge spezifische Vor- bzw. Nachteile zu nennen. Aus der Literatur können die folgenden Hinweise entnommen werden, **Abb. 3-42**.

Vorteilhaft ist der lokal emissionsfreie Betrieb, der ein Brennstoffzellen-Fahrzeug zu Einsätzen befähigt, die konventionelle Fahrzeuge nicht ausführen könnten. Beispielhaft sei hier die Flotte von 100 Brennstoffzellen-Fahrzeugen genannt, die 2010 auf der Weltausstellung in Shanghai einen Teil des Personentransports übernommen haben.

Vor- und Nachteile von Brennstoffzellenfahrzeugen	

⊕ Lokal emissionsfreier Betrieb
⊕ Große Reichweite von rund 500 km
  (bei Flüssigwasserstoff)
⊕ Uneingeschränkte Verfügbarkeit von Wasser
  als Rohstoff zur Wasserstoffherstellung
⊕ Gute Fahrleistungen durch Verwendung eines
  Elektromotors als Antrieb
	⊖ Hohe Kosten für die Brennstoffzelle
	⊖ Geringe Lebensdauer
	⊖ Fehlende Infrastruktur der Wasserstoff-
	  versorgung
	⊖ Aufwändige Betankung und Speicherung des
	  Wasserstoffs
	⊖ Hoher Primärenergieaufwand zur
	  Wasserstoffherstellung

Abb. 3-42: Vor- und Nachteile der Brennstoffzellentechnologie [NAU07, EIC08, HEI06]

Abb. 3-43 zeigt den Betriebshof dieser Fahrzeugflotte sowie Fahrzeuge im Betrieb. **Abb. 3-44** verdeutlicht die Anordnung von Brennstoffzellen-Stack, Wasserstoff-Drucktank und Batteriesatz. Diese Entwicklungen wurden maßgeblich von der Tongji-Universität in Shanghai vorangetrieben.

Brennstoffzellen-Fahrzeuge auf der Weltausstellung Shanghai 2010

Abb. 3-43: Brennstoffzellenfahrzeug auf der Weltausstellung 2010 in Shanghai

Technik der Brennstoffzellen-Fahrzeuge

Brennstoffzellen-Stack Wasserstofftanks Batterie-Packs

Abb. 3-44: Details zum Antrieb der auf der Weltausstellung in Shanghai 2010 genutzten Brennstoffzellenfahrzeuge

Hier wird komprimierter, gasförmiger Wasserstoff aus „Industrieabfällen" verwendet. Die auf der Weltausstellung in Shanghai eingesetzten Fahrzeuge waren einfach gehalten. Sie sind für den Alltagseinsatz weniger geeignet. Die Leistungsanforderungen an die Brennstoffzellen waren moderat. Dennoch wurde hier ein interessanter „Großversuch" durchgeführt. Mit umgebauten VW-Santana Modellen hat die Tongji-Universität in der Vergangenheit bereits mehrere Wettbewerbe gewonnen, z. B. während der Challenge Bibendum 2006 in Paris.

Beim Einsatz von Flüssigwasserstoff mit einer Speichertemperatur von –253 °C werden mit einer Tankfüllung Reichweiten erzielt, die bereits an die von konventionellen Fahrzeugen bekannten Distanzen anschließen. Die hohe Energiedichte des flüssigen Wasserstoffs und der im Vergleich zum Verbrennungsmotor höhere Systemwirkungsgrad der Brennstoffzelle machen diese Reichweiten möglich.

Wasserstoff ist in Industrienationen heute bereits als Abfallprodukt verfügbar. Außerdem kann er, wenn auch mit relativ hohem Aufwand, industriell hergestellt werden. Vorschläge dazu gibt es bereits seit vielen Jahren [DWV03]. Derzeit ist allerdings die Bereitstellung der elektrischen Energie zur Elektrolyse problematisch. Diese Situation soll durch die geplanten Stromfarmen, z. B. in der Sahara, und der verlustarmen Stromübertragung nach Europa deutlich verbessert werden [DII10].

Durch die Verwendung eines Elektromotors zum Fahrzeugantrieb lassen sich sehr gute Fahrleistungen erreichen. Das setzt allerdings die richtige Dimensionierung der Leistung der Brennstoffzelle im Hinblick auf die Auslegung des Elektromotors voraus. Um auch rekuperativ bremsen zu können, sollte ein Brennstoffzellen-Fahrzeug auch mit Batterien ausgerüstet werden. Ein Brennstoffzellen-Hybrid ist also besonders vorteilhaft (vgl. Aufbau der Fahrzeuge der Weltausstellung 2010).

Nachteilig sind heute natürlich noch die hohen Kosten für ein Brennstoffzellen-System. So sollten auf der Weltausstellung ursprünglich 1.000 entsprechende Fahrzeuge verfügbar sein. Die hohen Kosten haben die Beschränkung auf 100 Fahrzeuge erforderlich gemacht. Das hängt vor allem mit der geringen Stückzahl zusammen, die noch keine wirklich industrielle Fertigung ermöglicht, darüber hinaus aber auch von den einzusetzenden Materialien und den Verarbeitungsprozessen. Die intensive Beschäftigung mit der Industrialisierung der Brennstoffzelle während der vergangenen 10 Jahre hat bereits deutliche Kostenreduzierungen gebracht. So sind die Kosten für die Brennstoffzelle von mehreren 1.000 €/kW elektrischer Leistung bis heute auf etwa 50 €/kW gesunken. Um die Brennstoffzelle in Fahrzeugen wirtschaftlich einsetzen zu können wird von Kosten unter 40 €/kW ausgegangen [BAL07, HEI06, ZEG05].

Abb. 3-42 nennt die geringe Lebensdauer der Brennstoffzelle als weiteren Nachteil. Derzeit wird von einer erreichbaren Betriebsstundendauer von 2.000 bis 3.000 Stunden ausgegangen. Das entspricht einer kalendarischen Lebensdauer von vier bis sechs Jahren. Der wesentliche limitierende Faktor sind die zuvor bereits angesprochenen Membranen und ihr Wasserhaushalt. Zukünftige Optimierungen müssen sich deshalb um das Feuchtigkeitsmanagement in den Zellen kümmern. Im Auto sollte die Lebensdauer der Zellen zumindest 5.000 Stunden betragen [BAL07, HEI06]. Diese Verbesserungen werden jedoch keine wirklichen Probleme darstellen.

Die fehlende Infrastruktur zur Wasserstoffversorgung wird als weiterer Nachteil genannt. Dieser „Nachteil" dürfte allerdings nur ein „Henne-Ei" Problem darstellen. Sobald genügend Wasserstoff-Kunden erkennbar sind, hat sich die Gasindustrie heute schon bereiter-

klärt, für die Versorgung mit Wasserstoff zu sorgen. [REI06] Für die Anlaufphase gibt es
zudem bereits heute genug Wasserstoff, so dass es am Energieträger nicht scheitern würde, um die Brennstoffzelle einzuführen. **Abb. 3-45** zeigt verschiedene Wasserstoff-
Tankstellen in Berlin, New York und Shanghai.

Abb. 3-45: Verschiedene Wasserstofftankstellen [ATZ09, BMW06, BLA09]

Falls sich die SOFC-Zellen noch erheblich weiter verbreiten, könnten sie auch mit konventionellen Kraftstoffen versorgt werden. Insgesamt ist die noch fehlende Infrastruktur
zur Wasserstoffversorgung also kein Nachteil für die Wasserstoff-Technologie.

Ernster sind diese Nachteile schon bei der Speicherung und der Betankung der Fahrzeuge
zu werten. Speziell die Speicherung von Flüssig-Wasserstoff, der die angesprochene hohe
Reichweite liefert, ist aufwändig. Im Fahrzeug sind mehrwandige Tanks erforderlich, die
eine sogenannte Vielschicht-Vakuum-Isolation aufweisen. Damit wird die Erwärmung des
flüssigen Wasserstoffs mit der Siedetemperatur bei −253°C verringert, der sonst abdampft
und zur Vermeidung von Druckanstiegen aus dem Tank abgeblasen werden muss. Dazu
wird dieser dann gasförmige Wasserstoff aus Sicherheitsgründen in einem Konverter in
Wasser umgewandelt. **Abb. 3-46** zeigt einen solchen Tank von BMW als Schnittbild. In
dem rund 3 cm dicken Zwischenraum befinden sich mehrere Aluminium- und Glasfaser-
schichten, um die Wärmeeinstrahlung zu reduzieren. Die starke Isolationswirkung des
Tanks entsteht zudem durch ein im Zwischenraum erzeugtes Vakuum, welches die Wär-
meübertragung über die Luft minimiert.

Bei dieser Speicherart ist auch zu berücksichtigen, dass etwa 40 % bis 50 % der im Wasserstoff enthaltenen Energie bereits zur Verflüssigung auf unter −253°C aufgewendet
werden müssen.

Als nachteilig ist auch der Betankungsvorgang anzusehen. Wird die niedrige Temperatur
von −253°C an die Umgebungsluft abgegeben, kommt es zu Luftverflüssigungen, was zu
einer Explosionsgefahr führt. Deshalb ist das Tanksystem luftdicht isoliert und Dämpfe
werden abgesaugt. Die ursprünglich für die Betankung von konventionellen Fahrzeugen
entwickelten Roboter haben sich hier als große Verbesserung bei der sicheren und schnellen Betankung erwiesen. Sie erfordern allerdings die Installation eines relativ hohen Auf-
wandes.

Abb. 3-46: Wasserstofftank des BMW 7 Hydrogen [BMW06a]

Preiswerter, aber dennoch als ebenfalls aufwändig, stellt sich die Betankung mit komprimiertem Wasserstoff dar. Die hier verwendeten Tanks sind häufig aus Kohlefasern gewi-
ckelt (Faserverbund-Werkstoff), damit sie leicht sind und gleichzeitig Innendrücken bis zu
700 bar aushalten können, **Abb. 3-47.** Der gasförmige Wasserstoff wird durch mehrstu-
fige Kompression auf diese hohen Drücke gebracht, um so möglichst viel Energie im
Fahrzeug speichern zu können. Die Reichweiten zwischen den Tankvorgängen sind drastisch kleiner als beim Flüssig-Wasserstoff. Sie hängen direkt vom gespeicherten Wasser-
stoffvolumen ab.

Abb. 3-47: Wasserstoff-Drucktanks [QUA10]

Zukünftig könnte es möglich sein, Wasserstoff drucklos in sogenannten Nanotanks zu speichern, die aus Kohlefaser-Röhrchen bestehen. Dazu sind die Entwicklungsarbeiten aber noch nicht abgeschlossen. [AZO09]

Als weiterer Nachteil bei den Brennstoffzellen-Fahrzeugen wird in **Abb. 3-42** der hohe Primär-Energiebedarf bei der Wasserstoff-Herstellung genannt. Hier liegt vor allem ein längerfristiger Nachteil, sobald der heute noch verfügbare „Abfall-Wasserstoff" aufgebraucht ist. Die Energie, die zur Herstellung und zur Komprimierung des Wasserstoffs erforderlich ist, macht etwa die Hälfte des sogenannten „Well-to-Wheel" Energiebedarfs aus [STE07]. Der Begriff Well-to-Wheel bezeichnet dabei die erforderliche Energie, die für die vollständige Prozesskette der Kraftstoffbereitstellung vom Bohrloch bis zur Bewegung der Reifen erforderlich ist.

Damit ist diese Energie drei Mal so groß wie die zum eigentlichen Fahren erforderliche Energie. Würde also in großem Umfang auf Wasserstoff als Energie für mobile Anwendungen umgestellt, würde das einen sprunghaften Anstieg beim Primärenergiebedarf bedeuten. Dessen Ursprung ist heute noch ungeklärt. Die Einführung der Brennstoffzelle auf breiter Basis könnte damit eine Verschlechterung der ökologischen Nachhaltigkeit bedeuten.

Die für eine erfolgreiche Markteinführung geltenden allgemeinen Anforderungen und die zukünftigen Entwicklungsziele für Brennstoffzellenfahrzeuge sind in **Abb. 3-48** abschließend zusammengefasst.

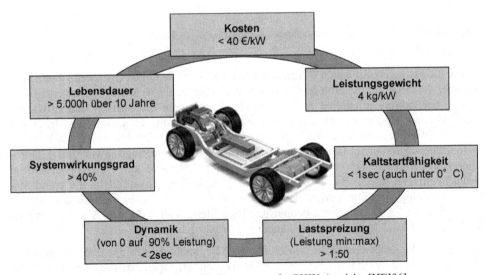

Abb. 3-48: Anforderungen an Brennstoffzellensysteme für PKW-Antriebe [HEI06]

3.4   Marktbedeutung und Bewertung der Antriebssysteme

In diesem Abschnitt wird die Marktbedeutung der unterschiedlichen Antriebssysteme für Kraftfahrzeuge dargestellt. Ausgehend von einer Betrachtung der aktuellen Situation werden anschließend mögliche Entwicklungspfade sowie eine Prognose zur zukünftigen Marktbedeutung der unterschiedlichen Antriebssysteme dargestellt.

Betrachtet man die Aufteilung der Antriebssysteme im Fahrzeugbestand der Bundesrepublik Deutschland zum Jahresbeginn 2009, so zeigt sich, dass nahezu der komplette Bestand auf Fahrzeuge mit benzinbetriebenem Otto- oder mit Dieselmotor entfällt, siehe **Abb. 3-49**. Daher werden diese beiden Antriebssysteme auch häufig als konventionelle Fahrzeugantriebe bezeichnet.

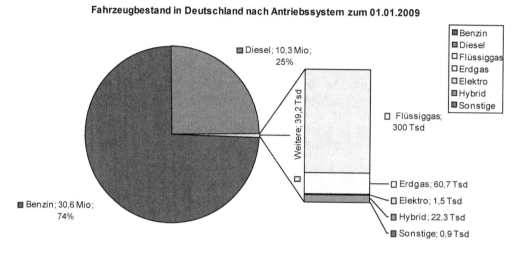

Abb. 3-49: Fahrzeugbestand in Deutschland, Stand 01.01.2009 [KBA09]

Neben diesen konventionellen Antrieben finden sich noch unkonventionelle Fahrzeugantriebe, deren Gesamtanteil allerdings gerade einmal ein Prozent beträgt. Innerhalb der Gruppe der unkonventionellen Antriebssysteme dominieren die Flüssig- und Erdgasantriebe. Hierbei handelt es sich meist um sogenannte bivalente Fahrzeuge, bei denen ein leicht modifizierter Ottomotor als Energiewandler eingesetzt wird. Dieser kann neben Gas auch mit herkömmlichem Benzin betrieben werden. Hybridfahrzeuge sowie reine Elektrofahrzeuge verfügen noch über keine nennenswerten Anteile am Fahrzeugbestand in Deutschland. Bei den Neuzulassungen im Jahr 2008 in Deutschland bleibt die grundsätzliche Verteilung vom konventionellen und unkonventionellen Antriebe bestehen, wie sie sich auch beim Fahrzeugbestand beobachten lässt, siehe **Abb. 3-50**. Die Statistik hat zum Stichtag 01.01.2010 keine wesentlich anderen Verhältnisse gezeigt.

Auffällig ist der große Anteil der Dieselfahrzeuge innerhalb der Gruppe der konventionellen Antriebe. Das Verhältnis von Benzin zu Dieselfahrzeugen hat zum 01.01.2009 im aktuellen Fahrzeugbestand fast 3:1 betragen, das Verhältnis bei den Neuzulassungen ist aber nahezu ausgeglichen. Während der hohe Anteil an Dieselfahrzeugen für ein europäisches Land typisch ist, finden Dieselfahrzeuge international nur wenig Abnehmer. So ist ihr Anteil am Bestand und an den Neuzulassungen sowohl in Japan und China als auch in Amerika verschwindend gering [MCK06]. Innerhalb der unkonventionellen Antriebe kann der Hybrid bei den Neuzulassungen mit 0,21 % im Vergleich zum Bestand mit 0,05 % leicht zulegen.

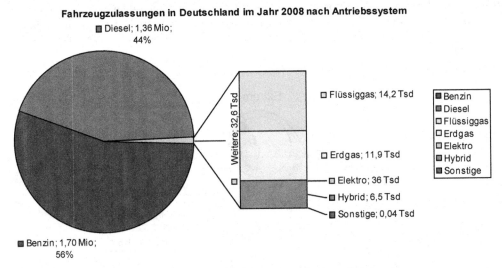

Abb. 3-50: Fahrzeugzulassungen in Deutschland im Jahr 2008 [KBA08]

Die Bestands- und Zulassungszahlen für Deutschland zeigen einen Trend auf, der sich auch international abzeichnet. Die konventionellen Antriebe dominieren den Markt der Antriebssysteme mit lokal unterschiedlicher Zusammensetzung aus Diesel- und Benzinfahrzeugen. Während in Europa der Dieselmotor seine Marktanteile in der Vergangenheit erheblich steigern konnte, findet er außerhalb Europas nahezu keine Beachtung. [MCK06]

Die quantitative Betrachtung der zukünftigen Marktbedeutung der verschiedenen Antriebssysteme ist mit erheblichen Schwierigkeiten verbunden. So sind es zum einen die bereits in Kapitel 1 aufgezeigten wesentlichen Treiber wie die Emissionsgesetzgebung, die Entwicklung des Ölpreises und die ökologische Orientierung des Kunden, welche zunehmend Einfluss auf die Marktbedeutung nehmen. Zum anderen wird die Marktbedeutung von zahlreichen anderen Faktoren wie der Verfügbarkeit und den Kosten der verschiedenen Technologien beeinflusst.

Die Veränderung und Bedeutung der beeinflussenden Faktoren ist nur mit großen Unsicherheiten abschätzbar. Um trotz dieser Unsicherheiten eine Entwicklung abschätzen zu können, werden in einer Szenarioanalyse die durch unterschiedliche Ausgestaltung der beeinflussenden Faktoren entstehenden Zukunftsszenarien abgebildet. Innerhalb der Szenarien werden konsistente Umweltzustände angenommen, wie beispielsweise ein stetig steigender Ölpreis oder eine zunehmende ökologische Kundenorientierung. Bündelt man z. B. Faktoren wie den steigenden Ölpreis, das steigende Umweltbewusstsein sowie eine immer strengere Ausgestaltung der Emissionsgrenzwerte, so entsteht ein Szenario, das eine rasche Verbreitung der alternativen Antriebe widerspiegelt und auch häufig als „grünes" Szenario bezeichnet wird. Dem gegenüber steht ein konservatives Szenario, welches die Beibehaltung der konventionellen Antriebe befürwortet, also beispielsweise von einem konstanten Ölpreis und einem nicht zu erwartenden Durchbruch effizienter Batterietechnologie ausgeht. Zwischen diesen beiden Szenarien kann ein drittes Szenario definiert werden, welches durch relativ ausgewogene Annahmen dem aktuellen Trend am Nächsten kommt. Das besonders konservative Szenario soll bei der weiteren Betrachtung keine Berücksichtigung finden, da die in Kapitel 1 dargestellten Treiber im Bereich der Kraftstoffverfügbarkeit sowie der Emissionsgesetzgebung den Annahmen derartiger Szenarien widersprechen. Aus einer Analyse der beiden übrigen Szenarien ergibt sich die in **Abb. 3-51** dargestellte weltweite Marktaufteilung der unterschiedlichen Antriebssysteme im Jahr 2020.

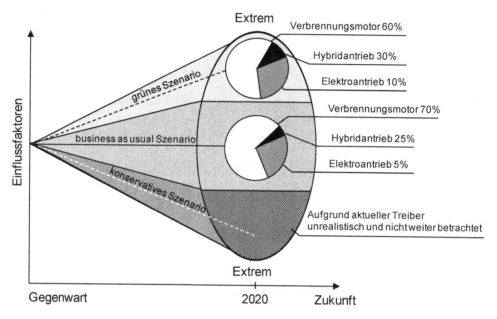

Abb. 3-51: Zukünftige Marktanteile in unterschiedlichen Szenarien

Innerhalb des ausgewogenen Szenarios, welches auch als „business as usual" Szenario bezeichnet wird, ergibt sich für Hybridfahrzeuge ein Marktanteil zwischen 15 % und 25 %. Für reine Elektrofahrzeuge werden Anteile zwischen 1 % und 5 % angenommen. Die Analyse der „grünen" Szenarien ergibt erwartungsgemäß höhere Anteile für die unkonventionellen Antriebssysteme. So sehen einige Studien Marktanteile von über 30 % für Hybridfahrzeuge sowie bis zu 10 % für reine Elektrofahrzeuge bis zum Jahr 2020 voraus. Brennstoffzellenfahrzeuge werden bei keiner der Studien genannt, ihnen wird innerhalb des betrachteten Zeitraums kein großes Marktpotenzial zugesprochen.

Während der rein elektrische Antriebstrang vorerst in den übrigen Fahrzeugklassen nahezu keine Bedeutung erlangen soll, sehen Prognosen für das Jahr 2020 selbst innerhalb eines „business as usual" Szenarios einen Elektrofahrzeuganteil von über 30 % am gesamten US-amerikanischen Kleinstwagenmarkt [BCG08].

Zusammenfassend lässt sich also festhalten, dass konventionelle Antriebe noch für einen längeren Zeitraum das dominierende Konzept bleiben werden. Ausschlaggebend hierfür sind die geringen Herstellungskosten sowie das Vorhandensein einer breiten Infrastruktur der Kraftstoffversorgung. Sie weisen gegenüber anderen Konzepten eine gute Rentabilität auf und sind auch bezüglich der Reichweite das Maß der Dinge [BER08; LEH06]. Es ist anzunehmen, dass besonders aufgrund der Potenziale zur Verbrauchs- und Emissionsreduktion Mikro- und Mild-Hybrid-Varianten in den nächsten Jahren einen deutlich wachsenden Marktanteil werden verzeichnen können. Bei steigenden Kosten für fossile Kraft-stoffe werden die Zusatzkosten für eine stärkere Elektrifizierung des Antriebsstranges immer mehr vom Markt akzeptiert, sodass der durchschnittliche Kraftstoffverbrauch zu-künftig deutlich sinken wird [BER08, LEH06, MCK06].

Batterie-Elektrofahrzeuge könnten zusammen mit Plug-In-Hybridfahrzeugen unter der politisch getriebenen Randbedingung von emissionsfreien Städten in den nächsten Jahren drastisch an Verbreitung gewinnen und bis zum Jahr 2020 einen beachtlichen Marktanteil erreichen. Voraussetzungen für den erfolgreichen Eintritt in den Massenmarkt sind unter anderem steigende Energie- und Leistungsdichten sowie deutliche Kostensenkungen bei den Batteriesystemen durch Skaleneffekte. Die zweite Hürde zur Verbreitung der Elek-tromobilität ist die derzeit noch fehlende Infrastruktur zur Batterieaufladung. Die geringen Reichweiten der reinen batteriebetriebenen Elektrofahrzeuge erfordern ein flächende-ckendes Netz an Aufladestationen, z. B. an speziell ausgewiesenen Parkplätzen für Elek-trofahrzeuge in den Innenstädten [BER08, ENG08, SAU08].

Brennstoffzellenfahrzeuge werden erst nach dem Jahr 2020 in den Markt eintreten und langsam eine wachsende Marktpenetration verzeichnen. Barrieren einer Markteinführung sind zum einen die hohen Kosten der Brennstoffzellen-Stacks sowie die fehlende Infra-struktur der Kraftstoffversorgung. Aufgrund ihrer Emissionsfreiheit und der großen Reichweite stellen jedoch auch die Brennstoffzellen eine zentrale Zukunftstechnologie im Antriebsstrangsegment dar [BER08, MCK06].

Die folgende Tabelle fasst die gewonnenen Erkenntnisse zusammen, **Abb. 3-52**.

3.5   Fazit

Konventionelle Antriebe lassen sich über die vorgestellten Technologien hinsichtlich der Leistung und des Verbrauchs sowie dem Ausstoß umweltschädlicher Gase noch weiter optimieren. Obwohl das Potenzial der Optimierung ausreicht, um auch die zukünftigen Abgasgrenzwerte einhalten zu können, werden sich der steigende Ölpreis und auch die zunehmenden ökologischen Kundenanforderungen nachteilig auf die konventionellen Antriebssysteme auswirken. Das vorhandene Tankstellennetz und die hohen Reichweiten bilden die wenigen Vorteile konventioneller Antriebe, welche aber im Vergleich mit den Hybridsystemen nicht ins Gewicht fallen.

Schon mit geringem technischem Zusatzaufwand lässt sich durch den Mikro-Hybrid An-trieb ein im Vergleich zu konventionellen Antrieben geringerer Kraftstoffverbrauch reali-sieren. Die mit zunehmender Elektrifizierung des Antriebsstrangs einhergehenden Wir-kungsgradsteigerungen und die sich ergebenden Möglichkeiten des lokal emissionsfreien Fahrens bilden die wesentlichen Vorteile, die durch die Hybridisierung realisiert werden können. Die Hybridsysteme vereinen die positiven Eigenschaften des Verbrennungs-motors mit denen des Elektromotors. Wie aus dem Vergleich vom Mikro-Hybrid zum Plug-In Hybrid zu erkennen ist, versuchen Weiterentwicklungen der Hybridsysteme eine zunehmende Unabhängigkeit des Antriebs vom Verbrennungsmotor zu erreichen. Die Hybridsysteme stellen also einen Übergang vom konventionellen zum rein elektrischen Antrieb dar und sie werden in Zukunft einen steigenden Anteil am Markt verzeichnen können.

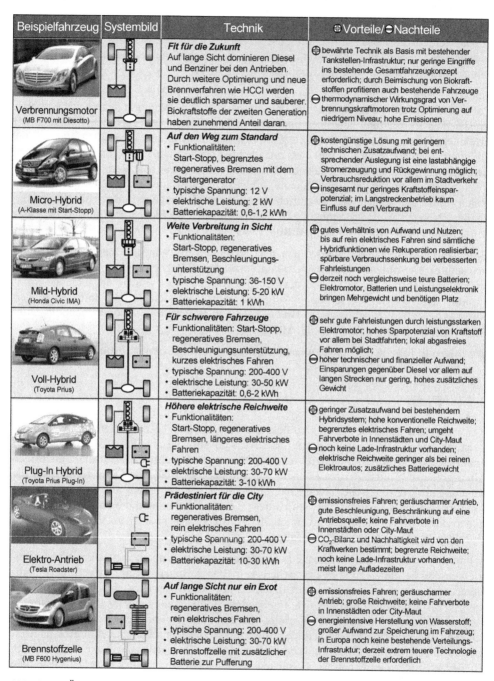

Beispielfahrzeug	Systembild	Technik	⊕Vorteile/⊖Nachteile
Verbrennungsmotor (MB F700 mit Diesotto)		***Fit für die Zukunft*** Auf lange Sicht dominieren Diesel und Benziner bei den Antrieben. Durch weitere Optimierung und neue Brennverfahren wie HCCI werden sie deutlich sparsamer und sauberer. Biokraftstoffe der zweiten Generation haben zunehmend Anteil daran.	⊕ bewährte Technik als Basis mit bestehender Tankstellen-Infrastruktur; nur geringe Eingriffe ins bestehende Gesamtfahrzeugkonzept erforderlich; durch Beimischung von Biokraftstoffen profitieren auch bestehende Fahrzeuge ⊖ thermodynamischer Wirkungsgrad von Verbrennungskraftmotoren trotz Optimierung auf niedrigem Niveau; hohe Emissionen
Micro-Hybrid (A-Klasse mit Start-Stopp)		***Auf den Weg zum Standard*** • Funktionalitäten: Start-Stopp, begrenztes regeneratives Bremsen mit dem Startergenerator • typische Spannung: 12 V • elektrische Leistung: 2 kW • Batteriekapazität: 0,6-1,2 kWh	⊕ kostengünstige Lösung mit geringem technischen Zusatzaufwand; bei entsprechender Auslegung ist eine lastabhängige Stromerzeugung und Rückgewinnung möglich; Verbrauchsreduktion vor allem im Stadtverkehr ⊖ insgesamt nur geringes Kraftstoffeinsparpotenzial; im Langstreckenbetrieb kaum Einfluss auf den Verbrauch
Mild-Hybrid (Honda Civic IMA)		***Weite Verbreitung in Sicht*** • Funktionalitäten: Start-Stopp, regeneratives Bremsen, Beschleunigungsunterstützung • typische Spannung: 36-150 V • elektrische Leistung: 5-20 kW • Batteriekapazität: 1 kWh	⊕ gutes Verhältnis von Aufwand und Nutzen; bis auf rein elektrisches Fahren sind sämtliche Hybridfunktionen wie Rekuperation realisierbar; spürbare Verbrauchssenkung bei verbesserten Fahrleistungen ⊖ derzeit noch vergleichsweise teure Batterien; Elektromotor, Batterien und Leistungselektronik bringen Mehrgewicht und benötigen Platz
Voll-Hybrid (Toyota Prius)		***Für schwerere Fahrzeuge*** • Funktionalitäten: Start-Stopp, regeneratives Bremsen, Beschleunigungsunterstützung, kurzes elektrisches Fahren • typische Spannung: 200-400 V • elektrische Leistung: 30-50 kW • Batteriekapazität: 0,6-2 kWh	⊕ sehr gute Fahrleistungen durch leistungsstarken Elektromotor; hohes Sparpotenzial von Kraftstoff vor allem bei Stadtfahrten; lokal abgasfreies Fahren möglich ⊖ hoher technischer und finanzieller Aufwand; Einsparungen gegenüber Diesel vor allem auf langen Strecken nur gering, hohes zusätzliches Gewicht
Plug-In Hybrid (Toyota Prius Plug-In)		***Höhere elektrische Reichweite*** • Funktionalitäten: Start-Stopp, regeneratives Bremsen, längeres elektrisches Fahren • typische Spannung: 200-400 V • elektrische Leistung: 30-70 kW • Batteriekapazität: 3-10 kWh	⊕ geringer Zusatzaufwand bei bestehendem Hybridsystem; hohe konventionelle Reichweite; begrenztes elektrisches Fahren; umgeht Fahrverbote in Innenstädten und City-Maut ⊖ noch keine Lade-Infrastruktur vorhanden; elektrische Reichweite geringer als bei reinen Elektroautos; zusätzliches Batteriegewicht
Elektro-Antrieb (Tesla Roadster)		***Prädestiniert für die City*** • Funktionalitäten: regeneratives Bremsen, rein elektrisches Fahren • typische Spannung: 200-400 V • elektrische Leistung: 30-70 kW • Batteriekapazität: 10-30 kWh	⊕ emissionsfreies Fahren; geräuscharmer Antrieb, gute Beschleunigung, Beschränkung auf eine Antriebsquelle; keine Fahrverbote in Innenstädten oder City-Maut ⊖ CO_2-Bilanz und Nachhaltigkeit wird von den Kraftwerken bestimmt; begrenzte Reichweite; noch keine Lade-Infrastruktur vorhanden; meist lange Aufladezeiten
Brennstoffzelle (MB F600 Hygenius)		***Auf lange Sicht nur ein Exot*** • Funktionalitäten: regeneratives Bremsen, rein elektrisches Fahren • typische Spannung: 200-400 V • elektrische Leistung: 30-70 kW • Brennstoffzelle mit zusätzlicher Batterie zur Pufferung	⊕ emissionsfreies Fahren; geräuscharmer Antrieb; große Reichweite; keine Fahrverbote in Innenstädten oder City-Maut ⊖ energieintensive Herstellung von Wasserstoff; großer Aufwand zur Speicherung im Fahrzeug; in Europa noch keine bestehende Verteilungs-Infrastruktur; derzeit extrem teure Technologie der Brennstoffzelle erforderlich

Abb. 3-52: Übersicht zukünftiger Antriebstechnologien [FRE09]

Der rein batteriebetriebene Antrieb wird aufgrund des hohen Wirkungsgrades, der lokalen Emissionsfreiheit und aufgrund der Verfügbarkeit der zum Antrieb erforderlichen elektrischen Energie das ideale Antriebskonzept der Zukunft sein. Herausforderungen, die dieses Antriebskonzept mit sich bringt, wie die Energiespeicherung und die daraus resultierende Reichweitenproblematik, stehen derzeit dem Durchbruch entgegen. Des Weiteren fehlt bisher eine großflächige Infrastruktur, die das unkomplizierte Laden der Batterie ermöglicht. Die induktive Ladetechnologie von der Straße, bzw. die induktive Energieübertragung während der Fahrt, ist noch nicht soweit entwickelt, dass ihr Einsatz sicher prognostiziert werden kann. Dabei handelt es sich allerdings um Forschungsfelder, denen vermehrt Aufmerksamkeit gewidmet werden sollte. Die Entwicklung leistungsfähiger und bezahlbarer Akkumulatoren, deren Kapazität eine zu konventionellen Antrieben vergleichbare Reichweite ermöglicht und eine großflächige Lade-Infrastruktur würden auf lange Sicht dazu führen, dass der Elektromotor den Verbrennungsmotor als Antriebskonzept ersetzt. Besonders bei der Bereitstellung der Antriebsenergie durch Brennstoffzellen sind die Aspekte der Energiespeicherung und der Energieverfügbarkeit so hemmend, dass mit einer zukünftigen Verbreitung dieser Antriebstechnologie erst in ferner Zukunft zu rechnen ist.

Das größte Potenzial zur Erfüllung der Forderungen der aktuellen „Treiber" bildet das batteriebetriebene Elektrofahrzeug (BEV), das sich ideal als Stadtfahrzeug eignet. Gleichzeitig ergeben sich durch ein BEV vollkommen neue Fahrzeugansätze, so dass sich die weiteren Erläuterungen vor allem auf das BEV fokussieren.

4 Schlüsseltechnologien für Elektrofahrzeuge und deren Dimensionierung

Nachdem im vorstehenden Kapitel die zukünftige Bedeutung der batteriebetriebenen Elektrofahrzeuge herausgearbeitet wurde, schließen sich in diesem Kapitel die technischen Grundlagen zum Aufbau eines solchen Fahrzeugs an. In einem ersten Schritt werden die erforderlichen Schlüsseltechnologien detailliert vorgestellt. Im zweiten Schritt werden die Anforderungen an den Antriebsstrang eines elektrisch betriebenen Fahrzeugs in verschiedenen Fahrzeugklassen besprochen, aus denen abschließend Aussagen über die Dimensionierung der einzelnen Komponenten abgeleitet werden.

4.1 Erforderliche Schlüsseltechnologien

Die Entwicklung von konventionellen Antrieben hin zu rein elektrischen Antrieben richtet die Aufmerksamkeit zunehmend auf Technologien, die den Herausforderungen dieses Antriebsstrangwechsels gewachsen sind. Zukünftige Schlüsseltechnologien werden in der Bau- und Funktionsweise der verschieden Elektromotoren, ihrer Ansteuerung und besonders in der Energiebereitstellung liegen, welche im Folgenden dargestellt werden.

4.1.1 Elektromotoren als Energiewandler

Elektromotoren sind aufgrund ihrer Drehmomentverteilung gut für den Einsatz als Traktionssystem im Kraftfahrzeug geeignet. Das volle Drehmoment kann bereits im Stillstand aufgebracht werden, was im Gegensatz zum konventionellen Antriebsstrang ein schaltbares Getriebe oder Kupplungen nicht erforderlich macht, **Abb. 4-1**.

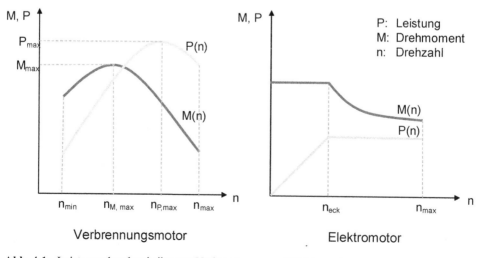

Abb. 4-1: Leistungscharakteristika von Verbrennungs- und Elektromotor

Bei der Verwendung von Elektromotoren entstehen durch den Entfall von Kupplung und Schaltgetriebe im Vergleich zum konventionellen Antriebssystem neue Freiheitsgrade, **Abb. 4-2**. Neben der heute (aus Kostengründen) üblichen Anordnung, bei der ein einzelner Elektromotor über ein Differential die Antriebsleistung für eine komplette Achse bereitstellt, können bei der Elektrotraktion mehrere kleinere Motoren verwendet werden. Diese Elektromotoren werden in der Nähe oder direkt an den anzutreibenden Rädern angebracht. Der Drehzahlausgleich bei Kurvenfahrt wird dann nicht mehr über ein mechanisches Differential, sondern über die entsprechende Ansteuerung der einzelnen Elektromotoren sichergestellt. Die Verwendung von mehreren Motoren ermöglicht die radselektive Ansteuerung weiterer Zusatzfunktionen im Sinne von z. B. Torque Vectoring und ESP, die im konventionellen Antriebsstrang nur über komplexe Zusatzsysteme bereitgestellt werden können. [STA08]

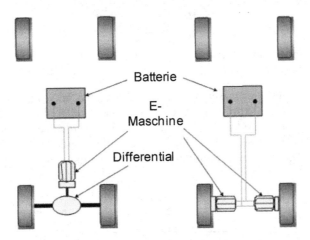

Abb. 4-2: Anordnung der Motoren im Elektrotraktionssystem [IKA08]

Werden die Antriebsmotoren der einzelnen Räder in der Felge untergebracht, spricht man von einem Radnabenantrieb. Ein Beispiel für einen hochintegrierten Radnabenantrieb stellt dabei die sogenannte „eCorner" Technologie dar, die z. B. von Continental entwickelt wird, siehe **Abb. 4-3**.

Bei diesem System wird neben dem Antriebsmotor und einem elektrischen Bremssystem auch die Lenkung in ein Radmodul integriert [VDO09]. Die sehr kompakte Anordnung ermöglicht dabei eine freiere Gestaltung des Fahrzeugs, wodurch der gewonnen Raum beispielsweise zur Unterbringung einer größeren Batterie genutzt werden kann. Bremse und Lenkung werden dabei als „Drive-by-Wire" System ausgeführt, die nur noch elektronisch angesteuert werden. Dies ist aus Sicherheitsaspekten noch als problematisch einzustufen, da ein Ausfall der Fahrzeugelektronik gleichzeitig ein Ausfall der Funktionen von Lenkung und Bremse bedeutet [IKA08]. Das System soll laut Angaben der Entwickler ab dem Jahr 2020 einsatzbereit sein. Daraus wird deutlich, dass noch zahlreiche Entwicklungsschritte zu gehen sein werden. Allerdings könnten Teile dieser Entwicklung auch schon früher in konventionelle Fahrzeuge „diffundieren".

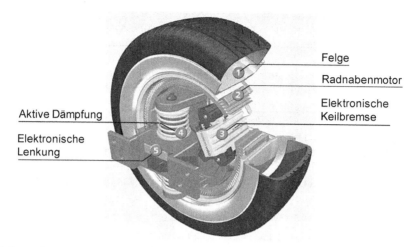

Abb. 4-3: Aufbau eines hochintegrierten Radnabenantrieb [VDO09]

Anders als Verbrennungskraftmaschinen können E-Motoren im sogenannten 4-Quadranten-Betrieb arbeiten, siehe **Abb. 4-4**. Darunter wird verstanden, dass die E-Maschine in beiden Drehrichtungen als Antrieb und Bremse betrieben werden kann. Gleichzeitig kann sie im Bremsbetrieb auch als Generator verwendet werden, wodurch die Rekuperation der Bremsenergie ermöglicht wird. Allerdings muss diese Energie dann geeignet gespeichert werden.

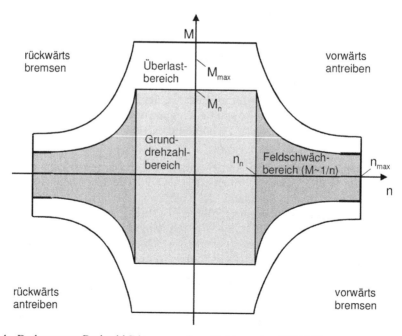

Abb. 4-4: Drehmoment-Drehzahl-Diagramm eines Elektromotors [IKA08]

Daneben bieten Elektromotoren die Möglichkeit, für eine kurze Zeit oberhalb der Nennleistung im gesamten Überlastbereich betrieben zu werden, ohne dass die Maschine davon
Schaden nimmt. Bei der Auslegung solcher Antriebe ist also zwischen der dauerhaft erzielbaren Nennleistung und der Maximalleistung zu unterscheiden [IKA08]. Die Drehmomentverteilung des Elektromotors folgt einem typischen Verlauf. Vom Stillstand bis
zur Nenndrehzahl n_n bleibt das maximale Drehmoment konstant, sodass die Leistung
daher mit steigender Drehzahl zunimmt. Oberhalb der Nenndrehzahl schließt sich der
Feldschwächbereich an, in dem die Leistungsabgabe des Motors konstant bleibt. Daraus
ergibt sich ein abfallender Verlauf für das Drehmoment.

In den hier betrachteten Elektrofahrzeugen wird angenommen, dass die zum Antrieb erforderliche Energie in Batterien mitgeführt wird. Diese Batterien liefern einen annähernd
konstanten Gleichstrom, der für den Betrieb eines Elektromotors zunächst noch gewandelt
werden muss. Die dazu benötigte Hardware wird als Leistungselektronik bezeichnet. Eine
Übersicht über die möglichen Wandlungen gibt **Abb. 4-5**. Neben den Wechselrichtern
und Gleichstromwandlern, die zum Betrieb eines entsprechenden Motors an einer Gleichstromquelle gebraucht werden, finden sich auch die Wechselstromumrichter und Gleichrichter in Elektrofahrzeugen. Gleichrichter sind dabei insbesondere im Hinblick auf die
Rekuperation notwendig. Die Gleichrichter wandeln den durch die als Generator betriebene E-Maschine erzeugten Wechselstrom zur Speisung der Batterie zunächst wieder in
Gleichstrom um.

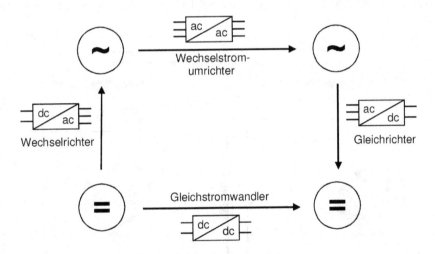

Abb. 4-5: Schaubild der elektrischen Energiewandlung [HEN99]

Zur Bereitstellung der Antriebsleistung werden in Elektrotraktionssystemen verschiedene
Arten von Elektromotoren eingesetzt. Neben den einfachen Gleichstrommotoren kommen
hier grundsätzlich auch die Synchron- und Asynchronmaschinen sowie Reluktanzmaschinen in Frage. Die Funktionsweisen der Motoren und die zugehörigen Leistungselektroni-
ken werden in den folgenden Abschnitten näher erläutert. Die Maschinen beeinflussen
dabei maßgeblich den Wirkungsgrad des gesamten Antriebs, während die Steuerungen bei
Wirkungsgraden von über 93 % arbeiten. [IKA08]

4.1.1.1 Gleichstrommotoren

Die am einfachsten zu beschreibende Funktionsweise von Elektromotoren ist diejenige der Gleichstrommotoren. Ein Rotor, auch als Anker bezeichnet, ist von einer Spule umwickelt, um die sich bei Anschluss einer Gleichstromquelle ein magnetisches Feld ausbildet. Der Rotor ist von einem Permanentmagneten umgeben, der dauerhaft ein magnetisches Feld erzeugt und auch als Stator bezeichnet wird. Die Drehung des Rotors in dem magnetischen Feld des Stators lässt sich durch das physikalische Gesetz erklären, dass sich gegennamige Ladungen anziehen, während sich gleichnamige Ladungen abstoßen. Wie in **Abb. 4-6** dargestellt ist, wird der Gleichstrom über sogenannte Bürsten in die Spule geleitet. Je nach Stellung bzw. Position des Rotors sind die beiden Seiten des Rotors unterschiedlich gepolt. Aufgrund der Anziehung gegensätzlicher Pole dreht sich der Rotor in Stellung 1 gegen den Uhrzeigersinn, sodass die Bürsten kurzzeitig über einen Bereich laufen, über den kein Strom in die Spule geleitet werden kann. Über den Kommutator erfolgt eine Ladungsumkehr, sodass die beiden Seiten des Rotors nun über den jeweils anderen Pol der Batterie mit Strom versorgt werden, wodurch sich das von der Spule erzeugte Magnetfeld umkehrt und sich der Rotor erneut im Magnetfeld des Permanentmagneten ausrichtet. Die Drehung wird also dadurch erzeugt, dass sich ein wechselndes Magnetfeld in einem konstanten Magnetfeld ausrichtet. Auf dieser Wechselwirkung beruhen die Funktionsweisen aller Elektromotoren.

Das in **Abb. 4-6** gezeigte Prinzipbild unterscheidet sich von praktischen Anwendungen dadurch, dass reale Elektromotoren mehrere Spulen und damit Kommutatorenabschnitte auf dem Rotor haben.

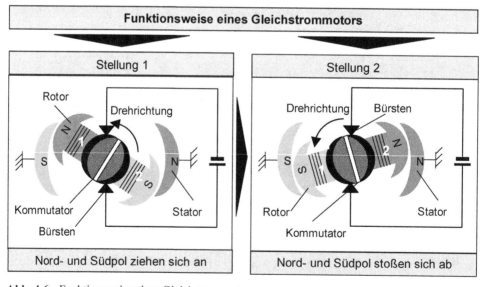

Abb. 4-6: Funktionsweise eines Gleichstrommotors

Über die Anzahl der Windungen der Spule und über die Stärke des Permanentmagneten lässt sich die Wechselwirkung zwischen den beiden magnetischen Feldern beeinflussen [DEL07]. Zudem lässt sich das Magnetfeld über Eisenkerne in den Spulen oder auch über die Formgebung der Eisenteile verändern. Zur Steigerung der Leistung können mehrere Polpaare im Ständergehäuse in Form eines Jochrings angeordnet werden, wodurch das Magnetfeld winkelabhängig angepasst werden kann [DEL07]. Durch einen Wechsel der Polarität der am Kommutator anliegenden Gleichspannung ändert sich auch die Drehrichtung des Motors. Das einzige Verschleißteil derartiger Elektromotoren sind die Kohlebürsten, die allerdings bei dem aktuellen Stand der Technik so ausgelegt werden können, dass sie die nur durch Materialermüdung begrenzte Lebensdauer des Motors übersteigen, **Abb. 4-7.**

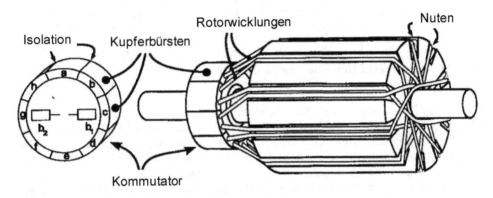

Abb. 4-7: Kommutator und Rotor einer Gleichstrommaschine

Gleichstrommaschinen können grundsätzlich durch zwei Stromkreise beschrieben werden, nämlich den Ankerstromkreis und den Erregerstromkreis. Die Erregerwicklung befindet sich bei der Gleichstrommaschine im Ständer, der Läufer trägt die Ankerwicklung. Die Erregerwicklung erzeugt ein zeitlich und räumlich konstantes Feld, in dem sich die Ankerwicklung dreht. Der Läufer ist ein gelagertes Bauteil und trägt eine Reihe von Wicklungen, die über einen Kommutator als Stromwender mit der speisenden Gleichspannungsquelle verbunden sind, damit die Stromrichtung unter den Hauptpolen unabhängig von der veränderlichen Ankerstellung erhalten bleibt.

Die Aufgabe des Erregerstromkreises ist es, ein magnetisches Feld in gewünschter Stärke entstehen zu lassen. Die Stärke des Feldes ist abhängig von der Stärke des durch die Wicklungen fließenden elektrischen Stromes und der Anzahl der Windungen. Da die Spulen zur Stärkung des Feldes einen Eisenkern erhalten, ist wegen der Sättigung eine Steigerung der Feldstärke nur bis zu einer bestimmten Grenze möglich. Die Anwendung von Eisen hat den Vorteil, dass dem Verlauf des Feldes durch eine entsprechende Formgebung der Eisenteile die gewünschte Gestalt gegeben werden kann. Die Feldlinien verlaufen, abgesehen vom Luftspalt zwischen Anker und Polschuhen, im Eisen. Bei Maschinen mit größerer Leistung werden zur Erzeugung eines stärkeren magnetischen Feldes zwei, drei oder mehr Polpaare im Ständergehäuse angeordnet. Eine entsprechende Steuerung für eine Gleichstrommaschine ist in **Abb. 4-8** dargestellt. Die von der Spannungsquelle bereitgestellte Spannung wird über die entsprechenden Gleichstromrichter gewandelt.

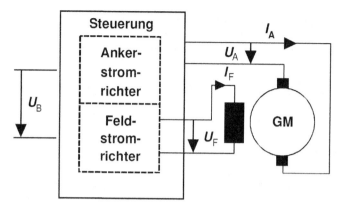

Abb. 4-8: Steuerung einer Gleichstrommaschine [IKA08]

Im Gegensatz zu den einfachen Gleichstrommaschinen kommt der bürstenlose Gleichstrommotor ohne derartige Bürsten aus. Die Steuerung des Magnetfeldes erfolgt hierbei über eine elektronische Kommutierung der im Stator angeordneten Spulen. Auf dem Rotor sind Permanentmagnete, die sich in dem über die Spulen im Ständer erzeugten Magnetfeld ausrichten. Die Anordnung von Spulen und Permanentmagneten ist im Vergleich zur zuvor vorgestellten Variante vertauscht. Die Kommutierung erfolgt über eine entsprechende Ansteuerung der Wicklungen im Ständer. Diese Ansteuerung muss dabei sicherstellen, dass die beiden Magnetfelder im Mittel einen Winkel von 90° zueinander haben. Dazu muss die aktuelle Position des Rotors bekannt sein. Die Position wird mittels HallSensoren oder optoelektrischer Verfahren ermittelt. Der bürstenlose Gleichstrommotor unterliegt im Gegensatz zu der anderen beschriebenen Variante nicht der Kommutierungsgrenze, bei der die Kollektorlamellenspannung begrenzt werden muss, um ein unzulässiges Bürstenfeuer zu vermeiden. Daher kann der bürstenlose Motor über einen weiten Drehzahlbereich ein hohes Moment bereitstellen [DEL07].

4.1.1.2 Asynchronmaschine

Für den Betrieb der Asynchronmaschine wird ein Dreiphasenwechselstrom benötigt. Dieser auch als Drehstrom bezeichnete Strom setzt sich aus drei Phasen zusammen, die jeweils um 120° zueinander verschoben sind. Die Spannung der einzelnen Phasen verläuft wie beim Wechselstrom sinusförmig. Da die im Kraftfahrzeug mitgeführten Stromquellen ausschließlich Gleichstrom zur Verfügung stellen können, muss der Drehstrom erst über eine entsprechende Leistungselektronik erzeugt werden. Die folgende Abbildung zeigt den prinzipiellen Aufbau einer Asynchronmaschine, **Abb. 4-9.**

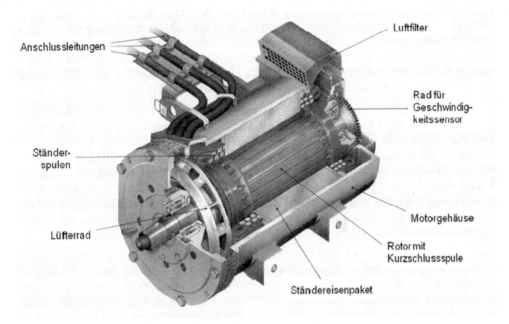

Abb. 4-9: Aufbau einer Asynchronmaschine

Im Ständer einer Asynchronmaschine werden um 120° versetzte Wicklungen eingelassen, die über jeweils eine Phase des Drehstroms versorgt werden. Im Umfang des Läufers befin-den sich kurzgeschlossene Wicklungen, siehe **Abb. 4-10**.

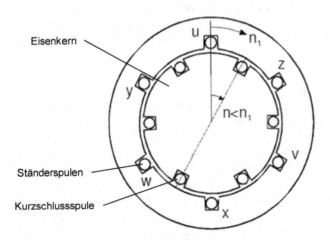

Abb. 4-10: Kurzschlussspulen einer Asynchronmaschine [IKA08]

Das über die Ständerwicklungen erzeugte umlaufende Magnetfeld induziert in den Läu-ferwicklungen Spannungen, woraus sich innerhalb der Läuferwicklungen ein Stromfluß ergibt. Die nun stromdurchflossenen Leiter im Läufer erfahren durch das magnetische Drehfeld eine Kraft, die den Läufer in Richtung des Drehfeldes in Bewegung versetzt. Zur Änderung der Drehrichtung des Motors muss die Umlaufrichtung des Ständermagnetfeldes angepasst werden [DEL07]. Aufgrund der fehlenden Kommutierung sind im Vergleich zum Gleichstrommotor deutlich höhere Drehzahlen realisierbar, so können Asynchronmotoren mit Drehzahlen bis zu 14.000 min-1 betrieben werden. [STA08]

Der Name des Asynchronmotors ist darauf zurückzuführen, dass die erreichte Umfangsgeschwindigkeit des Läufers niemals die vom Drehstrom erzeugte Umfangsgeschwindigkeit des Magnetfelds erreichen kann, sondern aufgrund von Schlupf immer kleiner ist. Besteht keine Relativgeschwindigkeit mehr zwischen Läufer und Drehfeld, wird in den kurzgeschlossenen Läuferwicklungen keine Spannung mehr induziert und der Stromfluß kommt zum Erliegen. Ohne den Stromfluss in den Läuferwicklungen kann kein Drehmoment erzeugt werden. Für diesen Motor ist auch die Bezeichnung Induktionsmotor üblich, da die in den Läuferwicklungen induzierte Spannung maßgeblich zur Funktion des Motors beiträgt. [DEL07]

Wie gerade beschrieben, entspricht die Drehzahl des Läufers nicht der Drehzahl des Drehfeldes. Zwischen diesen beiden Größen kommt es also zu Schlupf. Dieser Schlupf ist definiert als der Quotient aus Drehzahldifferenz und Bezugsdrehzahl. Dabei ist die Bezugsdrehzahl die Frequenz des Drehfelds. Dieses Drehfeld und seine Umlaufdrehzahl wird von der Steuerelektronik vorgegeben, indem die statorseitigen Spulen elektronisch angesteuert werden. Entspricht das auf den Läufer aufgebrachte Lastmoment der durch das Drehfeld erzeugten Kraft auf die Läuferwicklungen, stellt sich ein Gleichgewichtszustand mit konstanter Drehzahl ein. Als Reaktion auf ein steigendes Lastmoment muss die Kraft, welche auf die Läuferwicklungen wirkt, erhöht werden. Daher steigt in diesem Fall der Schlupf, die Läuferdrehzahl sinkt im Verhältnis zur Drehfeldfrequenz ab. Dieser Zusammenhang gilt bis zum Erreichen des maximalen Motormoments, das auch als Kippmoment bezeichnet wird. Ab diesem Punkt kommt es durch die Drehzahldifferenzen zwischen Drehfeld und Läufer zu steigenden Streublindwiderständen, wodurch das Drehmoment abnimmt. Dieser Betriebszustand soll nicht erreicht werden, die angegebenen Nennmomente der Motoren betragen daher ungefähr das 0,3 bis 0,4-fache des Kippmoments [DEL07].

Der Läufer der Asynchronmaschine kommt ohne Schleifringe, Kohlebürsten oder vergleichbare Einrichtungen aus, da im Gegensatz zum Gleichstrommotor der Strom innerhalb der kurzgeschlossenen Wicklungen des Läufers durch Induktion fließt. Daher gelten Asynchronmotoren als vergleichsweise robust und wartungsarm. Die Kurzschlusswicklungen vereinfachen auch den Aufbau des Motors. Um problematische Wirbelströme zu vermeiden, werden Ständer und Läufer aus gegeneinander isolierten Blechen konstruiert. Darüber hinaus verfügt dieser Motorentyp über ein im Verhältnis zu anderen Motoren geringes Gewicht, kleine Abmessungen und hohe Drehzahlfestigkeiten, wodurch er sich zum Einsatz in Kraftfahrzeugen besonders eignet [DEL07].

Zur Regelung des Motors können die Frequenz des Drehfeldes, die Polpaarzahl sowie der Schlupf angepasst werden. Der Schlupf ergibt sich dabei auch aus dem Lastmoment. Die Polpaarzahl lässt sich als Eigenschaft des Motors während des laufenden Betriebs nicht än-dern. Daher wird die Umfangsgeschwindigkeit des Drehfelds über die Frequenz des Drehstroms geregelt, siehe **Abb. 4-11**. Dabei muss das Verhältnis aus Ständerspannung und Frequenz konstant bleiben, um das Kippmoment nicht zu beeinflussen [DEL07].

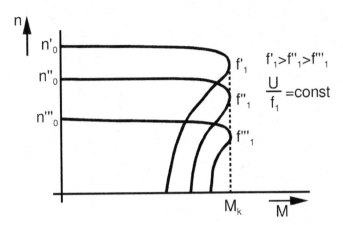

Abb. 4-11: Änderung der Drehzahl über Änderung der Frequenz des Drehstroms [IKA08]

Zur Rekuperation kann der Motor mit übersynchroner Drehzahl betrieben werden, um Bremsenergie in den Energiespeicher zu übertragen. Dazu werden Vierquadrantensteller benötigt, die den Drehstrom in Gleichstrom umwandeln. Umgekehrt sind Pulswechselrichter notwendig, um die Gleichspannung der Stromquelle als eine Wechselspannung der benötigten Stärke und Frequenz bereitzustellen. Eine entsprechende Antriebssteuerung setzt dabei den vorgegebenen Momentensollwert in die notwendigen Steuerbefehle um [DEL07].

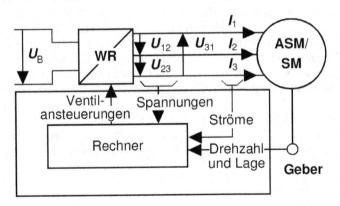

Abb. 4-12: Regelung einer Drehstrommaschine [IKA08]

Für den Betrieb einer Drehstrommaschine an einer Gleichstromquelle wird ein Wechselrichter benötigt. Ein Rechner, der die Drehzahl und die Lage der Welle sowie die strombezogenen Größen überwacht, steuert dabei den Wechselrichter. Für den Drehstrombetrieb muss der Wechselrichter dabei drei phasenverschobene Wechselspannungen erzeugen. Zur Erzeugung der Wechselspannung kann das Pulsweitenmodulationsverfahren angewendet werden. Dazu wird der Tastgrad variiert, der angibt, welcher Anteil der Eingangsspannung zum Ausgang übertragen wird. Die Einschaltzeiten sowie die entstehenden Sinuswelle sind in **Abb. 4-13** dargestellt.

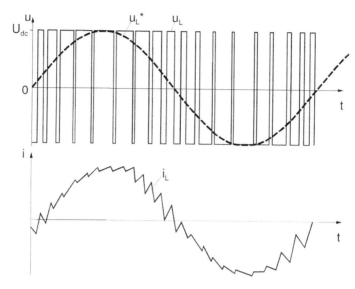

Abb. 4-13: Pulsweitenmodulation zur Erzeugung eines Wechselstroms [HEN99]

4.1.1.3 Synchronmaschine

Bei der Synchronmaschine wird im Gegensatz zur Asynchronmaschine das Läuferfeld nicht durch Induktion erzeugt. Bei kleineren Antrieben wird der Läufer mit Permanentmagneten versehen, bei größeren Maschinen werden Erregerwicklungen, vergleichbar denen der oben beschriebenen Gleichstrommaschine eingesetzt. Der Läufer dreht sich bei dieser Motorvariante synchron mit dem Drehfeld, woraus sich der Name des Motortyps ableitet. Die Erregerwicklungen werden dabei über Schleifkontakte mit Strom versorgt, wodurch ein gewisser Verschleiß und damit Wartungsaufwand entsteht. Gleichzeitig wird hierdurch der Aufbau im Gegensatz zur Asynchronmaschine komplexer und aufwändiger. Aufgrund dieser Tatsache wird der Asynchronmotor im Bereich der Antriebstechnik bevorzugt eingesetzt [DEL07]. Der Wirkungsgrad der Synchronmaschine liegt aufgrund der synchronen Strom- und Spannungsphasen über dem der Asynchronmaschine [STA08]. Die Steuerelektronik für die Synchronmaschine ist ähnlich aufwändig wie für die Asynchronmaschine.

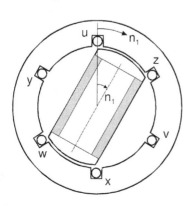

Abb. 4-14: Aufbau einer Synchronmaschine [IKA08]

4.1.1.4 Reluktanzmaschine

Bei den Reluktanzmaschinen können verschiedene Ausführungen unterschieden werden, dies sind unter anderem die geschaltete Reluktanzmaschine sowie die Transversalflussmaschine, welche im Folgenden kurz beschrieben werden.

Bei einem Reluktanzmotor besitzen Rotor und Stator ein zahnförmiges Profil. Die Statorzähne sind jeweils mit Spulen bestückt, die abwechselnd ein und ausgeschaltet werden. Der Rotor besteht aus einem weichmagnetischen Material, bei dieser Bauart werden also keine Permanentmagneten eingesetzt. Im Ständer werden mehrere, gegenüberliegende Wicklungen eingebracht, die der Erzeugung eines Magnetfelds dienen. Diese Wicklungen werden dabei paarweise zu Strängen zusammengefasst, siehe **Abb. 4-15**.

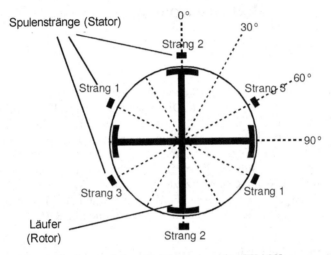

Abb. 4-15: Funktionsprinzip der geschaltete Reluktanzmaschine [IKA08]

Das Drehmoment wird bei der geschalteten Reluktanzmaschine durch das abwechselnde Beschalten der Stränge im Stator erzeugt. Das entstehende Feld wirkt auf die Zähne des Rotors, so dass sich dieser relativ zum Strang bewegt. Erreicht er die Strangposition, wird der nächste Strang beschaltet, was den Läufer ein weiteres Stück dreht.

Eine wichtige Motorkenngröße bei der geschalteten Reluktanzmaschine ist das Verhältnis zwischen Anzahl der Paarungen im Stator zu Anzahl der Nuten im Rotor. Diese als Zähnezahlverhältnis bezeichnete Größe gibt Aufschluss über die Drehrichtung des Motors. Ist das angegebene Verhältnis kleiner als eins, dreht sich der Motor mit der Richtung des erzeugten Drehfelds. Bei einem Zähnezahlverhältnis größer eins dreht sich der Motor gegen das Drehfeld. Um ein Anlaufen auch bei hohen Drehmomentanforderungen sicherzustellen, werden hierbei in der Praxis relativ hohe Zähnezahlen verwendet. Üblich sind die Werte 16/12 und 24/18 [IKA08].

Zur Steuerung der geschalteten Reluktanzmaschine werden Mikrocontroller eingesetzt. Diese schalten in Abhängigkeit der aktuellen Lage des Läufers, die über einen Lagegeber erfasst wird, die entsprechenden Umrichter. Diese Umrichter versorgen die Wicklungsstränge im Stator des Motors, **Abb. 4-16**. Zur Schaltung der Ströme im Umrichter werden Halbleiterkomponenten eingesetzt.

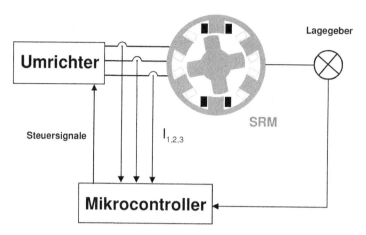

Abb. 4-16: Steuerung der geschalteten Reluktanzmaschine [IKA08]

Neben der geschalteten Reluktanzmaschine wird derzeit an einer weiteren, auf Reluktanz basierenden Elektromaschine gearbeitet. Diese wird Transversalflussreluktanzmaschine genannt. Die Bezeichnung „Transversal" wird dabei aus der Funktionsweise abgeleitet. Durch die besondere Anordnung der Motorkomponenten schließen sich bei diesem Typ die Magnetlinien quer zur Bewegungsrichtung. Aufgrund des noch nicht weit fortgeschrittenen Entwicklungsstandes soll an dieser Stelle nicht weiter auf diesen Maschinentyp eingegangen werden. Die im Gegensatz zu den anderen Maschinentypen aufwändige Konstruktion und der damit verbundene Fertigungsaufwand haben bisher einen Großserieneinsatz der Transversalflussreluktanzmaschine verhindert [IKA08].

4.1.2   Übersicht erforderlicher Schlüsseltechnologien

Die Eigenschaften der dargestellten E-Maschinen sind in **Abb. 4-17** zusammengefasst. Die Gleichstrommaschine verfügt dabei im direkten Vergleich über relativ schlechte technische Eigenschaften, dafür aber über einen sehr guten Entwicklungsstand. Ebenfalls gut entwickelt ist die Asynchronmaschine, welche den Gleichstrommaschinen technisch leicht überlegen ist. Die verschiedenen Bauarten der Synchronmaschine sowie die geschaltete Reluktanzmaschine verfügen über sehr gute technische Eigenschaften und haben darüber hinaus noch Entwicklungspotenzial. Die Transversalflussmaschine soll im Weiteren aufgrund des geringen Entwicklungsstands keine Berücksichtigung finden.

Einige der relevanten technischen Eigenschaften der unterschiedlichen Motortypen sind in **Abb. 4-18** zusammengetragen. Hierbei fällt der im Verhältnis niedrige Gesamtwirkungsgrad von Systemen mit Gleichstrommaschinen auf, auch die spezifische Leistung ist niedrig. Asynchronmaschinen verfügen über einen höheren Gesamtwirkungsgrad bei vergleichbarem spezifischen Drehmoment und höherer spezifischer Leistung. Die permanenterregte Synchronmaschine vereint hohe spezifische Leistungen und Drehmomente bei einem sehr guten Gesamtwirkungsgrad. Abgesehen von der Gleichstrommaschine verfügen alle anderen Bauarten der Elektromotoren über Maximaldrehzahlen oberhalb von 10.000 min-1, **Abb. 4-18**.

Kriterium / Motortyp	Gleichstrom		Synchron		Asynchron	Transversalfluss	Geschaltete Reluktanz
	elektr. erregt	perm. erregt	elektr. erregt	perm. erregt			
Leistungsdichte	o	+	+	++	+	++	++
Zuverlässigkeit	o	+	+	+	++	+	++
Wirkungsgrad	--	-	+	++	o	++	+
Regel-/Steuerbarkeit	++	++	+	+	o	+	++
Überlastbarkeit	+	+	+	+	+	+	+
Geräuschpegel	-	-	+	+	+	+	+
Thermischer Überlastschutz	-	-	+	++	+	+	+
Entwicklungsstand	++		o	o	+	-	o

++ sehr gut	+ gut	O durchschnittlich	- schlecht	-- sehr schlecht

Abb. 4-17: Übersicht E-Maschinen [IKA08]

Bei Verwendung dieser Maschinentypen kann die Antriebsstrangübersetzung im Vergleich zur Gleichstrommaschine angepasst werden. Diese sehr hohen Drehzahlen können jedoch bei Elektromotoren mit Permanentmagneten zu Problemen führen, da die Permanentmagneten nicht sicher gehalten werden können und die Gefahr besteht, dass sich diese aufgrund der wirkenden Zentrifugalkraft lösen. Abhilfe können hier Außenläufer mit innen liegenden Permanentmagneten schaffen.

Kriterium / Motortyp	Gleichstrom	Synchron	Synchron, permanenterregt	Asynchron	Transversalfluss	Geschaltete Reluktanz
Höchstdrehzahl [1/min]	6.000	>10.000	>10.000	>10.000	>10.000	>10.000
Spez. Drehmoment [Nm/kg]	0,7	0,6 - 0,75	0,95 - 1,72	0,6 - 0,8	k.A.	0,8 - 1,1
Spez. Leistung [kW/kg]	0,15 - 0,25	0,15 - 0,25	0,3 - 0,95	0,2 - 0,55	k.A.	0,2 - 0,62
Wirkungsgrad Maschine	0,82 - 0,88	0,87 - 0,92	0,87 - 0,94	0,89 - 0,93	0,9	0,90 - 0,94
Wirkungsgrad Steuerung	0,98 - 0,99	0,93 - 0,98	0,93 - 0,98	0,93 - 0,98	0,93 - 0,97	0,93 - 0,97
Gesamtwirkungsgrad	0,80 - 0,85	0,81 - 0,9	0,81 - 0,92	0,83 - 0,91	k.A.	0,83 - 0,91

++ sehr gut	+ gut	O durchschnittlich	- schlecht	-- sehr schlecht

Abb. 4-18: Übersicht der technischen Eigenschaften der Motortypen [GRA01]

4.1.3 Batterie als Energiespeicher

Der Elektroantrieb muss seine Energie aus einem geeigneten Energiespeicher beziehen, der diese in Form von elektrischer Energie liefert. Es gibt verschiedene Technologien zur Speicherung von elektrischer Energie, z. B. Kondensatoren, Schwungräder, Batterien oder Druckluftspeicher. Bis auf den Kondensator kann die elektrische Energie hierbei nicht unmittelbar gespeichert werden, sondern sie liegt meist in einer anderen Energieform vor. Erst bei Lade- bzw. Entladevorgängen kommt es zum Fließen des Stroms. Für Zwecke der Elektrotraktion ist vor allem die Batterie als Zusammenschaltung galvanischer Zellen von Bedeutung, bei der die Energie in Form von chemischer Energie gespeichert wird. Für den Einsatz im Kraftfahrzeug wird zurzeit von der Verwendung wiederaufladbarer Sekundärzellen, sogenannter Akkumulatoren, ausgegangen. Im Gegensatz dazu werden Primärzellen nur in einmalig entladbaren Batterien vor allem im Consumerbereich verwendet. Vor etwa 20 Jahren wurde daran gearbeitet, Zink-Luft-Batterien als Primärbatterien im Kraftfahrzeug einzusetzen. Für Fahrzeuge mit fester Wegstrecke (Lieferfahrzeuge) machten diese Überlegungen Sinn. Die Aufarbeitung der leeren Batterien sollte zentral erfolgen. Die bessere Leistungsfähigkeit dieses Batterietyps wurde jedoch mit einer geringeren Wirtschaftlichkeit erkauft. Das hat den Einsatz der Zink-Luft-Batterie verhindert.

Die Sekundärzellen werden zum Betrieb in einem Kraftfahrzeug zu einem Batteriesystem zusammengefasst. Dazu werden zunächst Module aus mehreren Einzelzellen gebildet, die in einzelnen Strängen zur Spannungserhöhung in Reihe geschaltet werden. Mehrere dieser Stränge werden gebündelt, um die Kapazität des Systems zu erhöhen, **Abb. 4-19**. Neben den Zellmodulen umfasst das Batteriesystem noch Einrichtungen zum Thermomanagement sowie Sicherheitseinrichtungen zum Abschalten der Batterie bei einer Fehlfunktion [IKA08].

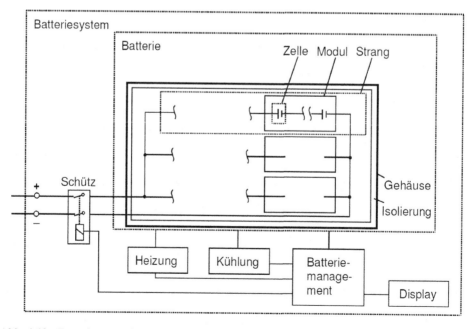

Abb. 4-19: Batteriesystem [IKA08]

Mögliche Batterieversionen sind in einem Spannungsfeld zu sehen, in dem die Eignung eines Energiespeichers anhand der Anforderungen bewertet werden muss, **Abb. 4-20**.

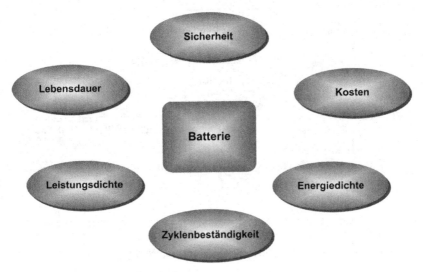

Abb. 4-20: Spannungsfeld Batterietechnik

In der aktuellen Diskussion ist hierbei insbesondere die Energie- und Leistungsdichte zu betrachten. Auf der einen Seite muss der Energiespeicher eine ausreichende Menge an Energie bei möglichst geringem Gewicht zur Verfügung stellen, um durch Nutzerprofil und Kundenakzeptanz vorgegebene Reichweiten zu ermöglichen. Andererseits muss diese Energie auch in einer angemessenen Zeitspanne bereitgestellt werden, um eine gewisse Beschleunigung des Elektrofahrzeugs zu erreichen. Die Energiedichte gibt an, welche Energie pro Masse der Batterie gespeichert werden kann, während die Leistungsdichte beschreibt, wieviel Leistung pro Masse abgegeben werden kann, **Abb. 4-21**.

Zu den Hauptanforderungen gehören auch die Kosten, die hinsichtlich Wirtschaftlichkeit und Preissensibilität der Kunden betrachtet werden müssen. Da im Kraftfahrzeugbetrieb über die Lebensdauer vielfache Auf- und Entladevorgänge stattfinden, muss der Energiespeicher über eine ausreichende Zyklenfestigkeit verfügen. Soll der Speicher, wie bei einem reinen Elektrofahrzeug üblich, auch aus einer externen Quelle geladen werden, interessiert in diesem Zusammenhang insbesondere die Ladezeit.

Eng verbunden mit der Zyklenfestigkeit ist auch die Anforderung an die Lebensdauer. Im Idealfall sollte die Lebensdauer des Energiespeichers dabei mindestens der des Gesamtfahrzeugs entsprechen. Heutige Fahrzeuge werden für einen etwa zehnjährigen Betrieb ausgelegt. Ein Verschieben von Prioritäten bei der Entwicklung hinsichtlich der Anforderungen hat Wechselwirkungen mit weiteren Anforderungen zur Folge. Im Rahmen der Entwicklung von Hochenergiebatterien wird z. B. der Schwerpunkt auf eine hohe Energiedichte zur Erzielung hoher Reichweiten gelegt, wobei sich eine geringe Leistungsdichte einstellt. Dagegen ermöglicht eine Hochleistungsbatterie eine stärkere Beschleunigung, bei der sich die Energiedichte zu Gunsten einer höheren Leistungsdichte vermindert. Dazu zählen sowohl die Abgabe als auch die Aufnahme kurzfristiger Leistungsspitzen, z. B. bei der Rekuperation während des Bremsvorgangs.

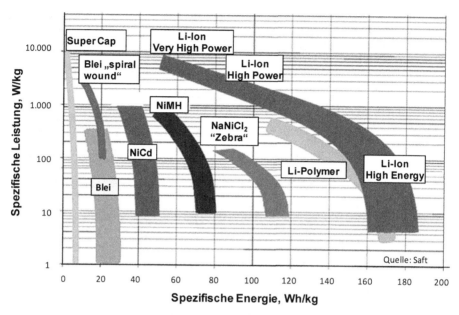

Abb. 4-21: Energie- und Leistungsdichte von Energiespeichern

Einen Überblick über den derzeitigen Stand der Batterietechnologie gibt **Abb. 4-22**.

Speichersystem	Energie-träger	Energiedichte		Leistungs-dichte	Lebensdauer/Zyklenfestigkeit	Selbst-entladung
		Wh/kg	Wh/l			
Kondensator	Kondensator	4	5	o	+ / ++	--
Sekundärzellen	NaNiCl	100		-	+/+	-
	Pb-PbO2	20 - 40	50 - 100	+	o / o	+
	Ni-Cd	40 - 60	100 - 150	+	++ / ++	-
	Ni-MH	60 - 90	150 - 250	+	++ / ++	-- (++)
	Ag-Zn	80 - 120	150 - 250	++	- / -	++
	Li-Ion	100 - 200	150 - 500	+	+ / +	+
Kraftstoff	Benzin	12.700	8.800	++	k.A.	++
	Diesel	11.600	9.700	++	k.A.	++

Abb. 4-22: Speichersysteme im Überblick [PRA08]

Wie bereits erwähnt, muss der Energiespeicher nach aktuellem Verständnis aufladbar sein. Daher kommen nur Akkumulatoren auf Basis von Sekundärzellen in Frage. Neben den Sekundärzellen sind Kondensatoren ebenfalls als alternative Speicherform für elektrische Energie geeignet. Neben den bisher genannten Kriterien muss auch die Selbstentladung berücksichtigt werden, die bei einer Lagerung der Batterien über eine längere Zeit erfolgt. Dieses Phänomen ist von seinen Auswirkungen her vergleichbar mit der Verdunstung von Kraftstoffen bei konventionellen Verbrennungskraftmaschinen. Anhand der Werte für die Energiedichte lässt sich deutlich der gravierende Unterschied zwischen der elektrischen Energiespeicherung und der chemischen Speicherung in fossilen Brennstoffen erkennen. Die Energiedichten der fossilen Brennstoffe liegen dabei noch etwa um den Faktor 100 über den heute üblichen Werten von Batterien. Dieser Nachteil kann teilweise über den besseren Wirkungsgrad des elektrischen Antriebsstrangs ausgeglichen werden. Dies reicht aber nicht aus, um annähernd gleiche Reichweiten zu erzielen. Innerhalb der Gruppe der Sekundärzellen lassen sich derzeit Energiedichten zwischen 20 und 200 Wh/kg erzielen.

Die Natrium-Nickelchlorid-Batterie (NaNiCl), auch als Zebra-Zelle bezeichnet, ist eine Hochtemperaturzelle, die bei Betriebstemperaturen von rund 300°C arbeitet. Ein Vorzug dieser Technik ist die Realisierung hoher Energiedichten. Weitere Vorteile sind die Wartungsfreiheit sowie eine vollkommene Recyclierbarkeit der beiden Ausgangsstoffe Nickel und Kochsalz. Demgegenüber stehen die Defizite einer geringen Leistungsdichte, welche die Dimensionierung der Zebra-Batterien im Fahrzeug maßgeblich bestimmt. Bei der Zebra-Batterie besteht darüber hinaus auch die Notwendigkeit, die Zellen permanent auf Betriebstemperatur zu halten, was auch im Ruhezustand eine Beheizung der Zellen erfordert. Die dafür erforderliche Ener-gie wird der Zelle entnommen, was eine vergleichsweise schnelle Entladung der Batterie im Ruhezustand zur Folge hat. Natürlich kann diese Heizenergie auch dem Strom bei externer Ladung entnommen werden. Dadurch sinkt aber der Gesamtwirkungsgrad eines so ausgerüsteten Elektrofahrzeugs. Ausführliche Untersuchungen zur Anwendung der ZEBRA-Batterie finden sich in [BAD99]. Darüber hinaus ist die begrenzte Lebensdauer von Zebra-Zellen oft Ausgangspunkt für Kritik, da diese noch nicht über Langzeitstudien zufriedenstellend wissenschaftlich erforscht ist [VAR08, CEB08, IKA08]. Dieser Batterietyp ist derzeit z. B. im Elektrofahrzeug TH!NK city der Firma Think verbaut. Ausführliche Anwendungen hat dieser Batterietyp im zuvor mehrfach erwähnten „Rügen-Versuch" erfahren.

Abb. 4-23: TH!NK city [THI09]

Die Bleisäurebatterien (Pb) stellen die kostengünstigste Batterievariante dar und sie finden derzeit daher insbesondere in kleineren Elektrofahrzeugen Anwendung. Eine Weiterentwicklung der offenen Bleisäurebatterien, bei denen der Elektrolyt in rein flüssiger

Form vorliegt, stellen die geschlossenen Konzepte dar. Diese gliedern sich in Gel- und Vlieskonzepte. In der Gel-Variante liegt der Elektrolyt in einer gelförmig-verdickten Form vor. In der Vliesvariante sind Glasfasermatten zwischen die Elektroden eingelassen, die den Elektrolyt in sich aufsaugen. Vorteile dieser geschlossenen Bauarten sind eine lageunabhängige Nutzung der Batterien sowie die Wartungsfreiheit. Generell ist festzuhalten, dass den geringen Kosten dieser Batterien eine ebenfalls geringe Energiedichte gegenübersteht. Vor diesem Hintergrund sind Blei-Säure Konzepte als ausgereifte Technik mit geringem Zukunftspotenzial zu bewerten [BAT08, VAR08, IKA08]. Selbst die längere Zeit entwickelten sogenannten „bipolaren Systeme" haben hier nicht zum Durchbruch geführt.

Analog zur den bisher dargestellten Batterietypen stellt die Nickel-Kadmium (NiCd) Batterie ebenfalls eine ausgereifte Technik dar. Ihre Vorteile liegen in guten Schnellladeeigenschaften und einer hohen Lebensdauer bei günstigen Herstellungskosten. Nachteilig sind ihre geringe Energiedichte, ein hoher Wartungsaufwand durch das Auftreten von Memoryeffekten sowie eine hohe Selbstentladung. Durch giftige Substanzen entsteht zudem eine aufwändige Entsorgung (außerdem ist diese Batterie bei Unfällen für alle Beteiligten gefährlich). Vor diesem Hintergrund sind Nickel-Cadmium Batterien zwar ebenfalls als günstige Lösung der Gegenwart zu bewerten, sie bieten aber wenig Potenzial als Zukunftstechnologie für Elektroantriebe in Fahrzeugen [BAT08, VAR08]. Vor allem die Vergiftung der Beteiligten bei Unfällen lässt diese Batterie nicht zu intensiven Anwendungen kommen. Ihre Anwendung (z. B. in Elektrofahrzeugen) ist deshalb von der EU im Jahr 2004 verboten worden.

Nickel-Metallhydrid (NiMH) Zellen bestehen demgegenüber vollständig aus ungiftigen Materialien und sie weisen sowohl eine bessere Zyklenfestigkeit als auch eine gesteigerte Energiedichte auf. Diese Vorteile gehen jedoch zu Lasten der Lebensdauer. Auch die Anfälligkeit der Batterie gegen sehr hohe oder niedrige Temperaturen, z. B. bei Überladung, stellt ein Defizit dieser Batterietechnik dar [BAT08, VAR08]. Die Kosten liegen leicht über denen von Nickel-Cadmium Zellen und sie werden auch in Zukunft trotz weiterer Entwicklungen in diesem Bereich bleiben [KAR06]. NiMH-Batterien werden derzeit als Standard in einer Vielzahl von Elektro- und Hybridfahrzeugmodellen, wie beispielsweise dem Toyota Prius, eingesetzt, **Abb. 4-24**. Ihr Zukunftspotenzial ist jedoch mangels weiterer Optimierungsmöglichkeiten bezüglich der Batteriekapazitäten begrenzt. [BAT08, TOY08, NAU07, IKA08]

Abb. 4-24: Toyota Prius mit Ni-MH-Batterie [TOY09]

Lithium-Ionen-Batterien stellen den derzeit am intensivsten beforschten Ansatz in der Batterietechnik dar. Ursächlich ist das große Potenzial der Lithium-Ionen-Technik für hohe Energiedichten und somit hohe Batteriekapazitäten. Zudem sind Lithium-Ionen Batterien bei gleicher Kapazität ca. 30 % kleiner und ca. 50 % leichter als die etablierten NiMH-Batterien und sie bieten neben schnelleren Ladevorgängen sowie gesteigerter Lebensdauer auch höhere Leistungsdichten. Der Markt für diesen Batterietyp ist vielfältig und er wurde in der Vergangenheit, z. B. für Verbraucher-Anwendungen, bereits erschlossen, **Abb. 4-25**.

	Verbraucher Anwendungen	LEV, Power Tools, Utilities	Automotive HEV & EV	Stationary Elec. Storage
Marktgröße Batterien	3 Mrd. € (2007)	Medium 1.5 Mrd. € (2010)	Groß 25 Mrd. € (2020)	Sehr groß
Markteinführung	1990 (Sony)	2005	2010 (Erste Fahrzeuge)	Realisierbarkeit nachzuweisen
Chancen für Deutschland	Minimal	Moderat	Gut bis sehr gut	Sehr günstige Ausgangsposition
Typische Batterie- größen (kWh)	0,001 - 0,1	0,1 - 1	1 - 100	100 - 10.000

Abb. 4-25: Markt für Lithium-Ionen-Technologie

Die Lithium-Ionen-Zellen bestehen aus einer Anode und einer Kathode, die durch einen Separator voneinander getrennt werden. Im Gegensatz zu anderen Zelltypen basiert die Energiespeicherung hier allerdings auf dem Stofftransport der positiv geladenen Lithium-Ionen ($Li+$), **Abb. 4-26**. Als Elektrolyt werden Stoffe verwendet, die für die ($Li+$)-Ionen durchlässig sind, wie z. B. das Hexafluorophosphat-Salz ($LiPF6$). Auf der Kathodenseite kommt Aluminium als Elektrodenmaterial zum Einsatz, die Kathode selbst besteht im hier gezeigten Beispiel aus einem Lithium-Metalloxid. Die Anodenelektrode besteht aus Kupfer, die Anode aus Graphit. Die Elektroden werden als Insertionselektroden ausgeführt. Das Anodenmaterial wird durch einen Film, der als Solid Electrolyte Interphase (SEI) bezeichnet wird, vor dem Eindringen des Elektrolyts geschützt. Dieser Film entsteht bei der Herstellung der Zellen durch eine Reaktion des Lithiums mit dem Anodenmaterial. Die Funktionsweise der Zelle beruht auf der Einlagerung von Lithium-Ionen im Anodenmaterial. Beim Aufladen der Zelle werden Li-Ionen von der Kathode zur Anode transportiert. Diese Ionen lagern sich dann in der Atomstruktur der Anode ein, ohne eine feste chemische Verbindung einzugehen. Dieser Vorgang wird als Interkalation bezeichnet. Durch die Einlagerung der Lithium-Ionen in der Anode steigt deren Volumen um etwa 10 % an. Beim Entladen der Zelle wandern die Lithium-Ionen wieder von der Anode zur Kathode, der Fluss der Elektronen über den Lastkreis ermöglicht dabei eine Leistungsentnahme [PRA08, FIO09, IKA08, WOH08, LEF09].

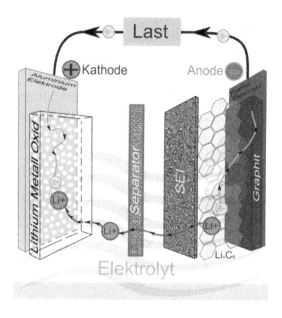

Abb. 4-26:
Aufbau einer Lithium-
Ionen-Zelle [FIO09]

Lithium-Ionen-Batterien werden mit unterschiedlichen Kathoden- und Anodenmaterialien sowie Elektrolyten ausgeführt. Über die Materialauswahl können die Eigenschaften der einzelnen Batteriezellen in weiten Bereichen beeinflusst werden. So besitzt z. B. eine Lithiumnickelkobalt-Batterie eine sehr hohe Energiedichte, weist gleichzeitig aber auch eine sehr geringe Leistungsdichte auf. Lithiumtitanat zeichnet sich durch eine hohe Leistungsdichte aus, es ist aber nur zu erhöhten Kosten zu realisieren. Während die Lithiumkobaltoxid-Batterie außer einer hohen Spannung nur mittelmäßige Werte liefert, können mit einer Lithiumeisen-Phosphat-Kathode bei vielen Kriterien gute Werte erzielt werden, **Abb. 4-27**.

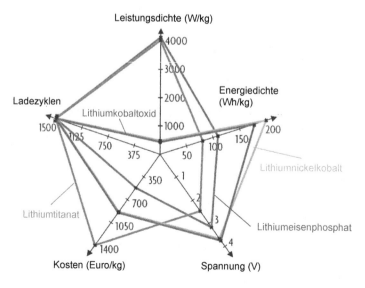

Abb. 4-27:
Eigenschaften von
Lithium-Ionen-
Batterietypen

Im Rahmen der Hauptentwicklungslinien bei Lithium-Ionen-Batteriezellen kann aktuell Lithiumeisenphosphat (LiFePO4) als wichtiges Kathodenmaterial genannt werden. Aufgrund der geringen Kosten, der hohen Leistungsdichte, der Zyklenfestigkeit und der im Vergleich als hoch einzustufenden Sicherheit sowie den kurzen Ladezeiten wird dieser Batterietyp bei vielen Batterieherstellern derzeit favorisiert. Beispielhaft kann der Markt in China herangezogen werden. China ist auf dem Weltmarkt nach Japan zweitgrößter Hersteller von Lithium-Ionen-Zellen. Führend bei der Lithiumeisenphosphat-Batterieentwicklung in China ist der Automobilhersteller BYD, aber auch andere chinesische OEM haben die Technologie entsprechend weiterentwickelt.

Neben den bereits erwähnten Faktoren zur Bewertung von Batterietypen müssen ebenfalls Sicherheitsaspekte berücksichtigt werden. Beim Einsatz von Lithium-Ionen-Batterien können sich eine Reihe von sicherheitskritischen Zuständen ergeben. Eine mechanische Beschädigung der Zellen kann zum Auslaufen führen, von Überladung und Überentladung sowie thermischer Belastung gehen ebenfalls hohe Gefahren aus. **Abb. 4-28** zeigt die Feuerentwicklung bei einem am ika durchgeführten Crash einer Batteriezelle. Als besonders gefährlich gilt hierbei der „thermische Runaway" der Zellen, worunter ein unkontrollierter Temperaturanstieg innerhalb einer Zelle verstanden wird. Dieser kann durch eine Erwärmung der Zelle auf über 100 °C zustande kommen, was eine Reaktion des Graphits mit den eingelagerten Li+ Ionen auslöst. Die exotherme Reaktion kann in der Folge weitere Zellkomponenten auf kritische Temperaturen erhitzen. Zunächst schmilzt der Separator, wodurch es zu einem inneren Kurzschluss der Zelle kommen kann. Ab einer Temperatur von etwa 200 °C beginnt auch das Kathodenmaterial zu reagieren. Kann die bei den Reaktionen entstehende Wärme nicht über die Kühlung des Batteriesystems abgeführt werden, besteht die Möglichkeit, dass die Reaktion auf weitere Zellen übergreift [FIO09]. Durch die starke Temperaturerhöhung in den Zellen besteht die Gefahr, dass diese explodieren. Daher sind die Zellen häufig mit Sicherheitsventilen ausgestattet, die im Falle eines starken Druckanstiegs geöffnet werden und so eine Explosion verhindern können.

Abb. 4-28: Feuerentwicklung bei einem Crash einer Batteriezelle

Auch unterhalb des kritischen Bereichs, in dem ein thermischer Runaway auftreten kann, hat die Temperatur einen Einfluss auf die Lebensdauer der Batterie. So lässt sich allgemein feststellen, dass die Lebensdauer der Batterie mit sinkenden Temperaturen steigt, da dadurch Zersetzungsprozesse, welche die Lebensdauer beschränken, langsamer ablaufen [LEF09]. Dies ist besonders vor dem Hintergrund der geringen, nutzungsunabhängigen Lebensdauer dieses Batterietyps von Interesse. Diese wird mit ca. zwei Jahren angegeben [IKA08]. Eine zu weite Absenkung der Temperatur führt andererseits zu Leistungseinbußen, da die Leitfähigkeit des Elektrolyts mit sinkenden Temperaturen abnimmt. Wird eine Temperatur von –20 °C erreicht, kann der Batterie nahezu keine Leistung mehr entnommen werden [BAT09]. Die Temperaturregelung des Batteriesystems muss also neben der Kühlung auch Wärme bereitstellen können, so dass eine ausreichende Stromabgabe zum Start des Fahrzeugs bei niedrigen Temperaturen ermöglicht wird. Für den Betrieb werden insgesamt Temperaturen zwischen 0 °C und 65 °C empfohlen [FIO09].

Die Zellsicherheit lässt sich z. B. durch den Einsatz von Lithiumeisenphosphat oder Lithiummanganphosphat in Spinellstruktur als Kathodenmaterial verbessern. Für den Einsatz in Elektrofahrzeugen wird auf dem Gebiet der Anodenmaterialien an zinn- und siliziumbasierten Strukturen geforscht, die eine zehnfache Energiekapazität bieten sollen. Problematisch ist hierbei die große Volumenänderung bei der Einlagerung der Li+ Ionen, was aufgrund der daraus resultierenden mechanischen Belastungen die Lebensdauer der Zelle weiter einschränkt [FIO09]. Bei den Elektrolyten können die entflammbaren flüssigen Stoffe durch Polymere ersetzt werden. Des Weiteren wird an Additiven für die klassischen Elektrolyte gearbeitet, die deren Ionendurchlässigkeit im Niedrigtemperaturbereich verbessern sollen [IKA08]. Auf der Batterie-Systemebene haben Sicherheitsaspekte zudem einen großen Einfluss auf das Packaging. In diesem Zusammenhang gibt es Überlegungen, die Batterien in einem nicht brennbarem Schaum zu realisieren, um die Fahrzeugsicherheit zu steigern, **Abb. 4-29**.

Crashsicherheit	Betriebssicherheit	Servicesicherheit
Crashsichere Unterbringung des HV Speichers in einem korrosionsbeständigen Behälter mit feuerhemmenden Schaum	Mikroprozessorgesteuerte Zellüberwachung, selbstständiges Ausschalten der Batterie, bevor sicherheitskritische Grenzwerte überschritten werden	Eindeutige und unverwechselbare Kennzeichnung sämtlicher HV Kabel
Vorrichtung zur Abblasung der Reaktionsgase im Fehlerfall	Thermomanagement (Kaltstartverhalten)	Berührschutz durch ausreichende Isolierung und Spezialstecker, die einen Kontakt mit stromführenden Teilen verhindern.
Kontrollierte Entladereaktion der Batteriezellen bei Zerstörung des Separators (Nageltest)	Überladeschutz, Zellausgleich	Aufteilen der Batterie in mehrere Teilbatterien (Module), die über einen Sicherheitsschalter verbunden sind

 Die Sicherheitsaspekte haben signifikanten Einfluss auf das Packaging des Gesamtfahrzeugs. Dies kann wiederum Einfluss auf die Fahrdynamikauslegung haben.

Abb. 4-29: Übersicht Batteriesicherheit

Das Aufladen einer Batterie mit Energieinhalten, die zum Betrieb eines Elektrofahrzeugs ausreichen, stellt eine weitere Herausforderung dar. Der im Haushalt verfügbare Stromanschluss von 16 A bei 230 V würde eine Leistung von ca. 3 kW liefern [AMS09]. Falls eine Batterie mit einem Energiegehalt von 15 kWh über einen solchen Anschluss vollständig geladen wird, dauert der Vorgang mindestens 5 Stunden. Aus diesem Grund haben sich verschiedene Automobilhersteller und Energieunternehmen auf die Definition eines Ladesteckers für Schnellladestationen geeinigt, über den eine Leistung von ca. 25 kW ins Auto transferiert werden kann [AUI09]. Mit einem solchen System kann die Ladezeit für den gleichen Akku auf etwa eine halbe Stunde reduziert werden. Bei diesen Zeitangaben handelt es sich allerdings um sehr optimistische Angaben, die nur zutreffen, wenn beim Ladevorgang keine Verluste auftreten. Ähnliche Vorstellungen zum Hochleistungsladen sind auch von den Koreanischen Entwicklern von KAIST für das induktive Laden aus einem in der Straße verlegten Kabel entwickelt worden. Die Ladewirkungsgrade sind mit etwas über 70 % allerdings noch gering. Auf diese Zusammenhänge wird im folgenden Kapitel näher eingegangen.

Des Weiteren wird bei den Batteriezellen zwischen zwei Bauformen der Zellen unterschieden, der Rundzelle und der „Coffee-Bag" Zelle. Die Rundzelle hat den Vorteil, dass es bereits Erfahrungen aus den Bereichen Zelldesign und Lebensdauer gibt. Allerdings ist die erforderliche Kühlung recht aufwändig. Die Zellen werden aufgrund ihrer geometrischen Abmessungen auch als „18650"-Zellen bezeichnet. Hersteller sind z. B. Saft, GAIA Akkumulatorenwerke GmbH, A123Systems, Inc., und SANYO Electric Co., Ltd., **Abb. 4-30**.

Abb. 4-30: 18650-Rundzelle

Die „Coffee-Bag"-Zelle bietet dagegen sehr gute Kühleigenschaften und eine hohe Energiedichte. Allerdings ist bei den Entwicklungsaktivitäten die Dichtigkeit der Folie derzeit die zentrale Fragestellung, Fehler! Verweisquelle konnte nicht gefunden werden..

Abb. 4-31: „Coffee-Bag"-Zelle

Zusammenfassend bietet die Lithium-Ionen-Batterie das größte Potenzial für heutige und zukünftige Serienanwendungen in der Automobilindustrie. In der Theorie sollen Energiedichten von über 500 Wh/kg möglich sein, in der Praxis werden derzeit jedoch lediglich

Werte um die 140 Wh/kg realisiert, bei Leistungsdichten von etwa 600 W/kg. Die Forscher von Volkswagen sehen die 500 Wh/kg als nicht realistisch an. Einhergehend mit der Optimierung hinsichtlich Energie- und Leistungsdichte ist zusätzliches Systemgewicht in Kauf zu nehmen, wobei mit der Zeit die prozentuale Zunahme des Gewichtes bei der Entwicklung gesenkt werden kann, **Abb. 4-32**.

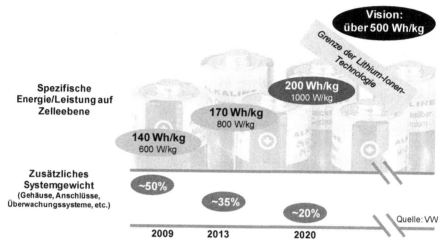

Abb. 4-32: Technologische Weiterentwicklung Li-Ionen Technologie

Weitere Vorteile von Lithium-Ionen-Batterien sind eine geringe Selbstentladung sowie eine hohe Zyklenfestigkeit. Doch legt die Elektrochemie die Grenzen des Optimierungspotenzials der Lithium-Ionen-Technologie und damit eine maximale Reichweite fest. Da die Nutzerakzeptanz für zukünftige geringere Reichweiten nur schwer einschätzbar ist, müssen auch alternative Batterie-Technologien in Betracht gezogen werden.

Lithium-Schwefel-Batterien sind umweltfreundlicher und leistungsfähiger als herkömmliche Lithium-Ionen-Batterien. Nachteilig sind aber hohe Sicherheitsmängel und die geringe Lebensdauer. Ein Anwendungsgebiet findet sich z. B. in Laptops. Zink-Luft-Batterien bieten dagegen eine hohe Energiedichte und erlauben eine Bauform als Knopfzelle. Allerdings sind sie zurzeit noch nicht wiederaufladbar und sie werden hauptsächlich in Hörgeräten eingebaut. Redox-Flow-Batterien (Reduktion-Oxidation-Flow-Batterien) speichern die Energie in flüssiger Form durch in Salzen gelöste Elektrolyte. Bessere Lade- und Entladeprozesse ermöglichen hier eine längere Lebensdauer. Dieser Batterietyp findet heute Anwendung in Mobilfunk-Basisstationen und Pufferstationen für Windkraftanlagen. Hochleistungs-Doppelschicht-Kondensatoren sind dagegen vorteilhaft bei hohen und schnellen Leistungsanforderungen. Daher stellen sie eine gute Ergänzung zu Batterien mit hohen Energiedichten dar.

Der heutige Stand der Lithium-Ionen-Technologie und der möglichen Batteriealternativen für die automobile Anwendung zeigen einen hohen Bedarf an Grundlagenforschung und anwendungsnaher Entwicklung auf. Damit die Elektromobilität weiter an Bedeutung zunehmen kann, müssen die dargestellten F&E-Herausforderungen im Bereich der Batterietechnologie überwunden werden. Dies würde z. B. über die Optimierung der Reichweite die Nutzerakzeptanz erhöhen. Elektrofahrzeuge könnten dann in die Massentauglichkeit überführt werden.

4.1.4 Batterie-Ladetechniken

Einen anderen kritischen Punkt bei der Elektromobilität stellt die Ladetechnik dar. Bisher wird allgemein davon ausgegangen, dass die Elektrofahrzeuge über Stecker und Kabel geladen werden. Beim Parken, vor allem in der eigenen Garage, wird vom Fahrer verlangt, dass er den Stecker in die Steckdose steckt, um so die Batterie wieder aufzuladen. Das Ladegerät ist dann üblicherweise im Fahrzeug installiert. Die meist vorhandene 16 A Absicherung des häuslichen Stromnetzes bewirkt dann, dass Ladedauern von mehreren Stunden in Kauf genommen werden müssen. Aus den bisherigen Erfahrungen ist bekannt, dass dieses Anschließen der Fahrzeuge zum Laden keine große Begeisterung bei den Kunden ausgelöst hat.

Im öffentlichen Bereich wollen die Stromversorger für Ladesäulen sorgen, die dann ähnlich einer Parkuhr den Strom gegen Bezahlung abgeben. Hier könnte das Ladegerät auch in der Ladesäule installiert sein, so dass die Fahrzeuge direkt mit der für die Batterie geeigneten Gleichspannung versorgt werden. Solche externen Ladegeräte könnten für die Schnellladung eingesetzt werden. Während der ersten Elektrifizierungswelle der Mobilität zu Beginn der 1990er Jahre haben in den USA Fast-Food-Ketten und Shopping-Malls bereits bei den Energieversorgern nachgefragt, ob sie auf den Parkplätzen die Infrastruktur bereitstellen könnten. Die Stromkosten wollten die Unternehmer damals direkt übernehmen und so einen Werbeeffekt erzielen. Es ist durchaus denkbar, dass sich solche Aktivitäten in der nächsten Zeit wiederholen werden. Die Stromversorger kümmern sich seit einigen Jahren bereits um diese Installationen. **Abb. 4-33** zeigt eine solche Stromsäule, an der Batterien wieder aufgeladen werden können. Bekannt sind derartige Zapfstellen seit längerem aus den nordischen Ländern (insbesondere aus Schweden), da dort die elektrischen Motorheizungen der Fahrzeuge im Winter während des Parkens (vorwiegend nachts) angehängt werden.

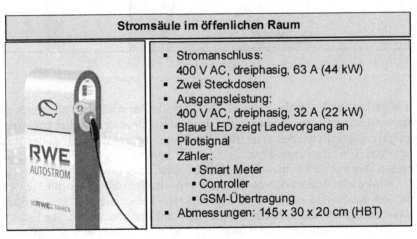

Abb. 4-33: Stromsäule im öffentlichen Raum [RWE11]

Öffentliche Zapfstellen machen eine Normung des Anschlusssteckers erforderlich. Hier hat es 2009 zwischen den wesentlichen Fahrzeugherstellern und der Energiewirtschaft eine Einigung gegeben, welche die Verwendung eines einheitlichen Steckers vorsieht. Allerdings finden derartige Abstimmungen in den USA und Japan ebenfalls statt. Eine solche Vereinbarung hatte es in Deutschland während der Elektromobilitätswelle in den 1990er Jahren bereits gegeben. Auf diese Normung ist man jetzt aber nicht wieder zurückgekommen. Für die modernen Elektrofahrzeuge wurde im Dezember 2010 durch das VDE-Institut als erste eine Ladesteckvorrichtung der Fa. Mennekes Elektrotechnik GmbH & Co. KG zertifiziert, die aus Steckern und einem Ladekabel besteht. Diese Steckvorrichtung wird als sogenannte „Typ 2-Steckvorrichtung" sowohl den Sicherheitsaspekten als auch der Kompatibilität für verschiedene Ladearten gerecht. Es sind Ladeströme bei Drehstrom bis zu 63 A bei 400 V möglich, der Stecker kann aber auch für das einphasige Laden bei 230 V eingesetzt werden. Außerdem kann mit diesem Ladekabel ein bidirektionaler Betrieb gefahren werden, d. h. die Batterien der Elektrofahrzeuge könnten in ein System eingebunden werden, dass im Bedarfsfall elektrische Energie aus den Batterien heraus zur Verfügung stellt. Diese Aktivitäten werden unter dem Begriff „smart grid" entwickelt. **Abb. 4-34** zeigt diesen Ladestecker und seine Kontaktierung.

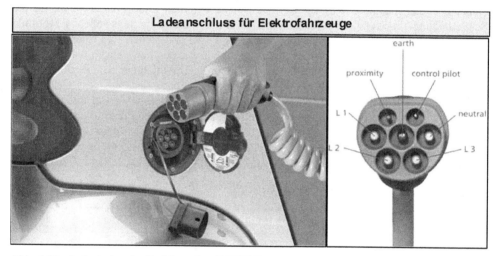

Abb. 4-34: Ladestecker der Fa. Mennekes [MEN09]

Da das Einstecken des Ladekabels aber als lästig empfunden wird, wird nun weltweit auch an induktiven Ladestationen gearbeitet, bei denen das Fahrzeug nur über einer Induktivspule geeignet abgestellt werden muss. Bei Omnibussen könnte das z. B. an den Bushaltestellen erfolgen. Die Ursprünge dieser Technologie kommen aus der Produktionstechnik, wo schon seit längerer Zeit mittlere Hallenkräne induktiv mit Energie versorgt werden. Im Jahr 2011 wird dieses Ladeverfahren in einem vom Bundesministerium für Umwelt, Naturschutz und Reaktorsicherheit (BMU) geförderten Forschungsprojekt untersucht. Es geht um die technische Realisierbarkeit dieses als komfortabel empfundenen Ladesystems mit einem hohen Wirkungsgrad. Der induktive Ladevorgang startet automatisch, sobald das Fahrzeug über dem Ladepunkt angekommen ist. Der Strom wird dann mit einer Resonanzfrequenz von der Fahrbahnspule auf eine fahrzeugfeste Spule übertragen. In Deutschland entwickelt z. B. die Fa. SEW Eurodrive in Bruchsal solche Systeme. Dafür wurde SEW Eurodrive im Oktober 2010 auf der eCarTec 2010 mit dem Bayerischen Staatspreis geehrt. [SEW10]

An der induktiven Stromübertragung wird am Forschungsinstitut KAIST in Korea ebenfalls intensiv gearbeitet. Das Projekt nennt sich OLEV (On-Line Electric Vehicle). Hier werden vor allem Busse mit der induktiven Ladetechnik ausgerüstet. Neben der Ladung im Stillstand geht es auch um die Stromzufuhr während der Fahrt. Das erfolgt über Kabel in der Fahrbahn. **Abb. 4-35** zeigt einen Querschnitt durch eine solche Fahrbahn.

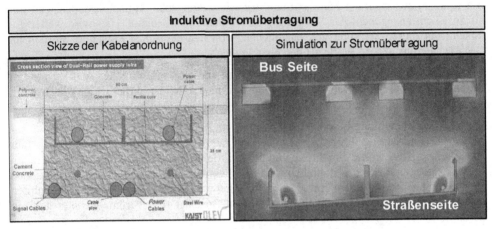

Abb. 4-35: OLEV Forschungsprojekt der KAIST zur induktiven Stromübertragung

Nach Angaben der KAIST sind pro km Straße 200 m Kabellänge erforderlich, um die in dem Bus enthaltene Batterie für die nachfolgenden 800 m induktionsfreier Fahrt aufzuladen. Das bedeutet aber auch, dass alle 200 m eine externe Stromeinspeisungsstelle erforderlich ist.

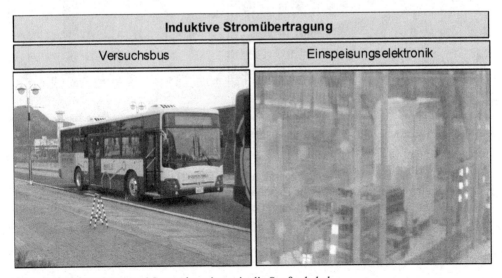

Abb. 4-36: OLEV-Bus und Stromeinspeisung in die Straßenkabel

Eingespeist wird der Strom mit 400 V bei 60 Hz, der dann in einen 20 kHz Wechselstrom umgesetzt wird, der mit 200 A in den Fahrbahnleitungen fließen kann. Als übertragbare Leistung werden von KAIST 200 kW angegeben. Damit kann sowohl der Bus angetrieben als auch die Batterie während der Fahrt geladen werden. Als Vorteil des Systems wird die für den Busbetrieb viel kleinere Batterie angegeben. Die Freizügigkeit im Verkehr wird dadurch erreicht, dass der Bus eine gewisse Strecke ohne externe Versorgung fahren kann. Der Abstand zwischen der Fahrbahn und den fahrzeugeigenen Aufnahmespulen wird mit bis zu 17 cm angegeben. Als Wirkungsgrad werden 72 % benannt. Hier wird weiter geforscht, um diesen Wirkungsgrad anzuheben. Von den deutschen Forschern werden im Gespräch bereits höhere Werte als machbar angegeben.

Als praktische Anwendung wurde 2010 in Korea ein langsam fahrender Ausflugszug im Grand Park von Seoul in Betrieb genommen. Mit ihm sollen Erfahrungen im Umgang mit der induktiven Stromübertragung gewonnen werden.

Ebenfalls der Sammlung praktischer Erfahrung und der Darstellung des erreichten Standes der Technik hat der Elektrobus-Betrieb auf der Weltausstellung in Shanghai im Jahr 2010 gedient. Hier wurde eine Flotte von großen Elektrobussen betrieben, deren Batterien entweder über eine Wechselstation ausgetauscht worden sind, oder die über Ladestationen und Stromabnehmer auf dem Autodach aufgeladen wurden. Für jede Technologie wurden eigene Busse verwendet. **Abb. 4-37** zeigt einen Bus, der über Stromabnehmer geladen wird.

Abb. 4-37: Laden eines Busses auf der Expo 2010 in Shanghai über Stromabnehmer

Die Busse mit der Batterie-Wechseltechnik mussten eine Halle anfahren, in der die Batterien in Regalen geladen wurden. Zur Handhabung der Entnahme der leeren Batterien und der Wiedereinführung der geladenen Batterien wurden Roboter eingesetzt. Die **Abb. 4-38** gibt einen Eindruck über die verwendete Technik.

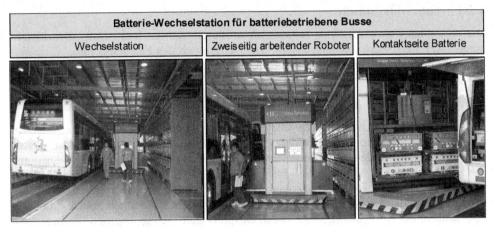

Abb. 4-38: Batterie-Wechselstation auf der Weltausstellung 2010 in Shanghai

Rechts vom Bus ist das Regal mit den geladenen Batterien zu erkennen, hinter den Klappen in den Seitenwänden des Busses befinden sich die Fahrzeugbatterien. Der Roboter zwischen dem Bus und dem Batterieregal nimmt ja einen Satz (4 Batterien) geladener Batterien (rechter Roboterarm) und entladener Batterie (linker Roboterarm) auf. Dann dreht sich der Roboter um 180 Grad und schiebt die geladenen Batterien in den Bus, die entladenen Batterien kommen den nun freien Platz des Regals und werden dann geladen. Das rechte Foto in **Abb. 4-38** zeigt die zahlreichen Anschlüsse an den Batterien, über die der Strom entnommen wird, die aber gleichzeitig auch zur Überwachung der Batterie dienen.

Für den PKW-Bereich arbeitet ein Konsortium unter dem Namen „Better Place" an der Batterie-Wechseltechnik. Dazu werden genormte Batterien erforderlich sein, damit sie in allen Elektrofahrzeugen eingesetzt werden können. Derzeit ist nicht erkennbar, dass diese Standardisierung der Batterien gelingen wird und dass alle Fahrzeughersteller überhaupt die gleichen Batterien einsetzen werden. Diese sekundären Hindernisse ändern natürlich nichts an der Sinnhaftigkeit der Aktivitäten zur Batterie-Wechseltechnik, da dann der Nachteil der begrenzten Reichweite von Elektrofahrzeugen einfach auszuräumen wäre. Allerdings dürften in diesem Zusammenhang auch die zu tätigenden Investitionen ein großes Hindernis darstellen.

4.2 Dimensionierung der Schlüsselkomponenten

Um eine Dimensionierung der verschiedenen Komponenten vornehmen zu können, müssen die unterschiedlichen Fahrwiderstände betrachtet werden. Zusätzlich werden auch die Nebenverbraucher wie Klimaanlagen und Lenksysteme mit in die Betrachtung einbezogen. Diese zählen zwar nicht zum Antriebsstrang, beziehen aber im reinen Elektrofahrzeug die Energie ebenfalls aus der Batterie, so dass diese Aggregate einen maßgeblichen Einfluss auf die erzielbaren Reichweiten solcher Fahrzeuge haben.

4.2.1 Fahrwiderstände

Die relevanten Fahrwiderstände lassen sich in die Kategorien Rad-, Luft-, Beschleunigungs- und Steigungswiderstand unterteilen. Der Antrieb des Fahrzeugs muss diese Widerstände überwinden, um den Vortrieb zu gewährleisten.

4.2.1.1 Radwiderstand

Unter dem Radwiderstand werden alle Einflüsse zusammengefasst, die der rollenden Bewegung des Rades entgegenwirken. Zu diesen zählen Anteile, die durch den Reifen selbst verursacht werden, genauso wie Anteile, die sich durch Lagerreibung oder durch den Schräglauf des Reifens ergeben. Ebenso wirken Fahrbahnunebenheiten auf den Radwiderstand. Die Anteile der Lagerreibung können aufgrund ihrer geringen Auswirkungen dabei vernachlässigt werden. Der Einfluss des Schräglaufes kann durch Seitenkräfte, also insbesondere bei Kurvenfahrt, sowie durch entsprechende Achsgeometrien hervorgerufen werden [WAL05]. Diese Anteile werden hier nicht explizit behandelt. Gleiches gilt für die durch Fahrbahnunebenheiten hervorgerufenen Widerstände. Die durch den Reifen selbst verursachten Widerstände, die als Rollwiderstand bezeichnet werden, sollen in diesem Kapitel genauer betrachtet werden.

Der durch den Reifen hervorgerufene Rollwiderstand lässt sich wiederum in verschiedene Anteile zerlegen. Hierbei handelt es sich um die Widerstände:

- Walkwiderstand
- Reibwiderstand
- Lüfterwiderstand

Der größte Anteil entfällt auf den Walkwiderstand. Dieser entsteht durch die Verformung des Rades bei Belastung. Wird ein luftbereiftes Rad statisch belastet, kommt es zu einem Einfedervorgang. Die Aufstandsfläche bildet den sogenannten Reifenlatsch. Betrachtet man den Reifen nun in einem Ersatzmodell als einen Verbund einer großen Anzahl Feder-Dämpfer Elemente, müssen diese Elemente beim Einfedern des Rades zur Bildung des Reifenlatsches gestaucht werden, siehe **Abb. 4-39**. Die dabei entstehende innere Reibung wandelt die zur Verformung benötigte Energie in Wärme um. Bei einer Rollbewegung des Rades wiederholen sich die Ein- und Ausfedervorgänge zur Bildung des Latsches, wodurch kontinuierlich Bewegungsenergie über die Dämpfung in Wärme umgewandelt wird. Dieser Effekt nimmt mit steigender Rollgeschwindigkeit zu, da dann auch Masseneffekte zu Schwingungen der Lauffläche führen [WAL05].

Der Reibwiderstandsanteil des Rollwiderstandes lässt sich auf die Reibung zwischen Fahrbahn und Reifenlatsch zurückführen. Im Bereich des Latsches wird ein Stück des Reifenumfangs auf die Länge der entsprechenden Kreissehne gestaucht, wodurch es zu einer Relativbewegung zwischen Reifen und Fahrbahn kommt. Dieses sogenannte Teilgleiten findet dabei sowohl in Längs- als auch in Querrichtung statt. Das Teilgleiten verursacht Abrieb und verbraucht dazu einen Teil der Bewegungsenergie [WAL05, HEI07]. Der Lüfterwiderstand ist auf die Strömungsverlust am drehenden Rad zurückzuführen. Diese Anteile werden aber meist dem Luftwiderstand zugerechnet und über das gesamte Fahrzeug betrachtet [WAL05].

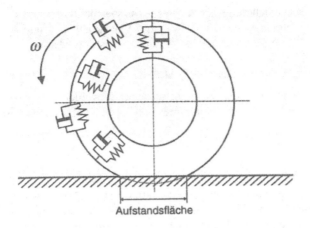

Abb. 4-39: Radersatzmodel [WAL05,HEI07]

Die oben beschriebenen Anteile werden für praktische Berechnungen des Rollwiderstands zu einem dimensionslosen Koeffizienten zusammengefasst.

Gleichung 1: $$F_R = f_R * F_Z$$

Der Koeffizient f_R gibt dabei das Verhältnis zwischen der resultierenden Rollwiderstandskraft F_R und der vertikalen Radlast F_Z an. Der Zahlenwert für f_R kann für Personenwagenreifen näherungsweise zu 0,01 gesetzt werden. Das bedeutet, die Rollwiderstandskraft eines Fahrzeugs beträgt etwa 1 % der Gewichtskraft. Bei Nutzfahrzeugen kann von einem etwa halb so großen Rollwiderstandsbeiwert f_R ausgegangen werden.

4.2.1.2 Luftwiderstand

Der Luftwiderstand beschreibt die Strömungswiderstände, die ein Körper beim Durchfahren eines Gases überwinden muss. Bei einem Kraftfahrzeug spielen in diesem Zusammenhang verschiedenen Widerstandsformen eine Rolle [WAL05]:

- Druckwiderstand
- Reibungswiderstand
- Induzierter Widerstand
- Innerer Widerstand

Die für Strömungswiderstände typischen Anteile des Drucks und der Reibung treten auch bei Kraftfahrzeugen auf. Der Druckwiderstand lässt sich dabei in erster Linie durch den Staudruck vor dem Fahrzeug sowie durch die Widerstandskraft an der Heckabrisskante der Strömung erklären. Aus Sicht des Luftwiderstands sind hier kleine Abrisskanten vorzuziehen, dies lässt sich in der Praxis auch beim Vergleich zwischen Kombis und Limousinen nachvollziehen. Beim induzierten Widerstand handelt es sich um durch die Fahrzeugbewegung selbst hervorgerufene Verwirbelungen, die dem Druckwiderstand zugerechnet werden können [HEI07]. Diese Verwirbelungen treten beispielsweise durch Druckdifferenzen zwischen Fahrzeugoberseite und Unterseite auf, die Querströmungen erzeugen [WAL05]. Ein Fahrzeug wird von der Luft nicht nur umströmt, Teile der Strömung werden auch zur Kühlung der Aggregate sowie für die Klimatisierung des Innenraums verwendet. Daraus ergeben sich Reibung, Verwirbelungen und Ablöseerscheinungen, wodurch weitere Verluste entstehen. Diese Verluste werden durch den inneren Widerstand beschrieben. Betragsmäßig macht dieser mit 3 bis 11 % nur einen geringen Anteil des gesamten Luftwiderstands aus [WAL05].

Zur praktischen Berechnung der Luftwiderstandskraft werden die spezifische Form des Fahrzeugs und deren Einfluss in einem dimensionslosen Koeffizienten zusammengefasst.

Gleichung 2: $F_L = c_w * A * \dfrac{\rho_L}{2} * v^2$

Der dimensionslose Koeffizient c_w wird dabei hauptsächlich durch die Karosserieform beeinflusst. Dementsprechend werden im Karosseriebau große Anstrengungen unternommen, um diesen Wert abzusenken. Daneben hängt der Luftwiderstand noch von der angeströmten Stirnfläche A des Fahrzeugs ab. Diese wird überwiegend durch die grundlegende Konzeption des Fahrzeugs bestimmt. Die Dichte der Luft ρ_L, die lokalen Schwankungen unterliegt und zudem temperaturabhängig ist, spielt ebenfalls eine wichtige Rolle. Diese Größe lässt sich durch Maßnahmen am Fahrzeug jedoch nicht beeinflussen. Den größten Einfluss auf die Höhe der Luftwiderstandskraft hat die Anströmgeschwindigkeit v. Diese ergibt sich durch eine vektorielle Addition von Fahrzeug- und Windgeschwindigkeit und geht quadratisch in die Berechnung des Luftwiderstandes ein. Im Gegensatz zum Radwiderstand ist der Luftwiderstand also in hohem Maße von der Fahrgeschwindigkeit abhängig [WAL05, HEI07]. Als Richtwert kann man annehmen, dass der Luftwiderstand bei Windstille und einer Fahrgeschwindigkeit von circa 80 km/h in etwa der Summe der übrigen Widerstände entspricht. Oberhalb dieser Geschwindigkeit steigt der Anteil des Luftwiderstandes überproportional stark an. Für c_w weisen moderne Fahrzeuge Werte von etwa 0,3 auf, die Querspantfläche A ist etwa 2 m² groß.

4.2.1.3 Steigungswiderstand

Beim Befahren einer Steigung muss das Kraftfahrzeug den Steigungswiderstand überwinden. Die Steigung wird hierbei üblicherweise in Prozent angegeben und sie stellt dann den Quotient der vertikalen zur horizontalen Fahrbahnprojektion dar. Die in Deutschland üblichen Steigungen für verschiedene Straßentypen sind in **Abb. 4-40** dargestellt.

Die in Prozent angegebene Steigung stellt den Quotient der vertikalen und horizontalen Fahrbahnprojektion dar und entspricht damit dem Tangens des Steigungswinkels.

Gleichung 3: $p = \tan \alpha_{St} = \dfrac{\text{Vertikale Fahrbahnprojektion}}{\text{Horizontale Fahrbahnprojektion}}$

Der Antrieb muss zum Überwinden der Steigung die Hangabtriebskraft überwinden. Diese ergibt sich aus dem Sinus des Steigungswinkels und der Gewichtskraft des Fahrzeugs. Für Winkel unter 17° bzw. Steigungen unter 30 % gilt dabei die Näherung:

Gleichung 4: $p \approx \sin \alpha_{St} \approx \tan \alpha_{St}$

Straßenart	Entwurfsgeschwindigkeit	zulässige Steigung
Straßen außerhalb bebauter Bereiche		
Kreisstraßen	40 km/h	10 %
Landstraßen	60 km/h	6,5 %
Bundesstraßen	80 km/h	5 %
	100 km/h	4,5 %
Bundesautobahn	100 km/h	4,5 %
	120 km/h	4 %
	140 km/h	4 %
Stadtstraßen		
mehrspurige Sammelstraßen	-	5 – 6 %
Anliegerstraßen	-	10 %
Wohnwege	-	10 %
Alpenstraßen		
Alpenstraßen	-	30 %

Abb. 4-40: Straßensteigungen in Deutschland [WAL05]

Die Zusammenhänge der Winkelbeziehungen im Rahmen des Steigungswiderstandes veranschaulicht **Abb. 4-41**.

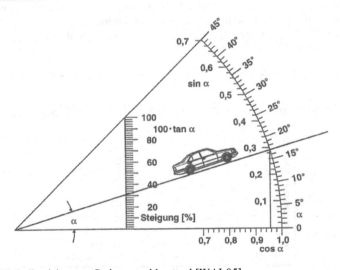

Abb. 4-41: Winkelbeziehungen Steigungswiderstand [WAL05]

Die praktische Berechnung der Steigungswiderstandskraft kann mit der Vereinfachung aus Gleichung 4 dargestellt werden als:

Gleichung 5: $$F_{St} = p * F_z$$

Die Steigungswiderstandskraft hängt also neben der Fahrbahnsteigung p lediglich von der vertikalen Radlast F_z, für das gesamte Fahrzeug also vom Fahrzeuggewicht, ab.

Im Gegensatz zu den anderen dargestellten Fahrwiderständen geht die für das Befahren einer Steigung aufgewendete Energie nicht verloren. Vielmehr wird sie in Form von potenzieller Energie gespeichert und kann bei einer Gefällefahrt wieder freigesetzt werden. Betrachtet man eine Fahrtstrecke, bei der Start und Ziel auf dem gleichen Höhenniveau liegen, ist die zum Überwinden der Steigung aufzuwendende Energie über die gesamte Strecke also Null. Obwohl energetisch neutral, muss der Antrieb leistungsfähig genug sein, den Steigungswiderstand beim Aufsteigen zu überwinden. Üblicherweise wird die Energie bei Bergabfahrt über das konventionelle Bremssystem in Wärme umgewandelt. Beim Elektrofahrzeug bietet sich hier die Rekuperation an. Allerdings müssen auch hierbei die jeweiligen Wirkungsgrade von Antrieb bzw. Generator und Batterie berücksichtigt werden.

4.2.1.4 Beschleunigungswiderstand

Treten instationäre Fahrzustände auf, bei denen sich die Fahrzeuggeschwindigkeit ändert, müssen insbesondere beim Beschleunigen Massenträgheiten überwunden werden. Hier lässt sich zwischen der translatorischen Beschleunigung der Fahrzeugmasse und der rotatorischen Beschleunigung der drehenden Teile des Fahrzeugantriebs unterscheiden. Zu diesen drehenden Teilen zählen neben den Rädern auch die damit verbundenen Wellen, Getriebe, Kupplungen und Motoren.

Zur praktischen Berechnung werden die rotatorischen Beschleunigungsanteile zu einem sogenannten Massenfaktor zusammengefasst. In diesem Massenfaktor werden die rotatorischen Anteile als Aufschlag der translatorisch zu beschleunigenden Fahrzeugmasse dargestellt. Durch die unterschiedlichen wirksamen Zahnradpaarungen bei Schaltgetrieben ergeben sich für die einzelnen Gänge abweichende Massenfaktoren, siehe **Abb. 4-42**.

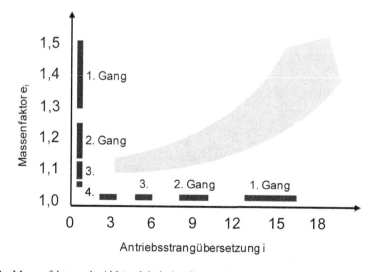

Abb. 4-42: Massenfaktoren in Abhängigkeit der Gesamtübersetzung [HEI07]

Die praktische Berechnung der Beschleunigungswiderstandskraft erfolgt dabei über die nachfolgende dargestellte Formel.

Gleichung 6: $F_a = (e_i * m_{Fzg} + m_{Zu}) * a_x$

Die Beschleunigungswiderstandskraft F_a hängt also von dem mit dem Massenfaktor e_i gewichteten Fahrzeugleergewicht m_{Fzg} und der Masse der Zuladung m_{Zu} linear von der Fahrzeugbeschleunigung a_x ab. Beim Beschleunigen des Fahrzeugs muss der Widerstand vom Antrieb überwunden werden. Im Bremsbetrieb mit negativen Beschleunigungen wird entsprechend Gleichung 6 F_a negativ, in Fahrzeugen mit konventionellem Antrieb wandeln die Bremsen die darüber freigesetzte Leistung in Wärme um.

Bei Fahrzeugen, die über eine Möglichkeit zur Bremsenergierekuperation verfügen, kann die durch den Beschleunigungswiderstand erzeugte Leistung beim Verzögern zum Laden eines Energiespeichers verwendet werden. Dabei ist zu beachten, dass nicht die vollständige Beschleunigungsleistung rekuperiert werden kann, vgl. **Abb. 4-43**. Die übrigen Fahrwiderstände wirken im Bremsbetrieb nach wie vor auf das Fahrzeug, so dass die entnehmbare Verzögerungsleistung durch diese verringert wird.

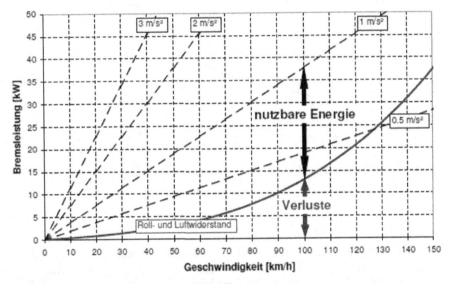

Abb. 4-43: Rekuperierbare Bremsenergie [IKA08]

4.2.2 Gesamtwiderstand

Fasst man die beschriebenen Fahrwiderstandsanteile zusammen, ergibt sich der vom Antrieb zu überwindende Gesamtwiderstand. Aus der Addition der Einzelterme folgt somit die Gleichung für die Gesamtbedarfskraft:

Gleichung 7: $F_{Bed} = (e_i * m_{Fzg} + m_{Zu}) * a_x + F_z * (p + f_R) + c_w * A * \dfrac{\rho_L}{2} * v^2$

Gleichung 8: $P_{Bed} = F_{Bed} * v$

Die Gesamtbedarfskraft sowie deren Einzelkomponenten sind in **Abb. 4-44** für eine konstante Steigung und Beschleunigung in Abhängigkeit von der Fahrzeuggeschwindigkeit dargestellt. Der Anstieg des Rollwiderstandes bei höheren Fahrgeschwindigkeiten resultiert aus dem schwingenden Laufstreifen, der den Rollwiderstand erhöht. Der Steigungswiderstand verläuft konstant. Die Unstetigkeiten im sonst ebenfalls konstanten Verlauf des Beschleunigungswiderstandes ergeben sich aus den unterschiedlichen Massenfaktoren der verschiedenen Gänge. Bei einem einstufigen Getriebe, wie es bei batteriebetriebenen Elektrofahrzeugen angenommen werden kann, entfallen diese Unstetigkeiten. Im Gegensatz zu den übrigen Widerstandsformen zeigt der Luftwiderstand eine deutliche Geschwindigkeitsabhängigkeit. Ausgehend von den Bedarfskräften ergibt sich die Bedarfsleistung für das Fahrzeug durch Multiplikation mit der Fahrzeuggeschwindigkeit, siehe Gleichung 8.

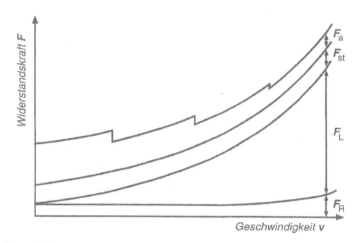

Abb. 4-44: Gesamtfahrwiderstandskraft über Fahrzeuggeschwindigkeit [WAL05]

4.2.2.1 Nebenverbraucher

Die Nebenaggregate und weitere Verbraucher zählen nicht zu den klassischen Fahrwiderständen, da sie nicht auf die Leistung des Antriebs angewiesen sind. Sie werden an dieser Stelle dennoch behandelt, da ihr Energiebedarf bei dem Elektrofahrzeug aus dem Energiespeicher des Fahrzeugs gedeckt werden muss. Gerade die Dimensionierung des Energiespeichers und die damit erzielbaren Reichweiten stellen bei batterieelektrischen Fahrzeugen eine kritische Auslegungsgröße dar.

Während bei konventionellen Antriebssystemen eine Reihe der Nebenverbraucher noch mechanisch über den Riementrieb angetrieben wird, entfällt diese Möglichkeit bei Elektrofahrzeugen, **Abb. 4-45**. Dies ist insbesondere darauf zurückzuführen, dass die Kopplung der Aggregate an den Hauptantrieb des Fahrzeugs nicht sinnvoll ist. Die Hauptantriebswelle eines Elektrofahrzeugs rotiert bei stillstehendem Fahrzeug nicht weiter, im Gegensatz zum Verbrennungsmotor, der in diesem Fall mechanisch abgekoppelt werden muss. Somit würde die Versorgung der Nebenaggregate ausfallen. Daher werden diese Systeme direkt elektrisch betrieben und über den Energiespeicher mit Strom versorgt.

	Konventionell	Elektrofahrzeug
Lenkung	Mechanisch / Elektrisch	Elektrisch
Bremse	Mechanisch	Elektrisch
Licht	Elektrisch	Elektrisch
Klimaanlage	Mechanisch	Elektrisch
Heizung	Abwärme Motor	Elektrisch

Abb. 4-45: Übersicht Nebenverbraucher [ESP09]

Zur Berechnung der Leistungsanforderungen wird dabei die Spitzenleistungsaufnahme der Aggregate betrachtet. Diese wird dann mit einem Lastfaktor gewichtet. Der Lastfaktor beruht auf Erfahrungswerten der Hersteller und berücksichtigt, dass die Aggregate nicht permanent bzw. nicht mit der Spitzenleistung betrieben werden. Eine Übersicht über die gängigen Aggregate und deren Lastfaktoren gibt **Abb. 4-46**.

		Klein- und Kompaktwagen	Mittel- und Oberklassefahrzeug
Klimaanlage	kW	4	6
Lenkunterstützung	kW	1	1,2
Bremsunterstützung	kW	0,2	0,2
Lastfaktor	%	10	10
Summe	kW	0,52	0,74

Abb. 4-46: Leistungsanforderung der Nebenaggregate [ESP09]

4.2.3 Betrachtete Fahrzeugklassen

Für die Untersuchungen zur Dimensionierung der Komponenten eines Antriebsstrangs werden verschiedenen Fahrzeugklassen betrachtet. Da in naher Zukunft besonders in kleinen Fahrzeugen mit dem Einsatz von Elektroantrieben gerechnet wird, finden diese im Folgenden besondere Berücksichtigung. Zum Vergleich wird ein größeres Fahrzeug betrachtet, anhand dessen die Auswirkungen einer höheren Fahrzeugmasse und eines höheren Luftwiderstandes veranschaulicht werden. Eine Übersicht über die Fahrzeugdaten der einzelnen Fahrzeugklassen gibt **Abb. 4-47**.

Die Klasse A soll dabei ein kleines Stadtfahrzeug darstellen. Damit verknüpft sind aus Sicht der Fahrwiderstände optimale Größen. Eine kleine Querspantfläche sowie ein niedriger c_w-Wert führen zu einem geringen Luftwiderstand. Das im Vergleich geringe Fahrzeuggewicht reduziert Rad- und Beschleunigungswiderstand. Die Klasse B repräsentiert Fahrzeuge der Kompaktklasse, während für die Klasse C die Werte eines Mittelklassekombis angenommen werden. Das Fahrzeuggewicht umfasst dabei neben dem Fahrer auch eine etwa 200 kg schwere Fahrzeugbatterie. Die zur Berechnung der Bedarfsleistung herangezogenen Werte sind bei den Klassen B und C größer als bei der Klasse A, so dass hier mit einem größeren Leistungs- und Energiebedarf gerechnet werden muss.

Vergleichbare Fahrzeuge	Klasse A VW Fox, Ford Ka	Klasse B VW Golf, Ford Focus	Klasse C VW Passat, Ford Mondeo
Fahrzeugmasse [kg]	1.200	1.350	1.550
Querspantfläche [m²]	2	2,2	2,3
cw-Wert	0,26	0,27	0,28
Leistung Nebenaggregate [kW]	0,52	0,52	0,74

Abb. 4-47: Betrachtete Fahrzeugklassen

4.2.4   Relevante Fahrzyklen

Um die Anforderungen an den Antriebsstrang für Fahrzeuge der definierten Fahrzeugklassen zu ermitteln, werden Fahrzyklen verwendet. Diese Fahrzyklen geben Geschwindigkeitsprofile vor, aus denen sich wiederum Beschleunigungsprofile ableiten lassen. Die Kenntnis von Fahrzeugdaten, Geschwindigkeits- und Beschleunigungsprofil reicht aus, um die wirkenden Fahrwiderstände abzuschätzen.

Der neue europäische Fahrzyklus (NEFZ) stellt dabei einen synthetischen Fahrzyklus dar, siehe **Abb. 4-48**. Der NEFZ besteht aus vier gleichen Stadtzyklen, in denen die maximale Geschwindigkeit 50 km/h beträgt. Diesen Stadtzyklen schließt sich ein Bereich mit höheren Geschwindigkeiten an.

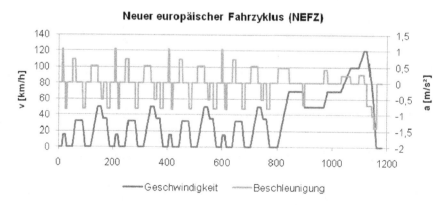

Abb. 4-48: Neuer Europäischer Fahrzyklus [EUR07]

Die insgesamt dargestellte Strecke beträgt 10,89 km, dafür werden 1.180 Sekunden benötigt. Es ergibt sich eine Durchschnittsgeschwindigkeit von 33 km/h. Das Beschleunigungsprofil ist aufgrund der synthetischen Art des Zyklus treppenförmig. Die Maximal- und Minimalwerte der Beschleunigung liegen mit 1 m/s² bzw. −1,3 m/s² eher im unteren Bereich.

Bei den Fahrzyklen „Urban Dynamometer", **Abb. 4-49**, und „US06", **Abb. 4-50**, handelt es sich im Gegensatz zum NEFZ um die Abbildungen realer Fahrten. Die Geschwindigkeits- und Beschleunigungsprofile sind dementsprechend nicht geglättet. Dies führt zu betragsmäßig höheren Maximal- und Minimalwerten bei der Beschleunigung. Daher sollen die beiden Zyklen zur Dimensionierung der Antriebsleistung herangezogen werden, da hierbei insbesondere die maximalen Anforderungen betrachtet werden.

Der Urban Dynamometer bildet eine Stadtfahrt mit einem kurzen Bereich bei einer maximalen Geschwindigkeit von etwa 90 km/h ab. Die gesamte Strecke beträgt hier 12 km, die in 1.370 Sekunden befahren werden. Die Durchschnittsgeschwindigkeit beträgt somit 32 km/h. Bei der Beschleunigung werden Maximalwerte von 1,48 m/s² erreicht.

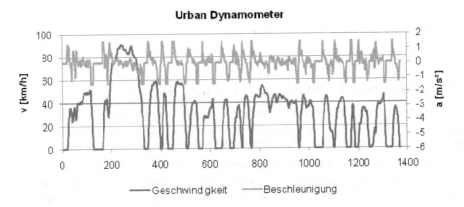

Abb. 4-49: Fahrzyklus Urban Dynamometer [EPA09]

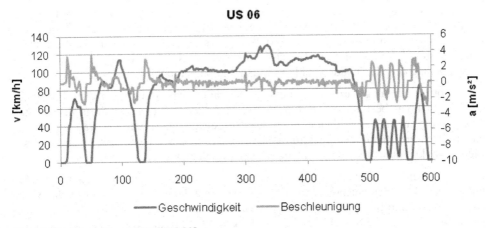

Abb. 4-50: Fahrzyklus US06 [EPA09]

Im Fahrzyklus US06 wird eine 12,89 km lange Strecke in nur 600 Sekunden befahren, was zu einer hohen Durchschnittsgeschwindigkeit von 77 km/h führt. Neben einer längeren Fahrt mit einer maximalen Geschwindigkeit von 130 km/h enthält der Zyklus auch Anteile mit besonders hohen Beschleunigungswerten. Diese liegen im Bereich von – 3 m/s² bis 3,75 m/s².

Einen Überblick über die zur Charakterisierung der jeweiligen Zyklen herangezogenen Beschleunigungs- und Geschwindigkeitswerte sowie die Streckenlänge und die Fahrtdauer gibt **Abb. 4-51** wieder.

	Strecke [km]	Dauer [s]	Geschwindigkeit [km/h]		Beschleunigung [m/s²]	
			Durchsch.	Maximal	Minimal	Maximal
NEFZ	10,89	1.180	33	120	-1,3	1
Urban Dynamometer	12,00	1.370	32	90	-1,5	1,48
US06	12,89	600	77	130	-3	3,75

Abb. 4-51: Charakteristische Werte der Fahrzyklen

4.2.5 Auslegung des Elektromotors und der Steuerung

Zur Dimensionierung des Antriebs werden diejenigen Fahrzyklen verwendet, bei denen reale Fahrten abgebildet werden. Aus den Fahrzyklen, den Fahrzeugdaten und der Kenntnis der Fahrwiderstände lassen sich die Betriebspunkte des Motors ermitteln.

Diese Betriebspunkte werden als Punktwolken in einem Drehmoment-Drehzahl Diagramm dargestellt. Zur Ermittlung der Motordrehzahlen wird eine Gesamtantriebsstrangübersetzung von i=5 angenommen. Mit dieser Übersetzung wird bei einer Fahrzeuggeschwindigkeit von maximal 130 km/h eine Motordrehzahl von 7.000 min-1 nicht überschritten. Die dabei auftretenden Maximalwerte des Drehmoments dienen als Anhaltspunkt für die Dimensionierung der Antriebskomponenten. Eine Anpassung der dargestellten Kennfelder an eine andere Maximaldrehzahl ist ohne weiteres möglich. Die Leistung, die in den einzelnen Betriebspunkten abgegeben wird, ergibt sich aus dem Produkt von Drehzahl und Drehmoment. Bei einer Änderung des Drehzahlbereichs muss die abgegebene Leistung konstant bleiben. Daraus ergibt sich, dass sich beispielsweise durch eine Verdoppelung der Maximaldrehzahl das Maximalmoment halbiert.

Die benötigte Leistung wird dabei in einem Diagramm dargestellt, in dem die Häufigkeit des Durchfahrens bestimmter Leistungsklassen angezeigt wird. Diese Form der Darstellung gibt einen guten Überblick darüber, welche Leistung dauerhaft abgefragt wird. Leistungsspitzen am Rande des Spektrums lassen sich so besser identifizieren und die Antriebsstrangkomponenten können entsprechend ausgelegt werden.

Betrachtet man nun ein Fahrzeug der Klasse A, lassen sich aus den Diagrammen die Anforderungen für einen entsprechenden Antriebsstrang ableiten. Im Drehzahl-Drehmoment Diagramm für den besonders fordernden Fahrzyklus US06 lässt sich hier ein maximales Drehmoment von 270 Nm ablesen, siehe **Abb. 4-52**. Ebenso ist zu erkennen, dass die

Mehrzahl der Betriebspunkte weit unterhalb dieses Drehmomentwerts liegt. Bis auf wenige Ausnahmen ist ein maximales Drehmoment von etwa 200 Nm zum Durchfahren des
Zyklus ausreichend. Im weniger anspruchsvollen Fahrzyklus Urban Dynamometer reicht
sogar ein weitaus geringeres Drehmoment von 110 Nm aus, siehe **Abb. 4-53**.

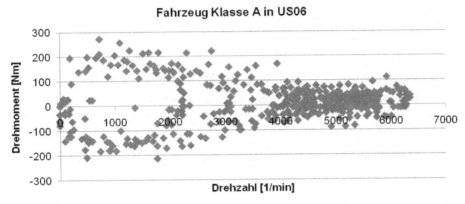

Abb. 4-52: Drehzahl-Drehmoment Diagramm für ein Fahrzeug der Klasse A in US06

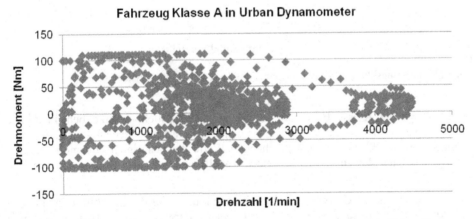

Abb. 4-53: Drehzahl-Drehmoment Diagramm für ein Fahrzeug der Klasse A in Urban Dynamometer

Der Leistungsbedarf eines Fahrzeugs der Klasse A ist in **Abb. 4-54** für den Fahrzyklus
US06, in **Abb. 4-55** für den Fahrzyklus Urban Dynamometer dargestellt. Die Leistungsanforderungen, die mithilfe des US06-Fahrzyklus ermittelt wurden, liegen dabei durchge-
hend höher als die aus dem Urban Dynamometer. Bei hohen Fahrgeschwindigkeiten des
US06 ergeben sich Bedarfsleistungen von maximal 70 kW, in der Mehrzahl der Betriebspunkte sind aber bereits 45 kW ausreichend. Im städtisch geprägten Urban Dynamometer
liegt der Bedarf weit darunter, es werden maximal 30 kW benötigt. Der überwiegende
Teil des Zyklus fordert sogar nur Leistungen von unter 20 kW.

Abb. 4-54: Leistungsklassen für ein Fahrzeug der Klasse A in US06

Abb. 4-55: Leistungsklassen für ein Fahrzeug der Klasse A in Urban Dynamometer

Die Fahrzeuge der Klasse B werden in diesem Kapitel nicht explizit behandelt. Die Anforderungen an deren Antriebsstrang pendeln sich erwartungsgemäß zwischen denen der Klassen A und C ein. Die entsprechenden Werte der benötigten Drehmomente und Leistungen können der zusammenfassenden Tabelle am Ende des Kapitels entnommen werden.

Für die Fahrzeugklasse C ergeben sich im Fahrzyklus US06 die in **Abb. 4-56**, für den Fahrzyklus Urban Dynamometer die in **Abb. 4-57** dargestellten Betriebspunkte. Wie schon bei der Fahrzeugklasse A lässt sich hier erkennen, dass die Anforderungen mit den Fahrgeschwindigkeiten und den Beschleunigungswerten ansteigen. Im Vergleich zu Klasse A ergeben sich hier aufgrund der aus Sicht der Fahrwiderstände ungünstigeren Fahrzeugparameter höhere Anforderungen. Das maximal benötigte Drehmoment im US06 Fahrzyklus beträgt nun 360 Nm, wobei die überwiegende Zahl der Betriebspunkte mit einem Drehmoment von unter 280 Nm auskommt. Im Urban Dynamometer Fahrzyklus ergeben sich für ein Fahrzeug der Klasse C wiederum geringere Drehmomentanforderungen als im US06. Ein Drehmoment von 150 Nm ist in allen Betriebspunkten ausreichend, vgl. **Abb. 4-57**.

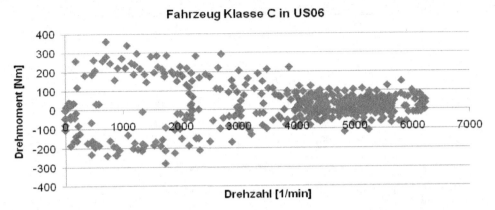

Abb. 4-56: Drehzahl-Drehmoment Diagramm für ein Fahrzeug der Klasse C in US06

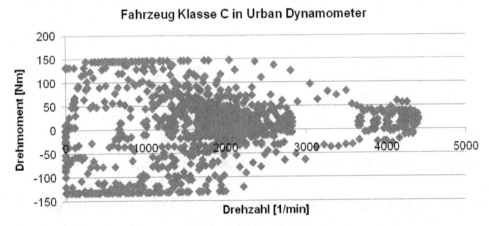

Abb. 4-57: Drehzahl-Drehmoment Diagramm für ein Fahrzeug der Klasse C in Urban Dynamometer

Beim Leistungsbedarf lassen sich die gestiegenen Anforderungen der Klasse C im Vergleich zu Klasse A ebenfalls ablesen. Für den US06 Fahrzyklus werden hier maximal 90 kW benötigt, der überwiegende Teil des Zyklus kann aber bereits mit einer Leistung von 60 kW durchfahren werden, siehe **Abb. 4-58**. Im städtischen Betrieb sinken auch hier die Anforderungen ab. Es ergibt sich eine Maximalleistung von 40 kW, wobei große Teile des Zyklus sogar mit einer Leistung von unter 25 kW auskommen, vgl. **Abb. 4-49**.

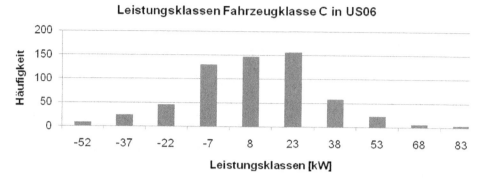

Abb. 4-58: Leistungsklassen für ein Fahrzeug der Klasse C in US06

Abb. 4-59: Leistungsklassen für ein Fahrzeug der Klasse C in Urban Dynamometer

Eine Zusammenfassung der ermittelten Werte ist in **Abb. 4-60** dargestellt. Die Werte des maximalen Drehmoments beziehen sich dabei für alle Klassen auf eine Gesamtantriebsstrangübersetzung von i=5. Neben den Werten der diskutierten Klassen A und C finden sich auch die Werte für Fahrzeuge der Klasse B. Im direkten Vergleich sind besonders die starken Differenzen zwischen den Ergebnissen für die verschiedenen Fahrzyklen ersichtlich. Die Leistungsanforderungen des US06 liegen hier fast um den Faktor zwei über denen des städtisch geprägten Urban Dynamometer.

Fahrzyklus	Klasse A		Klasse B		Klasse C	
	Urban	US06	Urban	US06	Urban	US06
Leistungsbedarf [kW]	20	45	22	52	25	60
Spitzenleistungsbedarf [kW]	30	70	32,5	80	40	90
maximales Drehmoment [Nm]*	110	200	130	250	150	280

*) bei einer Antriebsstrangübersetzung von i=5

Abb. 4-60: Zusammenfassung Anforderungen Antriebssystem

4.2.6   Auslegung der Batterie

Die Energie zur Versorgung des Antriebs muss an Bord des Fahrzeugs mitgeführt werden. Um die Anforderungen an einen solchen Energiespeicher zu untersuchen, wird die in den unterschiedlichen Fahrzyklen verbrauchte Energie als Maßstab betrachtet. Dabei wird neben den aus dem Antrieb resultierenden Leistungsanforderungen auch der Energieverbrauch der Nebenaggregate einbezogen. Die Energiemengen werden hierbei in Kilowattstunden (kWh) angegeben.

In **Abb. 4-61** bis **Abb. 4-63** sind die Energieverbräuche der definierten Fahrzeugklassen in den einzelnen Fahrzyklen aufgetragen. Als Bezugspunkt wird dabei ein leerer Energiespeicher angenommen. Obwohl diese Annahme in der Praxis nicht umsetzbar ist, bereitet eine Verschiebung der Kurven zu einem anderen Bezugspunkt keine Schwierigkeiten. Energiebeträge, die dem Speicher entnommen werden, sollen hierbei als negativ angenommen werden. Wird der Speicher durch die Rekuperation von Bremsenergie aufgeladen, werden die entsprechenden Beträge als positiv angenommen. Durch die bei der Rekuperation im Motor und beim Laden der Batterie auftretenden Verluste kann lediglich ein Teil der kinetischen Energie des Fahrzeugs zur späteren Verwendung gespeichert werden. Im Gegensatz zum Füllstand eines Kraftstofftanks in einem konventionellen Antriebssystems handelt es sich beim Energieinhalt der Batterie eines Elektrofahrzeugs aufgrund der Rekuperation also nicht um eine monoton fallende Größe.

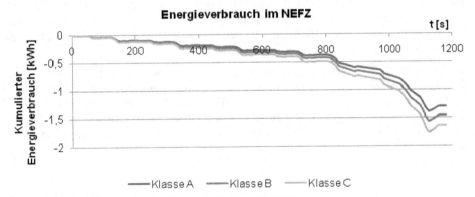

Abb. 4-61: Energieverbrauch der Fahrzeugklassen im NEFZ

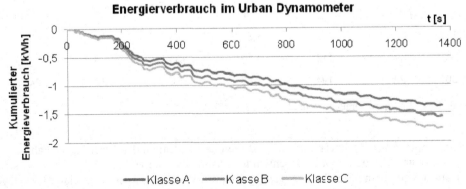

Abb. 4-62: Energieverbrauch der Fahrzeugklassen im Urban Dynamometer

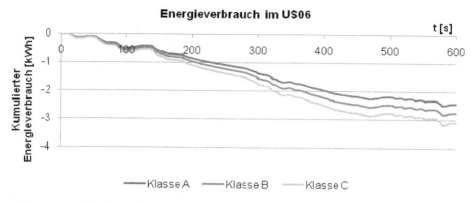

Abb. 4-63: Energieverbrauch der Fahrzeugklassen im US06-Fahrzyklus

Betrachtet man die Energiebilanzen in den unterschiedlichen Zyklen, erkennt man den Einfluss der Fahrsituationen auf die Energieverbräuche. Während der Energieverbrauch in den vier langsamen und sehr gleichmäßigen Stadtzyklen des NEFZ zusammen unter 0,5 kWh bleibt, verbraucht der wesentlich kürzere Autobahnzyklus bereits etwa 1 kWh, vgl. **Abb. 4-61**. Am wellenförmigen Verlauf des Energieverbrauchs für die realen Fahrzyklen lässt sich der Einfluss der Rekuperation erkennen. Besonders deutlich wird dies im hinteren Abschnitt des US06-Zykluses, siehe **Abb. 4-63**. Das Geschwindigkeitsprofil des US06 weist an dieser Stelle Verläufe auf, bei denen einer starken Beschleunigung ein unmittelbares Abbremsen bis zum Stillstand folgt.

Obwohl die durch Rekuperation zurückgewonnene Bremsenergie später zum Antrieb des Fahrzeugs verwendet werden kann, müssen für die Auslegung des Energiespeichers die Minimalwerte der Graphen betrachtet werden. Diese Minimalwerte lassen sich dann auf die gefahrene Strecke beziehen. Die so gewonnene Größe ist vergleichbar mit dem Streckenkraftstoffverbrauch, der oft für konventionelle Antriebssysteme angegeben wird, **Abb. 4-64**.

	Klasse A		Klasse B		Klasse C	
	Minimalwert im Zyklus [kWh]	bezogen auf Strecke [Wh/km]	Minimalwert im Zyklus [kWh]	bezogen auf Strecke [Wh/km]	Minimalwert im Zyklus [kWh]	bezogen auf Strecke [Wh/km]
NEFZ	1,39	128	1,57	145	1,77	163
UD	1,39	116	1,56	131	1,78	148
US06	2,5	194	2,83	220	3,16	245

Abb. 4-64: Energieverbräuche in unterschiedlichen Fahrzyklen

Die Übersicht über die Energieverbräuche zeigt dabei deutlich den Einfluss der Fahrzeugparameter und des gefahrenen Geschwindigkeitsprofils. Interessant ist hierbei, dass sich der auf die gefahrene Strecke bezogene Energieverbrauch des NEFZ und des Urban Dynamometers trotz einer nahezu identischen Durchschnittsgeschwindigkeit von etwa

33 km/h recht deutlich voneinander unterscheiden. Die Werte des NEFZ liegen hierbei über denen des Urban Dynamometer. Dies lässt sich darauf zurückführen, dass der Autobahnzyklus des NEFZ aufgrund seiner hohen Geschwindigkeit den Energieverbrauch über den Zyklus negativ beeinflusst, vgl. **Abb. 4-64**.

Bei der Definition der Fahrzeugklassen wurde jeweils eine 200 kg schwere Traktionsbatterie in das Fahrzeuggewicht eingerechnet. Geht man von einer Energiedichte von 75 Wh/kg aus, ergibt sich für die Batterie ein Gesamtenergieinhalt von 15 kWh. Eine solche Traktionsbatterie ermöglicht die in **Abb. 4-65** dargestellten Reichweiten. Die erzielbaren Reichweiten sind von den bei konventionellen Antrieben bekannten Größen noch weit entfernt. Die Reichweiten bei Fahrzeugen der Klassen A und B können im reinen Stadtbetrieb noch als ausreichend betrachtet werden. Für Fahrzeuge der Klasse C, bei denen auch ein Betrieb über längere Strecken angenommen werden muss, sind Reichweiten zwischen 60 und 100 km allerdings nicht vertretbar. Eine Vergrößerung der Batterie kann hierbei zwar die Reichweite erhöhen, allerdings erhöhen sich dabei in gleichem Maße sowohl der benötigte Bauraum als auch das Gewicht der Batterie. Das resultierende höhere Fahrzeuggesamtgewicht wirkt sich dabei wiederum negativ auf die Reichweite aus. Eine Vergrößerung der Batterie ist auch unter Beachtung der noch detailliert zu diskutierenden Kostenaspekten als problematisch zu bewerten.

	Klasse A	Klasse B	Klasse C
Reichweite im NEFZ [km]	117	103	92
Reichweite im UD [km]	129	115	101
Reichweite im US06 [km]	77	68	61

Annahme: Energieinhalt Batterie 15 kWh

Abb. 4-65: Erzielbare Reichweiten

4.3 Fazit

Ziel dieses Kapitels war es, aufgrund der Anforderungen an den Antriebsstrang eines batteriebetriebenen Fahrzeugs eine Dimensionierung der einzelnen Komponenten herauszuarbeiten. Es wurden drei Fahrzeugklassen definiert, deren Antriebsstrang im Folgenden genauer untersucht wurde. Eine Übersicht der Ergebnisse liefert **Abb. 4-66**.

Zur Ermittlung der Anforderungen an den Antriebsstrang wurden die Fahrwiderstände sowie Informationen bezüglich der Nebenaggregate verwendet. Die vorgestellten Fahrzyklen stellen dazu unterschiedliche Nutzungsszenarien für die Fahrzeuge der verschiedenen Klassen dar. Dabei wurden insbesondere die beiden auf realen Fahrdaten beruhenden Fahrzyklen „Urban Dynamometer" sowie „US06" betrachtet. Während der erste ein städtisches Anwendungsprofil darstellt, handelt es sich beim US06 Fahrzyklus um ein Fahrprofil mit höheren Geschwindigkeiten, wie sie bei einer Überland- bzw. Autobahnfahrt auftreten können. Die Fahrzyklen geben Geschwindigkeitsprofile vor, aus denen wiederum Beschleunigungsverläufe abgeleitet wurden. Aus der Kombination der Fahrwiderstände, der Fahrzyklen sowie der definierten Fahrzeugklassen konnten dann die Anforderungen an den Antriebsstrang abgeleitet werden. Dabei wurde zwischen Anforderungen an den Antrieb und an den Energiespeicher unterschieden.

Vergleichbare Fahrzeuge	Klasse A VW Fox, Ford Ka	Klasse B VW Golf, Ford Focus	Klasse C VW Passat, Ford Mondeo

Fahrzeugmasse [kg]	1.200	1.350	1.550
Leistungsbedarf im "US06" Nennleistung/Spitzenleistung [kW]	45/70	52/80	60/90
Energieverbrauch im "Urban Dynamometer" [Wh/km]	116	131	148
erzielbare Reichweite [km]*	129	115	101

*) Batteriegewicht 200 kg, Energieinhalt 15 kWh, Fahrzyklus "Urban Dynamometer"

Abb. 4-66: Zusammenfassung Anforderungen an den Antriebsstrang

Zur Dimensionierung des Motors wurde der Fokus auf den Fahrzyklus „US06" gelegt, da bei diesem im Vergleich hohe Beschleunigungswerte auftreten. Es ist zwischen der Nennleistung, mit der überwiegende Teile des Zyklus durchfahren werden können und der Maximalleistung zu unterscheiden. Die Maximalleistung kann über die Überlastfähigkeit des Motors abgedeckt werden. Die Reichweitenermittlung basiert dagegen auf dem städtisch geprägten Fahrzyklus „Urban Dynamometer", der für batteriebetriebene Elektrofahrzeuge als typisches Einsatzprofil herangezogen werden kann.

5 Kostenbetrachtung der Antriebstechnologie

Die im vorangegangenen Kapitel erläuterten technischen Aspekte lassen sich als grundlegende Voraussetzungen zum Aufbau eines batteriebetriebenen Elektrofahrzeugs auffassen. Die benötigten Technologien wie Energiespeicher, Elektromotoren sowie Steuergeräte sind aus anderen Anwendungsgebieten bereits bekannt und sie sind grundsätzlich für den Einsatz im Kraftfahrzeug geeignet. Auch die Fahrzeughersteller präsentieren besonders im Kleinwagensegment rein elektrisch betriebene Fahrzeugstudien und kündigen baldige Serienstarts an. Als Beispiele lassen sich hier der Smart ED von Daimler sowie der i-MiEV von Mitsubishi anführen, siehe **Abb. 5-1**.

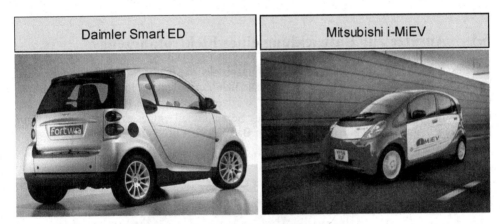

Abb. 5-1: Daimler Smart ED (links) und Mitsubishi i-MiEV (rechts)

Der Smart ED wird derzeit in London einem Feldversuch unterzogen. Dort wurden 100 Fahrzeuge über Leasingverträge an Endkunden vergeben. Eine erste Kleinserie soll nach Angaben von Daimler bereits im Jahr 2010 starten [FAZ08]. Die Großserie ist für 2012 vorgesehen. Dann werden Fahrzeuge an Privatkunden verkauft. Die Serienproduktion des Mitsubishi MiEV ist kürzlich gestartet, die ersten Exemplare sind allerdings Behörden und anderen Flottenbetreibern vorbehalten. Der Verkauf an den Endkunden startet erst im April 2010. Mitsubishi plant bis Ende 2012 insgesamt 20.000 Fahrzeuge herzustellen [ATZ09].

Die technische Realisierung stellt bei diesen beiden Fahrzeugen kein hohes Hindernis für eine baldige Markteinführung dar. Wenn aber die technische Machbarkeit gegeben ist und die ersten Fahrzeuge bereits 2010 am Markt bereitstehen, stellt sich die Frage, warum bis 2020 weltweit lediglich mit einem Anteil von etwa 5 % Elektrofahrzeugen gerechnet wird, siehe Abschnitt 3.4. Auch die hohe Effizienz des elektrischen Antriebsstrangs verspricht geringere Betriebskosten als bei konventionell angetriebenen Fahrzeugen, was ebenfalls für eine schnelle Verbreitung der neuen Technologie sprechen würde. Den geringen Betriebskosten steht allerdings ein im Vergleich sehr hoher Anschaffungspreis für das Fahrzeug entgegen. Während Daimler für den Smart ED noch keine Preise veröffent-

licht hat, gibt Mitsubishi für den i-MiEV einen Verkaufspreis von umgerechnet 34.000 €
abzüglich eventueller Umweltprämien an [ATZ09]. Dafür erhält der Kunde ein viersitzi-
ges Fahrzeug, das von einem 47 kW starken Elektromotor angetrieben wird und eine
Reichweite von etwa 160 km ermöglicht. Ein vergleichbarer, benzinbetriebener Mitsubishi Colt ist dagegen bereits ab 10.000 €, also für etwa ein Drittel des Preises, erhältlich
[MIM09].

Dieses Kapitel beschäftigt sich daher mit den Kostenaspekten von Elektrofahrzeugen.
Dazu werden zunächst verschiedene Entwicklungsmodelle für Elektrofahrzeuge betrachtet. Im Anschluss daran werden die Kosten der einzelnen Komponenten untersucht. Abschließend werden mit Hilfe eines Kostenmodells die für den Verbraucher relevanten
Gesamtkosten der Fahrzeughaltung, im englischen als Total Cost of Ownership (TCO)
bezeichnet, verglichen, woraus sich Zielgrößen für die Kosten der elektrischen Antriebskomponenten ableiten lassen.

5.1   Ansätze zur Entwicklung eines Elektrofahrzeugs

An dieser Stelle wird der Fahrzeugentwicklungsprozess im Hinblick auf Elektrofahrzeuge
betrachtet. Dabei lassen sich zwei grundsätzlich verschiedene Entwicklungskonzepte
unterscheiden. Beim „Conversion Design" wird ein elektrischer Antriebsstrang in ein
ursprünglich nur konventionell angetriebenes Serienmodell eingesetzt. Ein Fahrzeug auf
Basis dieses Ansatzes ist z. B. der Mini E der BMW AG, **Abb. 5-2**.

Abb. 5-2: Mini E von BMW [AUI09a]

Das Conversion Design stellt dabei einen kostengünstigen Entwicklungspfad dar. Eine
große Anzahl an Komponenten, insbesondere die Karosserie, große Teile des Innenraums
sowie des Fahrwerks können vom Serienmodell übernommen werden. Die für die Ent-

wicklung dieser Bauteile entstehenden Kosten können somit auf eine große Stückzahl umgelegt werden. Die bestehenden Prozesse, die zur Fertigung des Fahrzeugs dienen, können in Bereichen, die den Antriebsstrang nicht betreffen, mit dem Serienmodell geteilt werden. Diese Vorgehensweise spart Investitionen für Anlagen und Maschinen innerhalb der Fertigung.

Einen anderen Entwicklungsansatz verfolgt das sogenannte „Purpose Design". Hierbei handelt es sich um eine grundlegende Neuentwicklung und -gestaltung des Fahrzeugs abgestimmt auf die technologischen Randbedingungen und Designfreiheiten der Elektromobilität. Während dieser Ansatz für kleine Fahrzeuganbieter, die wie Th!nk lediglich Elektrofahrzeuge anbieten, die einzige Möglichkeit darstellt, wird das Purpose Design auch von größeren Herstellern angewendet. Der von Mitsubishi entwickelte MiEV wird als reines Elektrofahrzeug angeboten, **Abb. 5-3**.

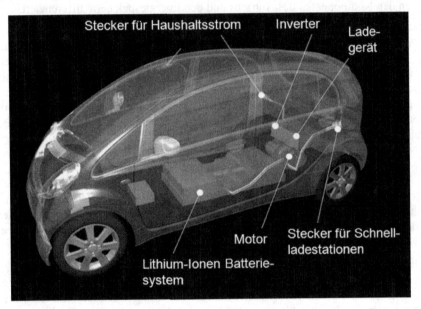

Abb. 5-3: Mitsubishi MiEV [CHA09]

Da beim Purpose-Design kein Serienmodell herangezogen werden kann, mit dem eine überwiegende Zahl an Komponenten geteilt wird, müssen diese neu entwickelt und produziert werden. Durch die geringeren Stückzahlen ergeben sich für das Einzelfahrzeug größere Beiträge zu den Entwicklungskosten. Den Kostennachteilen stehen dafür größere Freiheiten bei der Entwicklung entgegen. Während beim Conversion-Design der Bauraum und darüber auch weitgehend die Lage der Antriebsstrangkomponenten durch das Serienmodell vorgegeben wird, lässt sich beim Purpose-Design das Package speziell auf den elektrischen Antriebsstrang zuschneiden. So kann der Motor im Heck statt in der Fahrzeugfront untergebracht werden, die Batterien werden vom Kofferraum in den Fahrzeugunterboden verlegt, siehe **Abb. 5-2** und **Abb. 5-3**. Durch diese Gestaltung kann bei gleichen äußeren Fahrzeugabmessungen mehr Innenraum bereitgestellt werden. Die Verwendung von Radnabenmotoren bietet ebenfalls neue Freiheitsgrade, die bei Verwendung des Conversion-Designs nicht ohne große Fahrwerksänderungen genutzt werden können.

Wird das Fahrzeug wie beim Purpose-Design komplett neu entworfen, können darüber auch weitere Innovationen wie neue Ergonomie- und Bedienkonzepte, die in Zusammenhang mit einem Elektrofahrzeug sinnvoll erscheinen, besser umgesetzt werden. Unter Kostengesichtspunkten stellt der Entwicklungsansatz des Purpose-Designs also die aufwändigere Variante dar. Neben der Fahrzeugentwicklung müssen im Zuge einer Kostenbetrachtung aber auch die verwendeten Komponenten genauer analysiert werden.

5.2   Kostenentwicklung der Schlüsselkomponenten

Die Kosten der einzelnen Komponenten tragen zu einem maßgeblichen Teil zu den hohen Gesamtfahrzeugpreisen bei. Daher werden die Kosten der einzelnen Komponenten an dieser Stelle genauer betrachtet. Dabei wird, wie schon bei der technischen Betrachtung, zwischen den Komponenten des Antriebs und den Energiespeichern differenziert.

In Abschnitt 4.2.5 wurden die Anforderungen an den Antriebsstrang für unterschiedliche Fahrzeugklassen herausgearbeitet. Dabei wurde deutlich, dass aufgrund der Leistungsfähigkeit der Energiespeicher nur relativ geringe Reichweiten realisiert werden können. Die Reichweite nimmt unter anderem bei schnellen Fahrten mit höherem Leistungsbedarf drastisch ab. Aus diesem Grund bieten sich Elektrofahrzeuge insbesondere für kurze Strecken bei relativ niedrigen Geschwindigkeiten an. Dieses Fahrprofil findet sich besonders im urbanen Umfeld. Daher werden im Folgenden Komponenten gewählt, die den Betrieb des Fahrzeugs im Stadtverkehr ermöglichen.

5.2.1   Komponenten des Antriebs

Die Komponenten des Antriebsstrangs eines Elektrofahrzeuges unterscheiden sich maßgeblich von denen eines konventionell angetriebenen Fahrzeugs. Daher werden hier insbesondere die Bauteile behandelt, die nicht in konventionellen Antriebssystemen eingesetzt werden.

Das Herzstück des Antriebs bilden der Elektromotor und die Leistungselektronik, **Abb. 5-4**. Die Leistungselektronik wandelt den von der Batterie bereitgestellten Gleichstrom in die im aktuellen Lastpunkt vom Motor benötigte Form um. Wie schon in Abschnitt 4.1.1 erläutert, ergeben sich dabei für die verschiedenen Motortypen unterschiedliche Anforderungen. Bei Gleichstrommotoren wird hierzu lediglich ein Gleichstromwandler benötigt, der Strom und Spannung an den Betriebspunkt des Motors anpasst. Asynchron- und Synchronmaschinen, die aufgrund ihrer hohen spezifischen Leistung bei sehr guten Wirkungsgraden eine große Verbreitung gefunden haben, werden dagegen mit dreiphasigem Wechselstrom betrieben, dessen Frequenz zur Drehzahlstellung angepasst wird. Die zur Bereitstellung des Wechselstroms notwendige Leistungselektronik ist deutlich komplexer als die der Gleichstrommotoren, wodurch diese Bauteile im Vergleich höhere Kosten mit sich bringen.

Bei dem in **Abb. 5-4** dargestellten Motor handelt es sich um eine Asynchronmaschine mit einer Nennleistung von 27 kW. Anders als bei Verbrennungskraftmaschinen, bei denen die Nennleistung nur in einem Betriebspunkt erreicht wird, kann die angegebene Leistung bei elektrischen Antrieben über einen großen Drehzahlbereich dargestellt werden. Darüber hinaus kann eine E-Maschine für kurze Zeit weit oberhalb ihrer Nennleistung betrieben werden. So kann die hier gezeigte Maschine für einen Zeitraum von 30 Sekunden sogar 54 kW, also das Doppelte der Nennleistung, bereitstellen. Die im Elektromotor bei Überlast ansteigende Temperatur stellt die Grenze für die Einsatzdauer dar. Nachdem die maximale Leistung abgerufen wurde, darf die Maschine in den darauf folgenden 90 Sekunden lediglich mit ihrer Nennleistung betrieben werden [BRU09]. Für den Einsatz im Kraftfahrzeug ergibt sich über die kurzzeitige Überlastbarkeit der E-Maschine die Möglichkeit, Lastspitzen abzudecken, die bei großen Beschleunigungswerten auftreten.

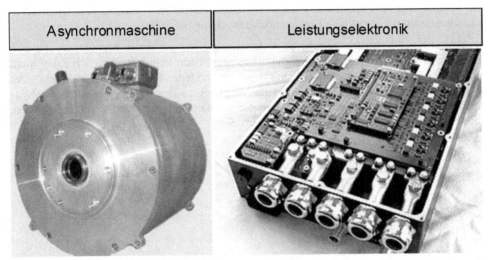

Abb. 5-4: Asynchronmaschine (links) und zugehörige Leistungselektronik (rechts) [BRU09]

Die Auswahl eines geeigneten Motors hängt dabei neben den gewünschten Fahrleistungen auch maßgeblich von den übrigen Parametern des Fahrzeugs ab, siehe Abschnitt 4.2.3. Hier wurden die Fahrzeugklassen A, B und C unterschieden. Dabei repräsentiert die Klasse A Kleinstwagen, die sich für den Stadtverkehr anbieten. Die Klasse B stellt Fahrzeuge der Kompaktklasse dar, während für die Klasse C die Werte eines Mittelklassekombis angenommen werden. Die für diese Fahrzeugklassen ermittelten Bedarfswerte werden nun herangezogen, um geeignete Elektromotoren sowie die entsprechende Leistungselektronik auszuwählen. Eine Übersicht über die Kosten der einzelnen Antriebssysteme gibt **Abb. 5-5**.

	Fahrzeugklasse A	Fahrzeugklasse B	Fahrzeugklasse C
Nennleistung Motor [kW]	45	52	60
Kosten Motor	1.200 €	1.400 €	1.700 €
Kosten Leistungselektronik	1.000 €	1.200 €	1.300 €
Kosten Antriebsstrang	**2.200 €**	**2.600 €**	**3.000 €**

Abb. 5-5: Übersicht Kosten Elektromotoren mit Leistungselektronik [ESP09a, MEM09]

Die Angaben stellen dabei Prognosewerte für die Kosten von Motor und Leistungselektronik bei Großserienfertigung und Abnahme großer Stückzahlen dar. Das Kostenverhältnis von Motor und Leistungselektronik wurde anhand von aktuellen Listenpreisen abgeschätzt [MEM09]. Aufgrund der derzeitig noch sehr geringen Marktdurchdringung der Elektrofahrzeuge liegen diese Listenpreise, insbesondere für kleine Stückzahlen, allerdings noch etwa um den Faktor 3 über den angenommenen Werten. Eine Erhöhung der Nachfrage nach Elektromotoren und zugehöriger Leistungselektronik durch den zunehmenden Einsatz in Elektrofahrzeugen lässt über Lern- und Skaleneffekte eine fortschreitende Reduzierung der Kosten bei der Massenfertigung der Antriebskomponenten erwarten. Zurzeit liegen die Kosten konventioneller Antriebsmotoren etwa 50 % unter den Abschätzungen für die jeweiligen Elektrotraktionssysteme [ESP09a].

In Abschnitt 4.1.1 wurden verschiedene Arten von Elektromotoren besprochen, die sich zum Antrieb von Kraftfahrzeugen eignen. Die Maschinen unterscheiden sich dabei nicht nur in ihrer Funktionsweise, auch die mit ihnen verbundenen Kosten weichen voneinander ab. Die Asynchronmaschine stellt dabei im Vergleich zu den beiden Varianten der Synchronmaschinen, von denen insbesondere die permanenterregte häufig eingesetzt wird, eine kostengünstige Antriebsvariante dar, **Abb. 5-6**.

	Gleichstrom		Synchron		Asynchron	Transversal-fluss	Geschaltete Reluktanz
	elektr. erregt	perm. erregt	elektr. erregt	perm. erregt			
Entwicklungsstand	++	o	o	+	-	o
Kosten der Maschine	--	-	-	+	--	++
Kosten der Steuerung	++	-	--	-	o	o
Kosten	o	-	o	-	+	--	+

Abb. 5-6: Vergleich der Kosten unterschiedlicher E-Maschinen [IKA08]

Als Rohstoffe für die Produktion von Elektromotoren wird neben Eisen insbesondere Kupfer benötigt. Bei den permanenterregten Varianten der Synchron- und Gleichstrommaschinen ist zusätzlich noch Neodym als permanentmagnetischer Werkstoff erforderlich. Während Eisen hierbei als unkritisch betrachtet werden kann, könnte die von der Automobilindustrie ausgehende Nachfragesteigerung zu Auswirkungen auf den Märkten für Kupfer und Neodym führen. Daher wird die Situation auf diesen Märkten und deren Entwicklung nachfolgend kurz dargestellt.

Der Kupferanteil eines Elektromotors beträgt etwa 50 bis 60 % [BMW09]. Verglichen mit Stahl oder Aluminium, die etwa 300 €/t bzw. 1.200 €/t kosten, liegt der Preis für eine Tonne Kupfer bei etwa 3.600 € [LME09, Stand 06/2009]. Während in einem konventionell angetriebenen PKW etwa 25 kg Kupfer verwendet werden [LUC07], ist davon auszugehen, dass dieser Wert durch den Einsatz von großen Elektromotoren als Traktionssystem in Zukunft ansteigen wird. Ausgehend vom Basisjahr 2006 und einem Verbrauch von 30 kg Kupfer pro Fahrzeug steigt der durch zusätzliche Elektromotoren erzeugte Kupferbedarf um 21,13 %, **Abb. 5-7**.

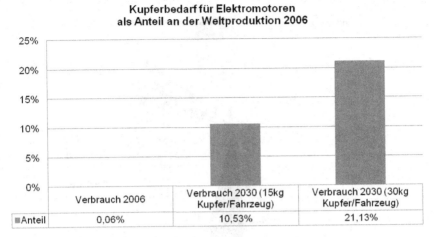

Abb. 5-7: Anteil des Kupferbedarfs für Elektromotoren [BMW09]

Betrachtet wird nur die Zunahme des Kupferbedarfs durch den Einsatz von großen Elekt-romotoren im Fahrzeugbau. Dabei wird auch der Einsatz von Elektromotoren in Hybrid-fahrzeugen berücksichtigt. Hier wird eine Wachstumsrate des Hybrid- und Elektrofahr-zeugmarktes von 26 % pro Jahr, ausgehend von 600.000 Einheiten im Jahr 2006 ange-nommen. Für die pro Fahrzeug verwendete Kupfermenge werden Werte von 15 kg und 30 kg angenommen. Der kleinere Wert bezieht sich hierbei auf Fahrzeuge mit kleinen elektrischen Leistungspotenzialen, wie etwa Hybridfahrzeuge. Der größere Wert hingegen kann für rein elektrisch betriebene Fahrzeuge als realistisch angesehen werden. Als Maß-stab für die übrige Nutzung von Kupfer im Fahrzeugbau kann die heutige Nutzung heran-gezogen werden, da der aktuelle Marktanteil von Hybrid und Elektrofahrzeugen vernach-lässigbar klein ist. Der Kupferverbrauch des Transportsektors wird derzeit mit etwa 12 % der Weltproduktion beziffert [LME09].

Die Erhöhung der Nachfrage nach Kupfer für den Bau von großen Elektromotoren könnte dem Preismechanismus von Angebot und Nachfrage folgend zu einem Anstieg des Kup-ferpreises führen. Legt man die oben dargestellten Werte für den Kupferpreis, die Kosten eines Elektromotors sowie einen Kupferanteil von 30 kg zugrunde, machen die Rohstoff-kosten für Kupfer zwischen 6 % und 9 % der Gesamtkosten eines Elektromotors aus. Daraus folgt, dass eine Erhöhung des Kupferpreises nur relativ geringe Auswirkungen auf die Herstellkosten von Elektromotoren haben wird.

Auch wenn die Steigerung des Kupferbedarfs durch die Automobilindustrie Auswirkun-gen auf den Preis für diesen Rohstoff haben kann, ist die Versorgung mit Kupfer als nicht kritisch einzustufen. Den wirtschaftlich gewinnbaren Reserven von 550 Mio. t und weite-ren Reserven von 1.000 Mio. t stand im Jahr 2008 eine Minenproduktion von etwa 15 Mio. t gegenüber [USG09]. Legt man diesen Verbrauchswert zugrunde, ergibt sich daraus bei statischer Betrachtung eine Reichweite der Reserven von 35 Jahren. Bezieht man die weiteren Reserven mit ein, erhöht sich die Reichweite auf fast 100 Jahre. Kupfer-vorkommen finden sich dabei insbesondere in Südamerika. Chile verfügt mit einem An-teil von 31 % an den weltweiten Vorkommen über die größten Reserven, **Abb. 5-8**. Bei der Wiederaufarbeitung der gebrauchten Elektromotoren kann zudem ein Großteil des eingesetzten Kupfers zurückgewonnen werden.

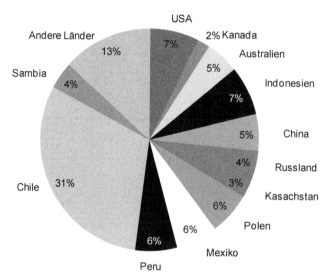

Abb. 5-8: Verteilung der weltweiten Kupfervorkommen 2008 [USG09]

Zur Herstellung von permanenterregten Synchron- und Gleichstrommotoren werden starke Dauermagnete benötigt. Aufgrund ihres hohen Wirkungsgrads und des geringen Leis-
tungsgewichts wird diese Motorenart für elektrische Fahrzeuge eingesetzt. So basieren
z. B. der Antrieb des Mitsubishi MiEV [MIM09] und des Toyota Prius auf permanenterregten Synchronmotoren. Für die in diesen Motoren enthaltenen Magneten wird der Rohstoff Neodym benötigt.

Die Entwicklung des Neodymverbrauchs ist analog zu der Betrachtung für Kupfer in
Abb. 5-9 dargestellt.

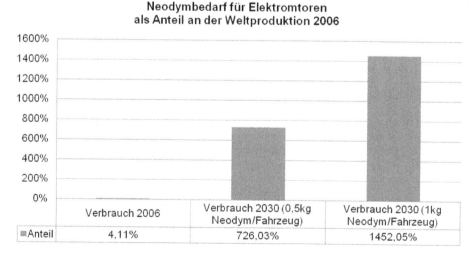

Abb. 5-9: Anteil des Neodymbedarfs für Elektromotoren [BMW09]

Es liegt hier ebenfalls, wie oben bereits für Kupfer beschrieben, eine Wachstumsrate für den Hybrid- und Elektrofahrzeugmarkt von 26 % p. a. zugrunde. Für den Neodymbedarf pro Fahrzeug werden Werte zwischen 0,5 und 1 kg angenommen. Dabei zeigt sich, dass unabhängig von der pro Fahrzeug verwendeten Rohstoffmenge eine gravierende Diskrepanz zwischen der Neodymproduktion in 2006 und dem künftigen Bedarf prognostiziert wird. Die aktuelle Produktion von Neodym findet zu 97 % in China statt. Diese starke Konzentration, die noch deutlicher als beim Rohöl ausfällt, birgt Konfliktpotenzial [SPO09]. Da Neodym nur für permanenterregte Motoren von Bedeutung ist und mit der Asynchronmaschine ein technisch nahezu ebenbürtiges Substitut bereitsteht, wird die Neodymproduktion an dieser Stelle nicht weiter behandelt. Dieser Mangel wird das Elektroauto nicht ernsthaft gefährden, auch wenn es derzeit den Anschein hat [FAZ10].

Neben dem Elektromotor und der zugehörigen Leistungselektronik werden weitere Komponenten zum Betrieb eines Elektrofahrzeugs benötigt. Während die Leistungselektronik die Energie der Batterie in eine für den jeweiligen Motorentyp nutzbare Form wandelt, stellen Ladegerät und Gleichspannungswandler ebenfalls Energiewandler dar, **Abb. 5-10**.

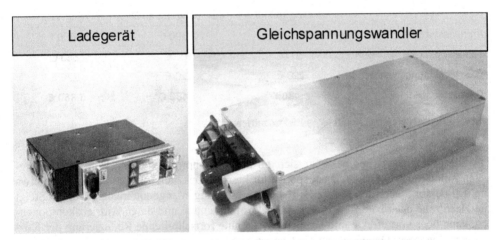

Abb. 5-10: Ladegerät (links) und Gleichspannungswandler (rechts) [BRU09]

Das Ladegerät wird zum Aufladen der Batterie an einer Wechselstromquelle, wie z. B. dem im Haushalt verfügbaren Netzstrom, benötigt. Dazu wird der von der Quelle bereitgestellte Wechselstrom in den für die Batterieladung nutzbaren Gleichstrom in der benötigten Stärke umgewandelt. Nach der Klassifizierung der Wandlungsformen handelt es sich bei dem Ladegerät also um einen Gleichrichter, **Abb. 4-5**.

In batteriebetriebenen Elektrofahrzeugen werden Batteriesysteme mit sehr hohen Spannungen von 300 Volt und mehr eingesetzt. Der Gesamtwirkungsgrad steigt mit der Spannung an, allerdings sind Sprünge in den Kosten der elektronischen Bauteile dafür verantwortlich, dass die idealen hohen Spannungen nicht realisiert werden. Eine Vielzahl von elektrischen Verbrauchern im Fahrzeug sind allerdings auf eine heute übliche Bordnetzspannung von 12 V ausgelegt. Zu diesen Verbrauchern zählen das Lichtsystem, Infotainment, elektrische Fensterheber und Sitzsteller sowie weitere, meist komfortorientierte Systeme. Um diese Systeme in einem Elektrofahrzeug über die Traktionsbatterie zu versorgen, muss die hohe Batteriespannung zunächst herabgesetzt und in das Niederspannungsnetz, das die Nebenverbraucher versorgt, gespeist werden. Diese Aufgabe wird vom Gleichspannungswandler übernommen. Es ist auch nicht wirtschaftlich, diese Verbraucher alle für die hohen Spannungen auszulegen, da sie dann für die konventionellen Fahrzeuge nicht verwendbar wären.

Die aktuellen Listenpreise für Gleichspannungswandler und Ladegeräte betragen etwa 10 % bzw. 30 % der Preise für einen Antriebsstrang der Fahrzeugklasse A [MEM09]. Legt man zur Abschätzung der Komponentenkosten innerhalb einer Großserienproduktion diese Anteile und die in **Abb. 5-5** dargestellten Schätzwerte für die Antriebskomponenten zugrunde, ergeben sich Kosten in Höhe von etwa 220 € für den Gleichspannungswandler sowie 660 € für das Ladegerät. Eine Differenzierung nach Fahrzeugklassen ist bei diesen Komponenten nicht notwendig, da sie nicht direkt mit dem Antrieb verknüpft sind.

Die bisher identifizierten Komponenten und deren Kosten fasst **Abb. 5-11** zusammen. Es wird ersichtlich, dass sich die Fahrzeugklassen dabei nur durch den jeweiligen Antriebsstrang unterscheiden.

	Fahrzeugklasse A	Fahrzeugklasse B	Fahrzeugklasse C
Antriebsstrang	2.200 €	2.600 €	3.000 €
Ladegerät	660 €	660 €	660 €
Gleichspannungswandler	220 €	220 €	220 €
Gesamtkosten	**3.080 €**	**3.480 €**	**3.880 €**

Abb. 5-11: Darstellung Gesamtkosten Elektroantrieb

Die hier gezeigten Kosten beziehen sich auf die Massenproduktion innerhalb einer geeigneten Zuliefererstruktur. Die Listenpreise für kleine Stückzahlen liegen derzeit noch etwa um den Faktor 3 über den für die Großserienanwendungen angenommenen Werten. Steigt die Nachfrage nach batteriebetriebenen Elektrofahrzeugen und deren Antriebskomponenten, kann über Lerneffekte und Größenvorteile eine fortschreitende Reduzierung der Kosten erzielt werden. Dabei besteht die Chance, die Komponenten gegenüber der konventionellen Antriebstechnik kostenneutral herzustellen [MAT08].

Die Kosten für den Antriebsstrang eines konventionellen, benzinbetriebenen Fahrzeugs der Klasse A betragen rund 1.500 €. Dem stehen bei einem reinen Elektrofahrzeug Kosten in Höhe von 2.200 € zuzüglich Kosten in Höhe von 880 € für den Gleichspannungswandler und das Ladegerät gegenüber. Somit ergeben sich Gesamtkosten in Höhe von 3.080 € beim Elektrofahrzeug im Vergleich zu 1.500 € bei einem Fahrzeug mit konventionellem Ottomotor. Bei einem Vergleichsfahrzeug der Klasse C liegen die Kosten für den konventionellen Antriebsstrang bei rund 2.800 €, während für das elektrisch angetriebene Fahrzeug der gleichen Klasse Kosten in Höhe von rund 3.880 € zu erwarten sind. Um die Werte der konventionellen Antriebe zu erreichen, müssen die Kosten für die elektrischen Komponenten also noch weiter gesenkt werden, **Abb. 5-12**.

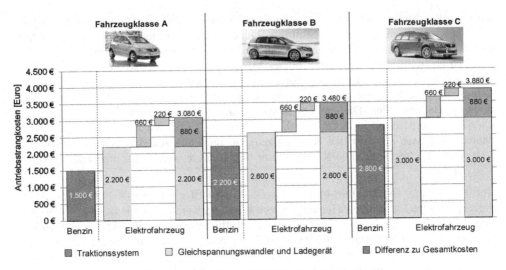

Abb. 5-12: Kostenvergleich konventioneller und elektrischer Traktionssysteme

5.2.2 Energiespeicher – Batterie

Die Batterie stellt einen zentralen Bestandteil des elektrischen Antriebssystems dar. Sie dient als Energiespeicher, der die zum Antrieb des Fahrzeugs benötigte Energie enthält. Anders als die Tanksysteme konventioneller Antriebe handelt es sich nicht um ein Gefäß für flüssigen Brennstoff. In der Batterie wird elektrische Energie innerhalb eines Verbundes von Batteriezellen chemisch gespeichert, **Abb. 5-13**.

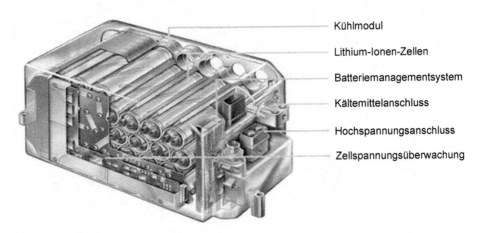

Abb. 5-13: Lithium-Ionen Batteriesystem [WAT06]

Die Energiedichte dieser Speicherform liegt deutlich unter der von konventionellen Kraftstoffen, vgl. **Abb. 3-38**. Daher ergeben sich bei batterieelektrischen Fahrzeugen geringere Reichweiten. Über eine größere Dimensionierung der Batterie lässt sich dem Problem der geringen Reichweiten zwar entgegenwirken, allerdings erhöht sich dadurch auch das Gewicht sowie der von der Batterie benötigte Bauraum. Die Batteriekosten steigen außerdem an. Da eine Erhöhung des Batteriegewichts wiederum zu einem höheren Energiebedarf im Fahrbetrieb führt, stellt dies kein probates Mittel zur Reichweitenvergrößerung dar. Eine weitere Möglichkeit zur Erhöhung des Energieinhalts des Batteriesystems stellt eine Erhöhung der Energiedichte dar. Dies erfolgt über den Einsatz neuer Technologien im Bereich der Batteriezellen. Die Lithium-Ionen Technologie ist dabei die zurzeit vielversprechendste Alternative. Sie bietet eine hohe Energiedichte, durch den Einsatz geeigneter Materialen lassen sich für den Kraftfahrzeugbau relevante Aspekte von Sicherheit und Lebensdauer adressieren. Die Kosten dieser Technologie werden nachfolgend detailliert analysiert.

Zur Herstellung von Lithium-Ionen Batteriezellen wird als Rohstoff Lithium benötigt. Außerdem wird Lithium zur Herstellung von Glas und Keramik sowie bei der Produktion von Primäraluminium verwendet. Während der Lithiumbedarf bei der Aluminiumproduktion rückläufig ist, steigt die Nachfrage auf dem Gebiet der Batterien stark an. Diese steigende Nachfrage geht dabei nicht nur von der Automobilindustrie aus. Eine Vielzahl von elektrischen Geräten aus dem Consumer-Bereich, wie beispielsweise Laptops und Mobiltelefone, setzen auf diese leistungsfähige Technologie. Die neue Nachfrage nach Lithium hat dazu geführt, dass 2007 die Batteriefertigung mit 25 % erstmals den größten Anteil an der Lithiumverwendung aufgewiesen hat [JAS08].

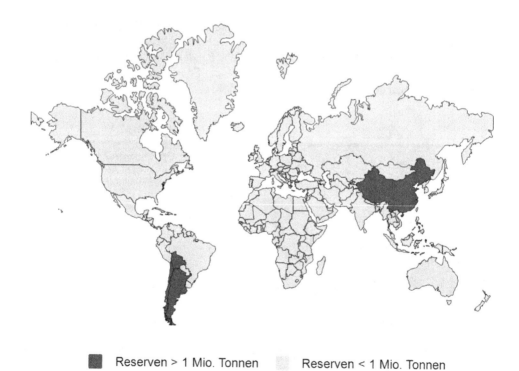

■ Reserven > 1 Mio. Tonnen   Reserven < 1 Mio. Tonnen

Abb. 5-14: Regionale Verteilung der Lithiumreserven [USG09a, TAH07]

Aufgrund seiner hohen Reaktionsfreudigkeit kommt Lithium in der Natur nicht in Reinform, sondern gebunden in Form von Salzen und Mineralien sowie als geringer Anteil des Meerwassers vor. Dabei sind nach aktuellem Stand für die Batterieproduktion nur die salzförmigen Vorkommen energetisch und ökonomisch sinnvoll nutzbar [TAH07]. Große Lithiumvorkommen finden sich vor allem auf dem amerikanischen Kontinent, insbesondere in Südamerika, **Abb. 5-14**.

Die größten Lithiumreserven liegen in Bolivien, Chile, Argentinien und China. Die weltweiten Reserven an Lithium werden auf 15 Mio. t geschätzt. Davon können nach derzeitigem Stand etwa 6,8 Mio. t unter wirtschaftlichen Bedingungen gewonnen werden [TAH07]. Die aktuellen Produktionszahlen sowie die Reserven der einzelnen Länder sind in **Abb. 5-15** zusammengestellt.

Land	Produktion 2005 [t]	nutzbare Reserven [t]	Reserven [t]
USA	1.700	38.000	410.000
Argentinien	2.000	1.000.000	2.000.000
Australien	2.240	160.000	260.000
Bolivien	-	2.700.000	5.400.000
Brasilien	240	190.000	910.000
Kanada	700	180.000	360.000
Chile	8.000	1.500.000	3.000.000
China	2.700	1.100.000	2.700.000
Portugal	320	k.A.	k.A.
Russland	2.200	k.A.	k.A.
Zimbabwe	240	23.000	27.000
Gesamt	**20.340**	**6.800.000**	**15.000.000**

Abb. 5-15: Lithiumproduktion und -reserven in 2005 nach Ländern [TAH07]

Im Jahr 2005 wurden insgesamt 20.340 t Lithium abgebaut, bis zum Jahr 2008 hat sich die weltweite Produktion auf etwa 27.400 t erhöht [USG09a]. Während der Abbau der Ressourcen in Chile, Argentinien und China bereits in großem Umfang stattfindet, sind die Vorkommen in Bolivien noch weitgehend unangetastet. Dies ist auf die dortige politische Situation zurückzuführen, die es internationalen Unternehmen erschwert, das Lithium abzubauen [NYT09]. Für den Fall, das die politischen Unstimmigkeiten über den Abbau der bolivianischen Vorräte beigelegt werden können, wäre nicht mit einer sofortigen Marktverfügbarkeit des dort gewonnenen Lithiums zu rechnen. Es wird davon ausgegangen, dass zwischen einem solchen Beschluss und dem Eintritt der ersten Lithiumprodukte in den Markt noch ca. 5 Jahre vergehen würden [TAH07].

Auf der Angebotsseite bietet sich bei Lithium also das Bild einer starken regionalen Konzentration der Rohstoffe. Die wirtschaftlich nutzbaren Reserven liegen zu 80 % in Südamerika. Allein Boliviens Reserven machen mit 2,7 Mio. t etwa 40 % der weltweiten Gesamtvorkommen aus. Die Produktion erfolgt zu etwa 50 % in Südamerika, derzeit ist besonders Chile auf diesem Gebiet aktiv. Die dortige Jahresproduktion von 8.000 t im Jahr 2005 hat sich bis 2008 um 50 % auf 12.000 t erhöht. Sollte die Abbau in Bolivien starten, ist damit zu rechnen, dass sich der Anteil Südamerikas an der Weltproduktion weiterhin erhöht.

Lithium wird nicht öffentlich gehandelt, was die Angabe genauer Preise erschwert. Es werden daher häufig die Preise für Lithiumcarbonat als Maßstab herangezogen. Der Handelspreis für eine Tonne Lithiumcarbonat betrug nach Angaben der Admiralty Resources NL im Jahr 2006 etwa 4.000 €. Für die gleiche Menge wurde im ersten Quartal 2007 im japanischen Import bereits 5.000 € gezahlt. Diese Preissteigerung wurde auf ein temporäres Ungleichgewicht bei Angebot und Nachfrage zurückgeführt, welche allerdings durch eine Erhöhung der chinesischen Produktionsmenge wieder abgefedert werden konnte [JAS08].

Durch die weitere Verbreitung von Elektrofahrzeugen steht der beschriebenen Lithiumproduktion eine stark wachsende Nachfrage gegenüber. Für die Herstellung einer Fahrzeugbatterie mit einem Energieinhalt von einer Kilowattstunde werden etwa 0,3 kg Lithium benötigt [TAH07]. Analog zur Betrachtung der Rohstoffe Kupfer und Neodym im Bereich der Antriebskomponenten ist in **Abb. 5-16** die Bedarfsentwicklung für Lithium dargestellt.

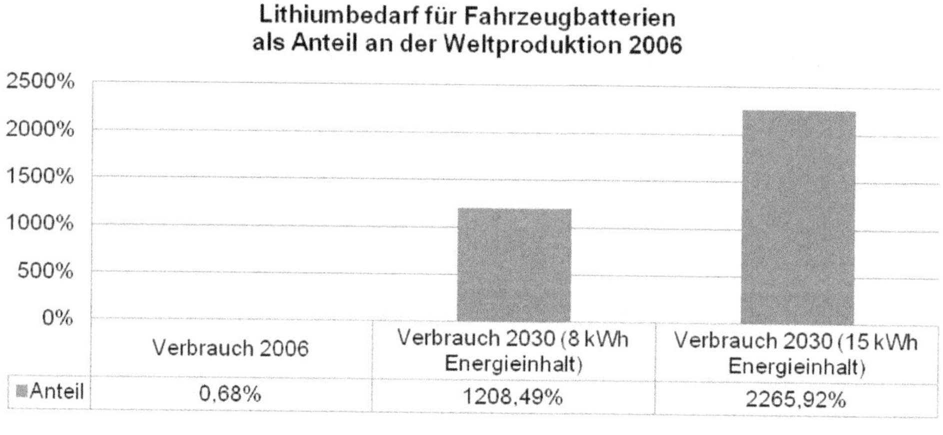

Lithiumbedarf für Fahrzeugbatterien als Anteil an der Weltproduktion 2006

	Verbrauch 2006	Verbrauch 2030 (8 kWh Energieinhalt)	Verbrauch 2030 (15 kWh Energieinhalt)
■ Anteil	0,68%	1208,49%	2265,92%

Abb. 5-16: Anteil des Lithiumbedarfs für Fahrzeugbatterien

Wie auch bei den Komponenten des Antriebsstrangs liegt der gezeigten Bedarfsentwicklung ein jährliches Wachstum des Elektrofahrzeugabsatzes von 26 % zugrunde. Der Lithiumbedarf zur Herstellung von Fahrzeugbatterien im Jahr 2006 wurde hierbei geschätzt. Für die zukünftige Entwicklung werden zwei Energiespeichergrößen unterschieden: Batteriesysteme mit einem Energieinhalt von 8 kWh sind auf Hybridfahrzeuge mit relativ kleinen elektrischen Leistungspotenzialen ausgerichtet, während für den Betrieb eines reinen Elektrofahrzeugs größere Energiespeicher mit einem Energieinhalt von mindestens 15 kWh benötigt werden. Unabhängig von der Größe der Energiespeicher übersteigt der künftige Bedarf die heutige Produktion voraussichtlich um den Faktor 12. Die dadurch entstehenden Ungleichgewichte in Bezug auf Angebot und Nachfrage können für starke Preisschwankungen und damit auch Preissteigerungen sorgen.

Angesichts der dargestellten Diskrepanz zwischen heutiger Produktion und künftigem Bedarf stellt sich die Frage, ob die Lithiumvorräte für die Versorgung der Batterieproduktion ausreichend sind. Der weltweite Fahrzeugbestand beträgt derzeit ca. 900 Mio. Fahrzeuge. Würden alle diese Fahrzeuge rein elektrisch betrieben und zu diesem Zweck mit einer entsprechenden Lithium-Ionen Batterie ausgestattet, würden dafür 4,05 Mio. t Lithium benötigt. Dies entspricht ca. 60 % der gesamten, wirtschaftlich nutzbaren Lithiumreserven [TAH07]. Diese Zahlen verdeutlichen die Notwendigkeit eines funktionierenden Recyclingkreislaufs, insbesondere für große Fahrzeugbatterien.

Die detaillierte Betrachtung der Lithiumversorgung lässt also den Schluss zu, dass die Möglichkeit zur Herstellung einer ausreichenden Menge an Batterien für batteriebetriebene Elektrofahrzeuge gegeben ist. Dabei können jedoch aufgrund von temporären Ungleichgewichten bei Angebot und Nachfrage starke Preisschwankungen entstehen. Neben Lithium werden zur Herstellung von Batterien noch eine Reihe weiterer Rohstoffe benötigt. So werden die Elektroden aus Kupfer bzw. Aluminium gefertigt, für die Anode wird üblicherweise Graphit verwendet. Elektrolyt und Separator werden ebenfalls aus unterschiedlichen Materialien hergestellt. Diese Materialen und die jeweiligen Märkte werden hier nicht weiter behandelt. Diese Materialverfügbarkeit wird als unkritisch angesehen.

Bei der Betrachtung der Kosten für Fahrzeugbatterien muss zwischen den Kosten für die Zellfertigung und denen für die Produktion einsatzfähiger Batteriesysteme unterschieden werden. Die Kosten werden dabei auf den Energieinhalt bezogen und in Euro pro Kilowattstunde (€/kWh) angegeben. Zellen für Lithium-Ionen Batterien, die für den Einsatz in Kraftfahrzeugen konzipiert sind, werden noch überwiegend in sehr kleinen Serien produziert, was zu hohen Herstellungskosten führt. Je nach Batterietyp liegen diese Kosten über 1.000 €/kWh. Mit der Weiterentwicklung der Fertigungstechnologien und größeren Produktionsvolumina wird allerdings mit einer starken Reduzierung der Kosten gerechnet. So liegen die Kosten für Lithium-Ionen Batterien für den Heimanwenderbereich mittlerweile bei 220 €/kWh. Hier wurden die Kosten in einem Zeitraum von zehn Jahren um den Faktor fünf reduziert [KOW08]. Auch bei den Fahrzeugbatterien wird über die Erhöhung der Stückzahl eine deutliche Kostensenkung erwartet. Der Hersteller Kokam bietet Zellen für Hochenergiebatterien in großen Stückzahlen bereits heute für etwa 500 €/kWh an [KOW08]. Für die Zukunft wird mit einer weiteren Absenkung der Zellkosten gerechnet. Experten gehen für 2020 von einer Absenkung der Zellkosten auf 200 €/kWh aus [RBG08]. Neben den reinen Zellkosten müssen in Bezug auf Batteriesysteme weitere Kostenfaktoren berücksichtigt werden, **Abb. 5-17**.

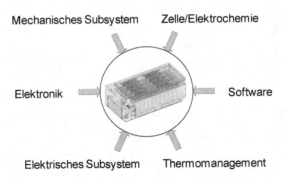

Abb. 5-17: Zusammensetzung Batteriesystem [ROS09]

Die Zellen werden innerhalb eines mechanischen Systems über entsprechende elektrische Komponenten verbunden. Das Thermomanagement stellt die Einhaltung der Betriebstemperaturen sicher, eine Software regelt die Überwachung und Ansteuerung der einzelnen Zellen. Die Kosten für ein Batteriesystem liegen aufgrund der weiteren Komponenten deutlich über denen der einzelnen Batteriezellen. Zur Abschätzung der Systemkosten werden hier die Zellkosten und ein prozentualer Aufschlag für die übrigen Komponenten angenommen. Ebenso wie die Batteriezellen werden die übrigen Komponenten des Batteriesystems nur in kleinen Stückzahlen hergestellt, was sich negativ auf die damit verbundenen Kosten auswirkt. Der Aufschlag wird für heutige Rahmenbedingungen mit ca. 100 % der Zellkosten angenommen. Durch Lerneffekte und den Übergang zu größeren Stückzahlen wird für die weitere Entwicklung eine Reduktion des Aufschlags auf ca. 50 % der Zellkosten prognostiziert.

Unter Annahme der heutigen Zellkosten von 500 €/kWh ergeben sich für ein Fahrzeugbatteriesystem mit einem Energieinhalt von 15 kWh Kosten von 15.000 €. Es wird damit deutlich, dass die Kosten für die Batterie insgesamt einen bedeutenden Anteil am Gesamtwert eines Elektrofahrzeugs ausmachen und die Kosten für einen konventionell betriebenen Kleinwagen übersteigen. Über eine Reduktion der Kosten für Batteriezellen auf 200 €/kWh sowie weiteren Einsparungen auf dem Gebiet der übrigen Komponenten, die hier für das Jahr 2020 prognostiziert werden, können die Kosten für die oben beschriebene Batterie auf rund ein Drittel reduziert werden. Von Kostenneutralität in Bezug auf die konventionellen Energieträgersysteme kann in absehbarer Zukunft also nicht ausgegangen werden.

Bei der obigen Kostenbetrachtung wurde ein mit 15 kWh relativ klein bemessenes Batteriesystem gewählt. Die damit erzielbare Reichweite hängt sowohl von den übrigen Parametern des Fahrzeugs als auch vom jeweiligen Fahrprofil ab, **Abb. 4-65**. Werden aus Gründen der Fahrzeugreichweite größere Batterien eingesetzt, ergeben sich daraus entsprechend höhere Batteriesystemkosten, **Abb. 5-18**.

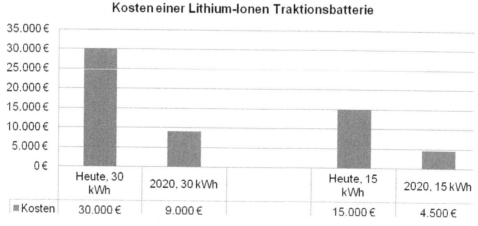

Abb. 5-18: Kosten einer Lithium-Ionen Traktionsbatterie

5.3 Kostenmodell der verschiedenen Antriebssysteme

Die bisherige Betrachtung legte den Fokus besonders auf die mit der Herstellung eines Elektrofahrzeugs verknüpften Kosten. Aus Sicht des Verbrauchers stellen diese aber nur einen Teil der gesamten Mobilitätskosten dar. Neben den Anschaffungskosten für ein Fahrzeug fallen während der Nutzungsdauer weitere Ausgaben an. Um eine Aussage über die Wirtschaftlichkeit der verschiedenen Antriebskonzepte treffen zu können, müssen also die über den Lebenszyklus des Fahrzeugs anfallenden Betriebskosten berücksichtigt werden, um eine Total Cost of Ownership (TCO) Berechnung durchführen zu können.

Die Betriebskosten hängen dabei von mehreren Faktoren ab. Unabhängig von der tatsächlichen Nutzung des Fahrzeugs werden Kraftfahrzeugsteuern erhoben. Diese werden auf nationaler Basis festgelegt, so dass sich im internationalen Vergleich große Unterschiede ergeben. In Deutschland erfolgt die Besteuerung abhängig vom Hubraum des Verbrennungsmotors und dem CO_2-Ausstoß. Diese Kriterien lassen sich auf ein Elektrofahrzeug nicht anwenden. Die Besteuerung erfolgt hier nach den ersten fünf steuerfreien Jahren nach dem zugelassenen Fahrzeuggewicht [ADA09]. Aufgrund der Steuerbefreiung innerhalb der ersten fünf Jahre ergibt sich ein Vorteil zugunsten von Elektrofahrzeugen. Die Besteuerung hat allerdings nur einen relativ geringen Anteil an den Betriebskosten und sie wird im internationalen Umfeld unterschiedlich gehandhabt.

Die Wartung eines Fahrzeugs erfolgt sowohl nutzungsabhängig als auch innerhalb fester Intervalle. Mit der Wartung sind Kosten verbunden, die neben den fahrzeugspezifischen Gegebenheiten auch von der Art der Nutzung abhängen. Allgemein gelten Elektrofahrzeuge dabei im Vergleich zu konventionell betriebenen Fahrzeugen als wartungsarm. Dies ist vor allem auf den Entfall der wartungsaufwändigen Komponente Verbrennungsmotor zurückzuführen. Die Quantifizierung dieses Vorteils ist allerdings problematisch, da Erfahrungswerte auf diesem Gebiet noch nicht vorliegen. Bei Hybridfahrzeugen bleibt der Verbrennungsmotor zudem erhalten. Aus diesem Grund werden die Wartungskosten bei der weiteren Analyse ausgeklammert. Noch unklar sind auch die Wartungsaufwände an der Batterie. Der Umfang des periodischen Ladungsabgleiches zwischen den einzelnen Zellen und der Austausch defekter Zellen kann derzeit noch nicht quantifiziert werden.

Zur Bestimmung der nutzungsabhängigen Kosten müssen zwei Größen herangezogen werden. Die Nutzung des Fahrzeugs, also die zurückgelegten Strecken, sowie die damit verbundenen Kosten. Bei konventionell betriebenen Fahrzeugen ist also der Kraftstoffpreis zu ermitteln, während die Betriebskosten der Elektrofahrzeuge auf den Strompreisen beruhen (heute noch ohne eine Steuer, welche der Mineralölsteuer vergleichbar wäre). Sowohl die Nutzung als auch die Entwicklung der Kosten für die Antriebsenergie werden an dieser Stelle genauer betrachtet.

Während Daten bezüglich des Güterverkehrsaufkommens und der dortigen Fahrleistungen von verschiedenen Stellen erhoben und aufbereitet werden, sind solche Angaben für den Personenverkehr mit Kraftfahrzeugen schwerer zu ermitteln. Um an dieser Stelle eine Aussage bezüglich der PKW-Fahrleistungen machen zu können, wird auf eine Studie zurückgegriffen, bei der über einen Zeitraum von sieben Jahren mittels Fahrtenbüchern die zurückgelegten Strecken einzelner PKW beobachtet wurden [BMV04]. Die Ergebnisse dieser Erhebung sind in **Abb. 5-19** dargestellt.

Der Mittelwert der täglich gefahrenen Strecke beträgt nach dieser Auswertung lediglich 41 km. Die Maximal- und Minimalwerte werden mit 223,3 und 4,3 km angegeben [BMV04]. Beim überwiegenden Teil der täglich zurückgelegten Strecken handelt es sich um relativ kleine Entfernungen. In 95 % der Fälle liegt die Fahrtstrecke unter 85 km. Insgesamt sind die geforderten Reichweiten also ohne Einschränkungen mit einem Elektrofahrzeug zu erfüllen. Legt man eine tägliche Fahrleistung von 41 km zu Grunde, ergibt sich daraus eine Jahresfahrleistung von ca. 15.000 km. Dieser Wert wird hier als Grundlage zur Berechnung der Betriebskosten herangezogen.

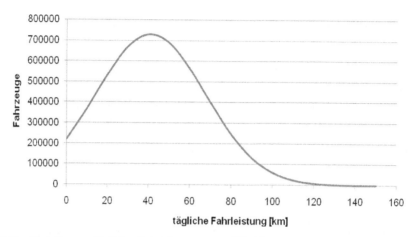

Abb. 5-19: Verteilungen täglicher Fahrleistungen von PKW in Deutschland [BMV04]

Bei den Kosten für die Antriebsenergie lassen sich insgesamt steigende Tendenzen beobachten. Dieser Anstieg ist auf unterschiedliche Faktoren zurückzuführen. Die Verknappung des Erdöls, die für Preissteigerungen von Benzin und Diesel sorgt, wurde bereits in Abschnitt 2.3 ausführlich diskutiert. Zur Berechnung der Betriebskosten eines benzinbetriebenen PKW wird von einem aktuellen Benzinpreis von 1,40 €/l ausgegangen. Im Rahmen einer konstanten jährlichen Steigerung des Benzinpreises von 5 % ergibt sich daraus für das Jahr 2020 ein Benzinpreis von 2,40 €/l.

Die Verbraucherpreise für Strom unterliegen ebenfalls einem Wachstumstrend. Dieser ist dabei einerseits auf die Verteuerung der Energierohstoffe Kohle und Erdgas zurückzuführen, auf der anderen Seite sorgen höhere Umweltschutzanforderungen an die Stromerzeuger und der Ausbau der erneuerbaren Energien für hohe Investitionen. Diese werden über den Strompreis an den Verbraucher weitergegeben. Die Entwicklung der Verbraucherstrompreise ist in **Abb. 5-20** dargestellt.

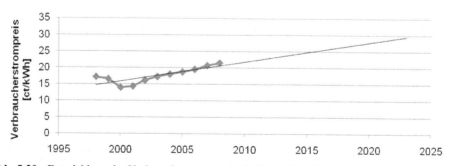

Abb. 5-20: Entwicklung der Verbraucherstrompreise in Deutschland [BMW09a]

Der aktuelle Strompreis liegt bei 22 ct/kWh. Geht man zunächst von einem linearen Wachstum der Strompreise aus, ergibt sich für 2020 ein Preis von 28 ct/kWh. Diese Werte werden bei den folgenden Betriebskostenberechnungen verwendet. Dabei wird eine Steuerbelastung analog der Mineralölsteuer nicht berücksichtigt.

Legt man das oben beschriebene Nutzungsprofil und die entsprechenden Betriebskosten zugrunde, können die Unterhaltskosten für ein Fahrzeug berechnet werden. Dabei wird von einer gleichbleibenden Besteuerung der beiden Energieträger ausgegangen. Bei einer weiten Verbreitung von Elektrofahrzeugen und einem damit verbundenen Rückgang der staatlichen Einnahmen im Bereich der Mineralölsteuer könnten diese Einnahmen über alternative Besteuerungsformen für Elektrofahrzeuge kompensiert werden.

Die Anschaffungspreise können anhand der Komponentenkosten abgeschätzt werden. Dies wird hier anhand eines Fahrzeugs der Klasse A, also eines Kleinwagens, durchgeführt, da diese als besonders attraktives Einsatzgebiet für Elektrotraktionssysteme gelten. Die Ergebnisse sind in **Abb. 5-21** dargestellt.

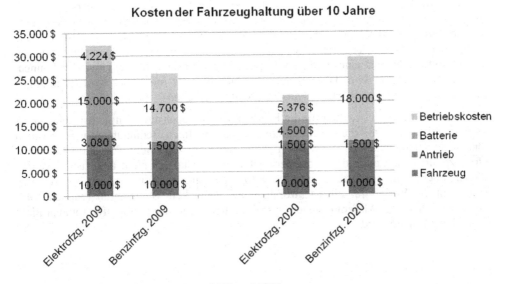

Abb. 5-21: Kosten der Fahrzeughaltung 2009 und 2020

Als Grundlage dient dabei ein Fahrzeug, das exklusive Antriebsstrang 10.000 € kostet. Bei den Batteriekosten wurde jeweils von den Preisen für Großserienprodukte ausgegangen. Bei den Kosten des Antriebsstrangs werden für die Elektrofahrzeuge die in Abschnitt 5.2.1 für die Fahrzeugklasse A ermittelten Werte herangezogen. Für 2020 wird davon ausgegangen, dass die elektrischen Antriebskomponenten im Vergleich zum Benzinfahrzeug kostenneutral hergestellt werden können. Für das Benzinfahrzeug wurden Verbrauchswerte von 7 l/100km für 2009 und 5 l/100km für 2020 angenommen. Die Haltedauer des Fahrzeugs beträgt 10 Jahre und entspricht damit dem gesamten Lebenszyklus.

Bei dieser Berechnung ohne die Berücksichtigung eines Äquivalents für die Mineralölsteuer wird deutlich, dass das Elektrofahrzeug nach heutigem Stand noch keine wirtschaftlich sinnvolle Alternative zu konventionellen Antriebssystemen darstellt. Zwar liegen die Betriebskosten weit unter denen eines konventionell betriebenen Fahrzeugs, die hohen Anschaffungskosten können darüber aber nicht amortisiert werden. Über die gesamte Haltedauer verursacht das Elektrofahrzeug der Klasse A ca. 6.000 € Mehrkosten im Vergleich zum Benzinfahrzeug. Erst mit einer weiteren Kostenreduktion im Bereich der Herstellkosten, wie sie hier für das Jahr 2020 angenommen wird, werden Elektrofahrzeuge auch aus wirtschaftlichen Gesichtspunkten für den Verbraucher interessant. Hier schneidet das Elektrofahrzeug ca. 8.000 € günstiger ab als das Vergleichsfahrzeug. Sollte jedoch eine weitere deutliche Verringerung des Kraftstoffverbrauchs erreicht werden (z. B. 3 l/100 km statt 5 l/100 km) dann wird dieser Vorteil des Elektroautos nahezu kompensiert. Für ein Fahrzeug der Klasse A ist dieser Kraftstoffverbrauch nicht unrealistisch.

5.4   Fazit Kostenentwicklung

In diesem Kapitel wurden die Kostenaspekte von Elektrofahrzeugen genauer untersucht. Bei der Betrachtung der Kosten für die Komponenten des Antriebsstrangs und der Batterie wurde deutlich, dass die heutigen Kosten vor allem des Energiespeichers noch weit über den Vergleichswerten von konventionellen Antrieben liegen. Dies ist insbesondere auf die geringen Stückzahlen zurückzuführen, die zurzeit produziert werden. Für die Komponenten des Antriebsstrangs wird davon ausgegangen, dass die heutigen Kosten in Zukunft auf das Niveau eines konventionellen Antriebsstrangs abgesenkt werden können. Die Fahrzeugbatterie wird dagegen auch in Zukunft trotz möglicher Kostensenkungen noch einen wesentlichen Wertanteil am Fahrzeug beibehalten.

Bei der Betrachtung der Kosten für die Fahrzeughaltung über den kompletten Lebenszyklus wurde deutlich, dass die Elektrofahrzeuge unter heutigen Bedingungen wirtschaftlich noch nicht interessant sind. Dies ist in erster Linie auf die hohen Anschaffungskosten zurückzuführen, die auch durch die geringeren Betriebskosten nicht amortisiert werden können. Werden hingegen die Werte für 2020 angenommen, ergibt sich aus wirtschaftlicher Sicht ein Vorteil für die Elektrofahrzeuge, wenn kein Steueranteil erhoben wird, welcher der heutigen Mineralölsteuer entspricht, und wenn der Kraftstoffverbrauch nicht deutlich vermindert wird.

6   Implikationen für die Automobilindustrie

Das Aufkommen und die weitere Verbreitung von batteriebetriebenen Elektrofahrzeugen bedingen Veränderungen innerhalb der Automobilindustrie. Diese beziehen sich dabei neben dem eigentlichen Antriebssystem auch auf weitere Komponenten, die aus technischen Gründen eng mit dem Verbrennungsmotor verknüpft sind. Durch diese Änderungen entsteht eine Reihe von Implikationen für die Automobilindustrie, die in diesem Kapitel genauer betrachtet werden.

Dazu werden in einem ersten Schritt die Komponenten identifiziert, bei denen im Zuge der Elektrifizierung mit grundlegenden Änderungen oder gar einer vollständigen Substitution gerechnet werden muss. Im Anschluss daran werden die dadurch hervorgerufenen Folgen für Zulieferer und Fahrzeughersteller (OEM) betrachtet. Zur Bewältigung der neuen Aufgaben aus dem Bereich der Elektromobilität werden Kooperationen der unterschiedlichen Marktteilnehmer erforderlich. Diese werden daher in einem eigenen Unterkapitel behandelt. Den Abschluss bildet eine Darstellung von möglichen Geschäftsmodellen, die im Rahmen der Elektrifizierung des Antriebsstrangs neue Bedeutung erlangen können.

6.1   Übersicht veränderter Fahrzeugkomponenten

In den vorangegangenen Kapiteln wurden die Komponenten des elektrischen Antriebsstrangs bereits vorgestellt und ausführlich erläutert. Neben dem Antriebsstrang sind jedoch weitere Komponenten von der Elektrifizierung des Fahrzeugs betroffen. Im Folgenden werden daher die Komponenten eines konventionellen Fahrzeugs denen eines batterieelektrischen gegenübergestellt.

Zunächst wird dabei noch einmal auf die bereits in Abschnitt 5.1 unter Kostenaspekten erläuterten Entwicklungsansätze Conversion- und Purpose-Design eingegangen. Dabei stehen hier allerdings die technischen Aspekte im Vordergrund. Daran anschließend folgt eine Übersicht der entfallenden sowie der neuen Fahrzeugkomponenten. Diese werden kurz beschrieben und die Gründe für die Entwicklung werden aufgezeigt.

6.1.1   Änderungen am Gesamtfahrzeug

Während die Struktur des konventionellen Antriebsstrangs das Erscheinungsbild heutiger Fahrzeuge wesentlich mitgeprägt hat, ergeben sich bei batterieelektrischen Fahrzeugen neue Möglichkeiten zur Gestaltung des Gesamtfahrzeugs. Das Ausmaß in dem diese Änderungspotenziale genutzt werden können, hängt dabei auch vom gewählten Entwicklungsansatz ab. Daher werden die beiden Ansätze des Conversion- und Purpose Design im Folgenden unter diesem Gesichtspunkt diskutiert.

Das Conversion Design stellt die weniger aufwändige und damit auch kostengünstigere Variante zur Entwicklung eines Elektrofahrzeugs dar. Beim Conversion Design werden die bestehenden Strukturen eines verbrennungsmotorisch angetriebenen Serienfahrzeugs lediglich modifiziert, um den Einsatz eines elektrischen Antriebsstrangs zu ermöglichen.

Dadurch können vorhandene Technologien und Konzepte weiterentwickelt und laufende Prozesse aufrechterhalten werden. Hierbei können jedoch zusätzliche Funktionalitäten sowie Package- und Ergonomievorteile aufgrund der vorgegeben Strukturen oft nicht genutzt werden. Demzufolge entstehen keine „echten" Innovationen bei der Modifizierung des klassischen Fahrzeugs. Sollen die Möglichkeiten, die sich durch die Elektrifizierung des Antriebsstrangs ergeben, vollständig genutzt werden, so ist der Entwicklungsansatz des Purpose Designs vorzuziehen.

Das Purpose Design befasst sich im Gegensatz zum Conversion Design mit den Veränderungen im gesamten Fahrzeug. Neben neuen Antriebskonzepten werden zusätzliche Funktionalitäten verbaut, sowie neue Ergonomie und Bedienkonzepte entwickelt. Des Weiteren lassen sich Fahrzeugkomponenten vollständig neu anordnen und somit Packagevorteile ausnutzen. Komponenten wie elektrische Lenkung, elektrische Bremse und erweitertes Thermomanagement können integriert und überflüssige Komponenten können entfernt werden. Zugleich werden Leichtbaumaßnahmen angewendet. Das Fahrwerk kann aufgrund der üblicherweise niedrigeren Höchstgeschwindigkeit der batteriebetriebenen Elektrofahrzeuge auf geringere Geschwindigkeiten ausgelegt werden. Eine Übersicht über die mit den beiden Entwicklungsansätzen verbundenen Aspekte gibt **Abb. 6-1**.

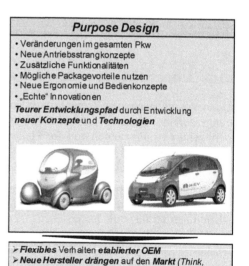

Conversion Design
- Änderung des Antriebsstrangs
- Keine zusätzlichen Funktionalitäten
- Keine Vorteile durch neues Package
- Keine Vorteile durch neue Ergonomie
- Keine „echten" Innovationen

Kostengünstigster Entwicklungspfad durch **Modifizierung** von **Serienfahrzeugen** und *Weiterentwicklung* bestehender **Technologien** und **Konzepte**

➢ Beibehalten *bestehender Strukturen*
➢ *Laufende Prozesse* können *aufrechterhalten* werden

Purpose Design
- Veränderungen im gesamten Pkw
- Neue Antriebsstrangkonzepte
- Zusätzliche Funktionalitäten
- Mögliche Packagevorteile nutzen
- Neue Ergonomie und Bedienkonzepte
- „Echte" Innovationen

Teurer Entwicklungspfad durch Entwicklung *neuer Konzepte* und **Technologien**

➢ *Flexibles* Verhalten *etablierter OEM*
➢ *Neue Hersteller drängen* auf den *Markt* (Think, Tesla, Lightning, Miles)
➢ Etablierung *neuer Kooperationen*

Abb. 6-1: Zusammenfassung Conversion- und Purpose Design [IKA09]

Durch die neue Anordnung der Fahrzeugkomponenten entstehen weiterhin differenzierte Crashanforderungen. Wird der Antriebsmotor nicht mehr, wie bei konventionellen Antriebssystemen üblich in der Fahrzeugfront sondern im Heck verbaut, hat dies einen Einfluss auf die beim Frontalcrash absorbierbare Energie, aber auch auf die zur Energieabsorption realisierbaren Strukturen. Um eine gleichbleibende oder gar gesteigerte Sicherheit für die Insassen zu bieten, müssen hier also neue Maßnahmen der passiven Sicherheit angewendet werden. Bei einer Anordnung der Fahrzeugbatterien im Unterboden, muss bei einem Seitenaufprall der Schutz des Batterie-Blocks gewährleistet sein, um etwaige Schäden in Form von Verbrennung und Bruch vorzubeugen. Folglich ergeben sich auf dem Gebiet der passiven Sicherheit auch beim Purpose Design Ansatz neue Herausforderungen.

Die Bestrebungen der OEM, die den Ansatz des Purpose Designs verfolgen, sind langfristiger und nachhaltiger Natur. Ein flexibles Verhalten, mögliche neue Kooperationen und ein Wettbewerbsvorsprung der etablierten Unternehmen sind die Folge. Dieser Ansatz ist jedoch im Vergleich zum Conversion Design teuer und es ist ein hoher Entwicklungsaufwand für neue Konzepte und Technologien erforderlich. Daher werden derzeit die Conversion-Design-Fahrzeuge, die auf bestehende Plattformen basieren, bei den bestehenden OEMs favorisiert. Neue OEMs, z. B. Think, hingegen versuchen oft, die Fahrzeugarchitektur direkt an die Bedürfnisse des Elektrofahrzeuges anzupassen und verfolgen so den Purpose-Design-Ansatz.

Die Notwendigkeit, die komplette Fahrzeugarchitektur auf die Bedürfnisse eines Elektrofahrzeuges auszulegen, ist dabei nicht neu. Bereits Anfang der 1990er Jahre hatte BMW mit dem E1 genannten Modell ein Purpose-Design Elektroauto als Prototyp aufgebaut, vgl. **Abb. 2-23**. Bei den Bemühungen es wirtschaftlich fertigen zu können, hat schließlich nur die Erweiterung auf den Einbau eines Verbrennungsmotors zu einer Lösung geführt. Sonst wären die für eine wirtschaftlich sinnvolle Produktion erforderlichen Stückzahlen nicht zu erreichen gewesen. Die Entwickler haben damals den BMW-Motorradmotor als Antriebseinheit an der Vorderachse vorgesehen, der Elektromotor wirkte auf die Hinterachse. So war auch ein sogenannter „Hybrid über die Straße" realisiert. Die große Stückzahl des E1 sollte mit dem Einbau des Verbrennungsmotors allein erreicht werden. So war aus dem Purpose-Design Elektrofahrzeug ein Conversion Design Verbrennungsmotor-Fahrzeug geschaffen worden. Der Rückgang des Interesses am Thema Elektrofahrzeug und der Kauf der Firma Rover hat dieser Entwicklung dann ein Ende gesetzt.

6.1.2 Übersicht der entfallenden Komponenten

Mit der vollständigen Elektrifizierung des Antriebsstrangs eines Fahrzeugs geht der Entfall einiger klassischer Komponenten einher. Neben der Darstellung der Komponenten werden die entsprechenden Zusammenhänge erläutert. Für einige der Komponenten ist dabei eine Differenzierung zwischen Purpose- und Conversion Design sinnvoll.

Bei beiden Entwicklungsansätzen müssen die Fahrzeugkomponenten des Antriebsstrangs bestehend aus Motor, Kupplung, Getriebe, Kardanwelle, Differential und Rädern neu strukturiert, teilweise substituiert oder entfernt werden. Die Drehmomentcharakteristik des Elektromotors bedingt dabei Modifizierungen des übrigen Antriebsstrangs. So steht das maximale Drehmoment bereits ab dem Stillstand und danach über einen großen Drehzahlbereich zur Verfügung. Aus diesem Grund kann auf ein Schaltgetriebe sowie eine Anfahrkupplung verzichtet werden. Des Weiteren entfallen durch den Einsatz eines Elektromotors der Kraftstoffbehälter, die Kraftstoffpumpe sowie die entsprechenden Leitungen und das Einspritzsystem, der Anlasser sowie die komplette Abgasanlage. Eine Lichtmaschine wird ebenfalls nicht mehr benötigt, da die elektrische Energieversorgung über andere Quellen sichergestellt werden muss.

Weitere Komponenten, die beim konventionellen Antrieb auf hydraulischen bzw. mechanischen Wirkprinzipien beruhen, lassen sich in Fahrzeugen ohne Verbrennungsmotor nur bedingt einsetzen. Die mechanisch-hydraulische Servo-Lenkung sowie mechanische Unterdruckpumpen zur Bremskraftunterstützung sind davon betroffen. Insbesondere bei den überwiegend hydraulischen Systemen sind hier erhebliche Änderungen notwendig.

Komponenten			Kompetenz bei	
Fahrzeug-bereich	System	Bauteil	OEM	Zulieferer
Antrieb	Verbrennungsmotor	Kurbelgehäuse	◑	◑
		Kurbelwelle	◑	◑
		Kolben	◔	◕
		Pleuel	◔	◕
		Laufbuchsen	◑	◑
		Zylinderkopf	◑	◑
		Ventile	◔	◕
		Nockenwellen	◑	◑
		Nockenwellenverstellung	◑	◑
		Gleitlager und Schmierung	◑	◑
		Kühlkreislauf	◑	◑
		Aufladung (Turbo, Kompressor)	◔	◕
		Motorsteuerung	◕	◔
	Kraftstoffversorgung	Tankgefäß	◔	◕
		Kraftstoffpumpe	○	●
		Einspritzsystem	○	●
		Leitungssystem	○	●
	Abgasanalge	Abgaskrümmer/Rohre	○	●
		Drei-Wege-Katalysator	○	●
		NOx Katalysator	○	●
		SCR-System	○	●
	Kupplung	Scheibenkupplung	◔	◕
		Hydrodynamischer Wandler	◑	◑
	Getriebe	Gehäuse	◑	◑
		Zahnräder	◔	◕
		Schaltvorrichtung	◑	◑
		Kugellager	○	●
		Schmierung	○	●
Fahrwerk	Lenkung	Hydraulische Lenkhilfpumpe	○	●
		Hydraulischer Aktuator	○	●
		Hydraulikleitungen	○	●
	Bremse	Unterdruck-Bremskraftverstärker	○	●
		Bremspedal (mechanisch)	◑	◑
	Radaufhängung	Hohe Geschwindigkeiten	◑	◑

Abb. 6-2: Darstellung der im batteriebetriebenen Elektrofahrzeug entfallenden Komponenten

Die Anordnung des Elektromotors hat Auswirkungen auf den Verbleib der Kardanwelle und des Differentials. Beim Purpose Design besteht prinzipiell die Möglichkeit zur Verwendung mehrere Elektromotoren, die allerdings kostenmäßig zu bewerten sind. Diese

Motoren können radweise entweder direkt als Radnabenmotor oder auch nur radnah angeordnet werden, so dass der Einbau der Kardanwelle und des Differentials nicht mehr erforderlich ist. Natürlich besteht auch beim Purpose-Design nach wie vor die Möglichkeit, einen einzelnen Motor zur Bereitstellung der Antriebsleistung zu verwenden. Dieser wird dann üblicherweise an der Antriebsachse quer eingebaut und zur Durchführung der Antriebswelle mit einem hohlen Rotor versehen. Bleibt bei der Anwendung des Conversion Design Ansatzes die Struktur des Serienfahrzeugs erhalten, wird darüber die Anordnung der Antriebsstrangkomponenten vorgegeben. Dabei wird üblicherweise der durch den Verbrennungsmotor frei gewordene Bauraum zur Unterbringung eines einzelnen Elektromotors sowie der Steuerungselektronik und der Umrichter verwendet. Wird nur ein Antriebsmotor verwendet, müssen die klassischen Antriebsstrangkomponenten wie Antriebswellen, Seitenwellen und Differential erhalten bleiben.

Einen Überblick der beim batteriebetriebenen Elektrofahrzeug im Vergleich zu konventionell betriebenen Fahrzeugen voraussichtlich entfallenden Komponenten gibt **Abb. 6-2**. Die dargestellte Kompetenzverteilung bezieht sich hierbei nicht nur auf die Fertigung der jeweiligen Komponenten. Vielmehr soll die Kompetenzzuordnung erste Anhaltspunkte dafür liefern, in welchem Ausmaß der jeweilige Akteur vom Entfall der Komponenten betroffen ist. Neben den bereits diskutierten Komponenten des Antriebs ergeben sich dabei auch Änderungen im Bereich des Fahrwerks. Diese werden im Rahmen der neuen Komponenten im nächsten Abschnitt genauer betrachtet.

6.1.3 Übersicht der neuen Fahrzeugkomponenten

Neben den Komponenten des Antriebsstrangs, die im Zuge der Elektrifizierung nicht mehr benötigt werden, gibt es eine Reihe weiterer Komponenten, bei denen mit einer grundlegenden Veränderung des Wirkungsprinzips gerechnet wird. Analog zur Darstellung der voraussichtlich entfallenden Komponenten gibt **Abb. 6-3** einen Überblick über die mit dem batteriebetriebenen Elektrofahrzeug neu aufkommenden Komponenten. Die einzelnen Bauteile werden im Folgenden genauer betrachtet.

Komponenten			Kompetenz bei	
Fahrzeugbereich	System	Bauteil	OEM	Zulieferer
Antrieb	Traktionselektromotor	Stator/Rotor	◔	◕
		Leistungselektronik	◑	◑
Bordnetz	Traktionsbatterie	Zellen	○	●
		Batteriemanagement	◕	◔
		Gehäuse	◔	◕
		Ladegerät	○	●
	Hochspannungsnetz	Absicherung/Verkabelung	○	●
		Gleichspannungswandler (12V)	○	●
Fahrwerk	Bremse	Bremspedal (by Wire)	◔	◕
		Steuergerät	◕	◔
	Radaufhängung	Niedrige Geschwindigkeiten	◑	◑

Abb. 6-3: Darstellung der neuen Komponenten im batteriebetriebenen Elektrofahrzeug

6.1.3.1 Komponenten des Antriebsstrangs

Die erste und offensichtlichste Substitution ergibt sich durch den Austausch der Antriebsstrangkomponenten. Der klassische Verbrennungsmotor sowie die zugehörige Abgasanlage und der Kraftstofftank werden entfernt und durch einen Elektromotor samt elektronischer Steuerung und einen geeigneten Energiespeicher in Form einer Traktionsbatterie ersetzt, siehe **Abb. 6-4**. Die weitere Entwicklung der oben erwähnten Radnabenmotoren wird im Zuge der Elektrifizierung stark hervorgehoben. Neben den offensichtlichen Packagevorteilen bieten Radnabenmotoren die Möglichkeit, den klassischen Antriebsstrang mit Getriebe, Differential und Kardanwelle bzw. Antriebswelle zu entfernen und somit eine Steigerung der Effizienz durch den Wegfall der verschiedenen Übersetzungen und damit der Reibungsverluste zu erreichen. Die Entwicklung der Radnabenmotoren steckt jedoch noch in den Kinderschuhen. Probleme wie Lebensdauer, Temperatur- und Schmutzempfindlichkeit sowie Leistungssteigerung müssen gelöst werden. Das Schwingungsverhalten der sogenannten „ungefederten Massen" bezogen auf den Fahrkomfort und die Haltbarkeit der Radnabenmotoren ist zudem ein „offener Punkt", der bearbeitet werden muss. Eine Produktion wird nach Expertenmeinung nicht vor 2015 erwartet.

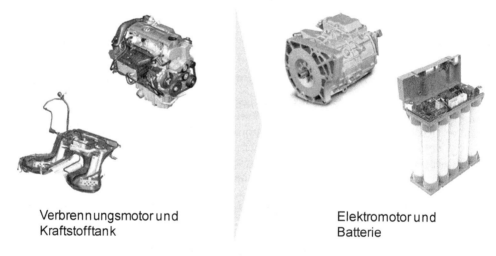

Verbrennungsmotor und
Kraftstofftank

Elektromotor und
Batterie

Abb. 6-4: Gegenüberstellung Verbrennungs- und Elektromotor

Die zur Bereitstellung der Antriebsleistung benötigte Energie wird bei batterieelektrischen Fahrzeugen nicht mehr in Form von Kraftstoff im Tankgefäß mitgeführt, sondern ausschließlich in einer Batterie gespeichert. Hierzu existieren unterschiedliche Batterietechnologien, die bereits in Abschnitt 4.1.3 diskutiert wurden. Dabei wurde deutlich, dass derzeit insbesondere Batteriesysteme auf Basis der Lithium-Ionen-Technologie für den Einsatz als Traktionsbatterien in Kraftfahrzeugen geeignet sind. Dies ist darauf zurückzuführen, dass Lithium-Ionen-Batterien sehr hohe Energiedichten bieten. Dadurch kann im Vergleich zu anderen Batteriesystemen bei gleichem Gewicht mehr Energie mitgeführt werden, was sich positiv auf die erzielbare Reichweite auswirkt. Die Lithium-Ionen-Technologie wurde in den letzten Jahren erheblich weiterentwickelt, dennoch wird ihr weiteres Entwicklungspotenzial bescheinigt.

Die in der Traktionsbatterie gespeicherte elektrische Energie kann nicht unmittelbar zur Versorgung des Antriebs genutzt werden. Die konstante Gleichspannung der Batterie muss zunächst in die vom Motor benötigte Form umgewandelt werden, vgl. Abschnitt 4.1.1. Bei Gleichstrommotoren geschieht dies durch die Anpassung von Spannung und Stromstärke an den Betriebspunkt und den vom Fahrer vorgegeben Drehmomentbedarf. Für den Betrieb der häufig eingesetzten Asynchron- oder Synchronmaschine wird dagegen ein dreiphasiger Wechselstrom benötigt, der zunächst über eine entsprechende Leistungselektronik generiert werden muss. Neben der Ansteuerung des Motors über die Leistungselektronik wird auch ein übergeordnetes Steuergerät verwendet. Dieses verarbeitet die Daten, die von den Fahrzeugsensoren kommen und stellt somit Funktionen wie Schlupfregelung und Stabilitätskontrolle zur Verfügung.

6.1.3.2 Komponenten des Bordnetzes

Die Spannung der Traktionsbatterie liegt mit 300 V bis 500 V weit über der heute üblichen Bordnetzspannung von 12 V. Dies ist darauf zurückzuführen, dass für den Betrieb eines Traktionsmotors hohe Leistungen abgerufen werden. Diese hohen Leistungen lassen sich bei hohen Spannungen und damit kleineren Stromstärken verlustärmer übertragen. Deshalb hat ein Teil des Bordnetzes eines batteriebetriebenen Elektrofahrzeugs eine höhere Spannung. Der Übergang zum klassischen Bordnetz wird über einen Gleichspannungswandler realisiert, **Abb. 6-5**. Innerhalb dieses Niederspannungsbordnetzes können dann konventionelle Licht-, Infotainment- sowie weitere Komfortsysteme eingesetzt werden.

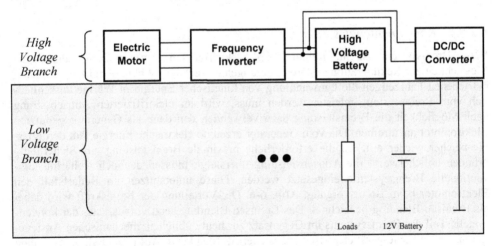

Abb. 6-5: Hoch- und Niederspannungsbordnetz

6.1.3.3 Thermomanagement

Die Substitution des Verbrennungsmotors wirkt sich auch auf eine Reihe der Nebenaggregate aus, deren Funktionsweise eng mit dem Verbrennungsmotor verknüpft ist. Davon betroffen ist unter anderem das Thermomanagement des Fahrzeugs. Zu dessen Aufgaben gehört neben der Innenraumklimatisierung auch die Kühlung der Antriebskomponenten. Die klassischen Aufgaben werden im batteriebetriebenen Elektrofahrzeug um das Temperaturmanagement der Batterie erweitert. Während des normalen Betriebs muss die Batterie aufgrund der auftretenden Verluste gekühlt werden. Beim Start des Fahrzeugs bei niedrigen Außentemperaturen kann dagegen ein Aufheizen der Batterie erforderlich werden. Dies ist darauf zurückzuführen, dass Lithium-Ionen-Batterien bei niedrigen Temperaturen nur sehr geringe Leistungen abgeben können.

In der Vergangenheit hat die vom Verbrennungsmotor abgegebene Verlustwärme das Kühlwasser zuverlässig auf eine hohe Temperatur gebracht. Dies ist aufgrund der höheren Wirkungsgrade der elektrischen Komponenten nicht mehr der Fall. Das Kühlwasser des Motors kann jetzt also nicht mehr als Wärmequelle herangezogen werden. Daher muss die Wärmeenergie, die primär zur Klimatisierung des Innenraums verwendet werden soll, über geeignete Systeme bereitgestellt werden. Dies kann direkt über die Erwärmung der Innenraumluft über sogenannte PTC-Heizer oder indirekt über die Erwärmung eines flüssigen Mediums geschehen. Bei Purpose-Design Fahrzeugen bietet sich die direkte Variante, also die unmittelbare Lufterwärmung, an, während bei Conversion-Design Fahrzeugen, bei denen die Komponenten der Innenraumklimatisierung nicht ausgetauscht werden sollen, eine Wasserheizung eingesetzt wird. Grundsätzlich bereitet die Umwandlung von elektrischer Energie in Wärme keine Schwierigkeiten. Die dazu benötigte Energie muss allerdings der Batterie entnommen werden und sie steht damit nicht mehr zum Antrieb zur Verfügung. Dadurch wird das kritische Auslegungsmerkmal „Reichweite" negativ beeinflusst. Der zur Kühlung benötigte Klimakompressor muss im Elektrofahrzeug direkt elektrisch angetrieben werden. Entsprechende Komponenten zur bedarfsgerechten Ansteuerung werden bereits heute verwendet.

6.1.3.4 Komponenten des Fahrwerks

Beim Bremssystem ist im Rahmen des elektrifizierten Antriebsstrangs durch die Möglichkeit zur Rekuperation mit Veränderungen zu rechnen. Während bei konventionell betriebenen Fahrzeugen die Umwandlung von kinetischer Energie in Wärme ausschließlich vom Bremssystem geleistet werden muss, wird im elektrifizierten Antriebsstrang nach Möglichkeit die Bremsleistung dazu verwendet, den dann als Generator genutzten Elektromotor anzutreiben. Die vom Generator erzeugte elektrische Energie lädt den Energiespeicher wieder auf. Da die erforderliche maximale Bremsleistung aus Sicherheitsgründen üblicherweise die Antriebsleistung übersteigt, müssen dennoch weiterhin konventionelle Bremssysteme eingesetzt werden. Diese unterstützen im Bedarfsfall den Elektromotor beim Bremsvorgang, **Abb. 6-6**. Die Verteilung der Bremskraft wird dabei als Bremsen-Blending bezeichnet. Das Bremsen-Blending setzt voraus, dass der konventionelle Teil des Bremssystems im Gegensatz zur heute üblichen, mechanischen Ansteuerung über ein Steuergerät elektrisch angesteuert werden kann. Auf jeden Fall muss es eine intelligente Verknüpfung von elektrischer Bremsung mit der Pedalbetätigung für die mechanische Reibungsbremse geben.

Mit dem Entfall des Verbrennungsmotors steht auch kein Saugrohrunterdruck mehr zur Verfügung, der zum Betrieb eines Bremskraftverstärkers erforderlich ist. Der Unterdruck kann im Elektrofahrzeug über eine elektrisch angetriebene Vakuumpumpe erzeugt werden, was bei Conversion Design Fahrzeugen eine einfache Möglichkeit zum Beibehalten der übrigen Komponenten darstellt. Durch diese konventionellen Komponenten gestaltet sich das Bremsen-Blending allerdings schwierig. Bei Purpose Design Fahrzeugen wird das Problem zukünftig über elektrifizierte Bremssysteme gelöst.

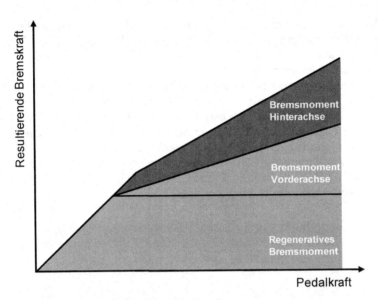

Abb. 6-6: Verteilung der Bremskraft bei der Rekuperation

Abb. 6-7 stellt zwei unterschiedliche elektrische Bremssysteme gegenüber, die allerdings beide noch fertig zu entwickeln sind. Bisher wird daran gedacht, neben dem rekuperativen Bremsen nur an der Hinterachse die mechanische Reibungsbremse elektrisch anzusteuern, während auf die mechanische Vorderachsbremse auch konventionell über das Bremspedal zugegriffen wird.

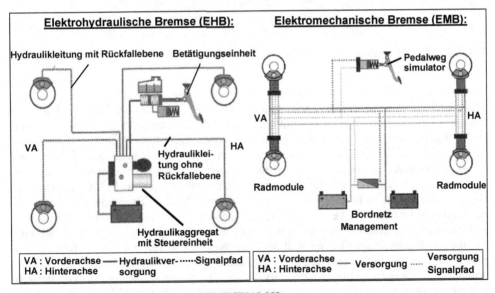

Abb. 6-7: Gegenüberstellung EHB und EMB [WAL08]

Zunächst kann mit der elektrohydraulische Bremse (EHB) ein dem klassischen Bremssystem sehr ähnliches System verwendet werden. Während die Aktuatoren am Rad nach wie vor auf dem hydraulischen Prinzip des klassischen Systems beruhen, wird die Bremskraft bei der EHB nicht mehr durch die Pedalkraft des Fahrers erzeugt. Dazu kommt ein Hydraulikaggregat zum Einsatz, das elektrisch betrieben wird. Hier bietet sich eine einfache Möglichkeit zur elektrischen Ansteuerung im Rahmen des Bremsen-Blendings. Die elektrohydraulische Bremse befindet sich bereits im Serieneinsatz. Beispiele für die Anwendungen sind die Fahrzeuge Mercedes-Benz SL sowie die Hybridfahrzeuge des Toyota-Konzerns. Das Hydraulikaggregat und das zugehörige Druckreservoir sind in **Abb. 6-8** dargestellt. Die Einführung der EHB in konventionellen Fahrzeugen war aber mit soviel Problemen verknüpft, dass diese Innovation nicht durchgängig umgesetzt worden ist, sondern sogar vom Markt zurückgezogen wurde.

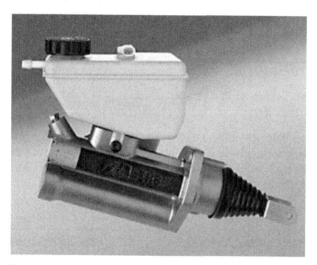

Abb. 6-8: Hydraulikaggregat einer elektrohydraulische Bremse

Als nächster Entwicklungsschritt auf dem Gebiet der Bremsentechnologie wird die elektromechanische Bremse (EMB) angesehen. Diese könnte auch als Keilbremse realisiert werden. Die EMB kommt ohne hydraulische Komponenten aus. Die Bremskraft wird hier in den Radmodulen direkt über elektrische Aktuatoren erzeugt. Zur Erzeugung der benötigen Bremskraft wird bei der elektromechanischen Bremse ein leicht abgeändertes Wirkprinzip verwendet. Im konventionellen Bremssystem wird das Bremsmoment durch eine Kraft erzeugt, welche die Bremsbeläge an die Bremsscheibe presst. Bei der Keilbremse kommt dagegen ein selbstverstärkendes Prinzip zum Einsatz. Die Bremsbeläge werden per Elektromotor über eine keilförmige Anlagefläche an einem Keil zwischen Bremssattel und Bremsscheibe geschoben, **Abb. 6-9**. Kommt es zu einer Berührung zwischen Bremsscheibe und Bremsbelag, wird der Keil durch die Reibung weiter in den Spalt hineingezogen. Damit das Rad nicht blockiert, muss der Elektromotor den Keil nun in dieser Position festhalten. Die Regelung dieses Vorgangs ist aufwändig und macht das System dadurch komplexer als herkömmliche Bremssysteme. Durch die Selbstverstärkung erfordert die Keilbremse allerdings nur geringe elektrische Stellenergien. Ein erster Anlauf, diese elektro-mechanische Keil-Bremse in konventionellen Fahrzeugen zu realisieren ist aus mehreren Gründen fehlgeschlagen. Für Elektrofahrzeuge sollte an diesem Prinzip jedoch weiter gearbeitet werden, Möglicherweise qualifiziert sich diese Bremse dann auch für konventionell angetriebene Fahrzeuge. Das Prinzip ist auch für druckluftgebremste Fahrzeuge interessant, die dadurch den Druckluftverbrauch erheblich senken könnten.

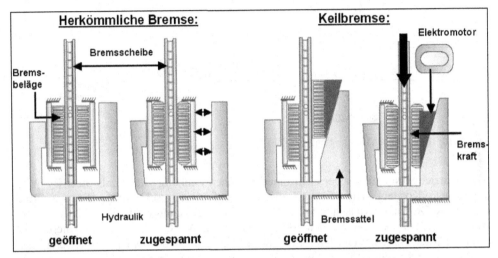

Abb. 6-9: Gegenüberstellung konventionelle Bremse und Keilbremse [WAL08]

Die Lenkung stellt im Zuge der Elektrifizierung des Antriebsstranges einen weiteren Ansatzpunkt für Veränderungen dar. Die klassische hydraulische Lenkunterstützung basiert auf einer vom Riementrieb mit Leistung versorgten Pumpe, die hydraulischen Druck für die Lenkkraftunterstützung zur Verfügung stellt. Da die Leistungsaufnahme der Pumpe ursprünglich nahezu unabhängig von der tatsächlich benötigten Lenkkraftunterstützung erfolgte, wurde diese Pumpe zunehmend durch bedarfsgerecht ansteuerbare elektrische Pumpen ersetzt. Grundsätzlich lassen sich solche Systeme auch für Elektrofahrzeuge einsetzten. Allerdings wird die Lenkkraftunterstützung bereits bei einer großen Zahl von verbrennungsmotorisch angetriebenen Fahrzeugen komplett über elektromechanische Komponenten realisiert, da damit Kraftstoff in der Größenordnung von 0,3 l/100 km eingespart werden kann.

Bei der elektromechanischen Servolenkung wird die Lenkbewegung durch einen an der Lenksäule oder an der Zahnstange wirkenden Elektromotor unterstützt. Dadurch erfolgt die bisher hydraulisch betriebene Unterstützung nun komplett „trocken", was bei einem batterie-elektrischen Fahrzeugs wünschenswert ist. Zusätzlich kann die Lenkunterstützung bei einem solchen System per Software angepasst werden. Dies ermöglicht eine fahrsituationsabhängige Auslegung der Hilfskraft. So kann über eine geringere Unterstützung bei schneller Fahrt das Fahrzeug ruhiger gehalten werden, während beim Parkieren die volle Hilfskraft abgerufen werden kann. Ebenso wie die elektrohydraulische Bremse befindet sich die elektromechanische Lenkung bereits im Serieneinsatz. Innerhalb des Volkswagen-Konzerns werden z. B. Fahrzeuge auf Basis der Plattform PQ35 serienmäßig mit einem solchen Lenksystem ausgestattet, **Abb. 6-10**.

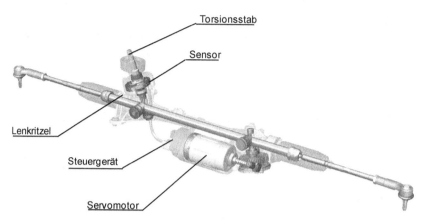

Abb. 6-10: Elektromechanische Lenkung [ZFR09]

Als potenzieller Nachfolger der elektromechanischen Lenkung gilt das als Steer-By-Wire bezeichnete Konzept. Hierbei wird die Lenkung mechanisch vollständig vom Rad entkoppelt. Der Fahrerwunsch in Form einer Lenkradbewegung wird mittels eines Sensors erfasst und an die entsprechenden Aktuatoren an der Achse gesendet. Über diese wird dann der Radlenkwinkel eingestellt. Damit der Fahrer trotz des fehlenden mechanischen Kontakts zum Rad eine Rückmeldung über den Fahrzustand erhält, werden über Sensoren die Spurstangenkräfte gemessen und über einen Aktuator am Lenkrad dargestellt, **Abb. 6-11**. Die vollständige mechanische Entkopplung vereinfacht die Applikation von Komfortmerkmalen, bei denen der tatsächliche Lenkwinkel nicht den Vorgaben des Fahrers entsprechen muss.

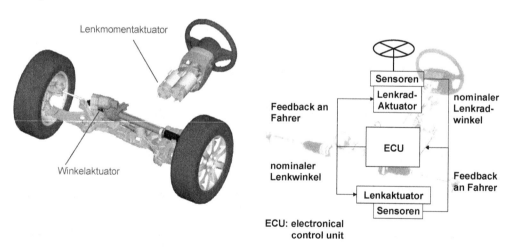

Abb. 6-11: Funktionsprinzip Steer-by-Wire [WAL08]

Dazu zählen Funktionen wie der Lenkeingriff zur Fahrzeugstabilisierung sowie eine automatische Einparkhilfe oder sogar automatisches Folgen. Die gewünschten Zusatzfunktionalitäten des Steer by Wire lassen sich auch mit sogenannten Überlagerungslenkungen realisieren, bei denen die mechanische Verbindung zwischen Lenkrad und

Vorderachse erhalten bleibt. Darüber hinaus bieten sich beim Steer by Wire Packagevorteile sowie freie Gestaltungsmöglichkeiten bei der Anordnung von Achse und Lenkrad. Konkrete Realisierungen des Konzepts befinden sich noch in der Prototypenphase. Die beim Steer-by-Wire realisierte mechanische Entkopplung ist aus Sicherheitsaspekten als kritisch einzustufen. Bei einem Ausfall des elektrischen Systems ist das Fahrzeug nicht mehr lenkbar, was zu Problemen im Hinblick auf die geltenden Sicherheitsbestimmungen führt. Deshalb kann ein Serieneinsatz noch nicht zuverlässig vorausgesagt werden.

Die Elektrifizierung des Antriebsstrangs bis hin zu batteriebetriebenen Fahrzeugen bedeutet aus technischer Sicht also mehr als die reine Substitution des Antriebssystems. Es sind eine Reihe weiterer Komponenten und Systeme wie das Thermomanagement sowie die Fahrwerkskomponenten Lenkung und Bremse betroffen.

6.1.4   Konsequenzen für Automobilzulieferer

Die durch die Elektrifizierung hervorgerufenen Änderungen am Fahrzeug betreffen dabei nicht nur die Fahrzeughersteller selbst. Eine Vielzahl der Komponenten, die in einem Fahrzeug verbaut werden, stammt von Zulieferunternehmen. Die Verantwortung, die diese Zulieferer dabei übernehmen, reicht von der reinen Auftragsfertigung einzelner Bauteile bis hin zur selbstständigen Entwicklung ganzer Systeme. So liegen bereits etwa zwei Drittel des Wertschöpfungsanteils an einem Fahrzeug bei den Automobilzulieferern [MAM04]. Die zunehmende Elektrifizierung, an deren Ende ein batteriebetriebenes Elektrofahrzeug stehen kann, wird demzufolge auch weitreichende Auswirkungen auf die Automobilzulieferer haben. Diese Konsequenzen für die Zulieferer werden in diesem Kapitel genauer betrachtet.

Obwohl die Integration und die Gesamtauslegung des bei batteriebetriebenen Elektrofahrzeugen entfallenden Verbrennungsmotors häufig durch die OEM getragen werden, besitzen eine Reihe von Zulieferern auf dem Gebiet einzelner Motorkomponenten eine hohe Entwicklungs- und Fertigungskompetenz. So werden eine Reihe großer Gußteile wie das Kurbelgehäuse, der Zylinderkopf sowie Teile des Ansaugsystems von Zulieferern gefertigt, **Abb. 6-12**.

Abb. 6-12: Kurbelgehäuse, Zylinderkopf und Ansaugsystem [KFZ09]

Das Kurbelgehäuse dient dabei der Aufnahme der Gleitlager, die wiederum die Kurbelwelle tragen. An der Kurbelwelle werden über Pleuelstangen die Kolben angebunden,
Abb. 6-13. Die Zylinder, in denen sich die Kolben im Motor später bewegen, werden mit
besonders gehärteten Laufflächen versehen. Damit zwischen Kolben und Laufläche kein
großer Spalt entsteht, über den der zum Antrieb benötigte Gasdruck entweichen könnte,
werden die Kolben mit Ringen versehen, die diesen Spalt abdichten.

Abb. 6-13: Kurbelwelle mit Pleuel und Kolben [YAM09]

Der Zylinderkopf befindet sich oberhalb der Zylinderöffnungen im Kurbelgehäuse und
dichtet diese ab. Im Zylinderkopf sind weitere Funktionen integriert. Die Ventile zum
Schließen der Ansaug- und Abgasöffnungen sowie die Nockenwelle zu deren Steuerung
sowie Zündvorrichtungen von Ottomotoren werden hier untergebracht, **Abb. 6-14.**

Nockenwelle	Ventile

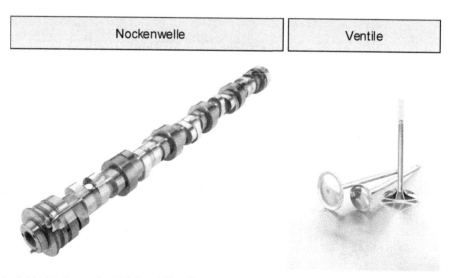

Abb. 6-14: Nockenwelle (links) und Ventile (rechts) [MAH09]

Neben den Komponenten des eigentlichen Verbrennungsmotors wird auch die komplette Kraftstoff- sowie die Abgasanlage bei einem batteriebetriebenen Elektrofahrzeug nicht mehr benötigt. Die Kraftstoffanlage umfasst dabei neben dem Tankgefäß, der Kraftstoffpumpe und entsprechenden Leitungssystemen auch Systeme zur Einspritzung des Kraftstoffs. Diese Einspritzsysteme wurden in den vergangenen Jahren aufgrund ihres Potenzials zur Verbraucheinsparung sowohl für Otto- als auch Dieselmotoren entscheidend weiterentwickelt. Bei der Direkteinspritzung, bei der der Kraftstoff unmittelbar in den Brennraum eingebracht wird, werden dabei sehr hohe Drücke (bis 2000 bar) und elektronisch angesteuerte Ventile verwendet, **Abb. 6-15**. Die Entwicklung und Fertigung der Komponenten und Systeme im Bereich der Kraftstoffversorgung wird dabei nahezu ausschließlich von Zulieferern getragen.

Abb. 6-15: Hochdruckpumpe und zugehöriges Einspritzventil [BOS09]

Die Abgasanlage umfasst neben dem Abgaskrümmer und einer Reihe von Rohren insbesondere Systeme zur Abgasnachbehandlung. Diese gewinnen im Bereich der Verbrennungsmotoren aufgrund der sich verschärfenden Emissionsgesetzgebung zunehmend an Bedeutung. Dementsprechend wurden von den Automobilzulieferern unterschiedliche Systeme zur Reduktion der Emissionen entwickelt. Bei Ottomotoren gilt ein Drei-Wege-Katalysator schon seit geraumer Zeit als Standard, auf dem Gebiet der Dieselmotoren kommen vermehrt Partikelfilter sowie Selective-Catalytic-Reduction (SCR) Systeme zur Abgasnachbehandlung auf, **Abb. 6-16**.

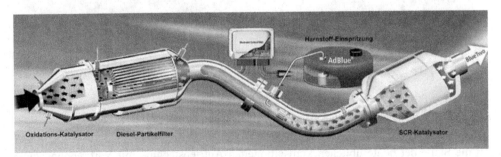

Abb. 6-16: Abgasnachbehandlung eines Dieselmotors [CIA09]

Die hier gezeigten Komponenten des Motors, der Kraftstoffversorgung sowie der Abgasanlage, deren Fertigung und Entwicklung von Automobilzulieferern getragen wird, benötigen dabei insbesondere Kompetenzen bei Werkstoffen und in der Thermodynamik. Verliert der Verbrennungsmotor im Zuge der Elektrifizierung im Fahrzeugbau zunehmend an Bedeutung, ist von einer entsprechenden Verkleinerung des Marktes für diese Komponenten auszugehen. Die auf diese Bauteile spezialisierten Hersteller müssen daher bei einer fortschreitenden Elektrifizierung des Antriebsstrangs aufgrund der herausragenden Bedeutung der Automobilindustrie für den Motorenbau mit einer gravierenden Veränderung der Nachfrage nach ihren Produkten rechnen. Wesentliche Veränderungen werden aber wohl noch eine Weile auf sich warten lassen.

Auch im Bereich der Fahrzeuggetriebe, die häufig von Zulieferern bezogen werden, kann durch die weitere Verbreitung von batterieelektrischen Fahrzeugen mit deutlichen Änderungen gerechnet werden. Während die hochentwickelten und komplexen Schaltgetriebe, die teilweise automatisierte Gangwechsel ermöglichen, einen sehr hohen technischen Reifegrad erlangt haben, werden diese im elektrischen Antriebsstrang nicht mehr benötigt, bzw. wird sich ihre Komplexität ändern, wie das bei Mercedes eingesetzte Getriebe zeigt. Das vom Elektromotor abgegeben Drehmoment steht über einen weiten Drehzahlbereich zur Verfügung, so dass für einfache Elektrofahrzeuge ein einstufiges Getriebe zur Anpassung der Motor- an die Raddrehzahl als ausreichend angesehen wird. Dies reduziert die Komplexität der bisher eingesetzten Getriebe deutlich. Die Anzahl der in einem solchen einstufigen Getriebe verbauten Zahnräder sinkt stark ab, die verbleibenden Zahnräder müssen dafür größeren Belastungen standhalten können. Gleiches gilt für die notwendigen Kugellager. Das Differential, also das Achsverteilergetriebe, bleibt bei der Verwendung eines einzelnen Elektromotors vorerst bestehen. Beim Einsatz von Radnabenmotoren kann aber auch das Differential entfallen. Die akustische Optimierung der Getriebe stellt allerdings eine neue Herausforderung dar, wie sie derzeit noch wenig beherrscht wird. Da der Elektromotor sein Drehmoment ab dem Stillstand bereitstellt, kann neben dem Schaltgetriebe auch auf eine Anfahrkupplung verzichtet werden.

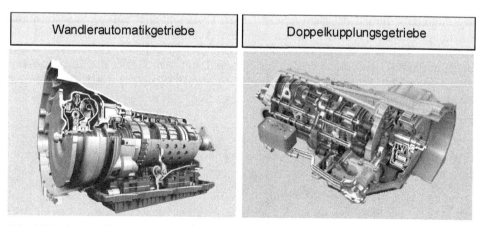

Abb. 6-17: Automatikgetriebe (links) und Doppelkupplungsgetriebe (rechts) [ZFR09]

An die Stelle der heute üblichen konventionellen Antriebstechnik mit Verbrennungsmotor, Kraftstoff- und Abgasanlage tritt bei einem batterieelektrischen Fahrzeug der Elektromotor samt Leistungselektronik und Batterie. Hieraus ergeben sich neue Potenziale für die Automobilzulieferer. Nur wenige Fahrzeughersteller planen die eigenständige Entwicklung und Fertigung der neuen elektrischen Antriebsmotoren und der zugehörigen Leistungselektronik. Diese Aufgabe kann daher von Zulieferern übernommen werden. Allerdings werden zur Herstellung von Elektromotoren andere Kompetenzen benötigt als dies bei den klassischen Antriebskomponenten der Fall ist. Für die Zulieferer von Bauteilen für Verbrennungsmotoren und deren Peripherie besteht daher die Gefahr, dass diese nicht von den neu aufkommenden Antriebskomponenten profitieren können, falls sie diese neuen Kompetenzen nicht erwerben.

Die Entwicklung und Fertigung von Batteriezellen erfordert ebenfalls neue Kompetenzen, insbesondere auf dem Gebiet der Zellchemie. Da weder die Fahrzeughersteller noch die klassischen Zulieferer auf diesem Gebiet über nennenswerten Erfahrungen verfügen, ist hier mit dem Markteintritt auf dem Gebiet der Automobilproduktion bisher unbekannter Akteure zu rechnen. Allerdings kann in Forschungsvorhaben bereits identifiziert werden, dass sich vorhandene Fahrzeughersteller und Zulieferer in neue Partnerschaften begeben.

Veränderungen für die Zulieferer ergeben sich dabei aber nicht nur im Bereich der Antriebskomponenten. Auch das Fahrwerk, insbesondere im Bereich der Lenkung und der Bremse, wird von der Elektrifizierung beeinflusst. Wie bereits im vorangegangen Kapitel erläutert, wird bei der Lenkung mit einer Abkehr vom hydraulischen Wirkprinzip gerechnet. Damit geht der Entfall der hydraulischen Lenkungskomponenten wie der hydraulischen Lenkhilfepumpe und des entsprechenden Aktuators einher. An deren Stelle treten elektromechanische Systeme, die gänzlich ohne hydraulische Komponenten arbeiten und daher auch als „trockene Systeme" bezeichnet werden. Die Notwendigkeit solcher Entwicklungen wurden bereits in dem Elektrofahrzeug-Großversuch „Rügen" zu Beginn der 1990er Jahre erkannt. Dann hatte sich herausgestellt, dass die Aggregate auch für konventionelle Fahrzeuge nutzbringend eingesetzt werden konnten. Deshalb wurden sie unabhängig vom Elektrofahrzeug entwickelt und in die Serie eingeführt.

Bei den Bremssystemen wird zunächst nur mit einer Erweiterung des hydraulischen Systems gerechnet. Dieses muss zur Nutzung der Rekuperation elektrisch ansteuerbar sein. Daher kommt zur Erzeugung der Bremskraft eine elektrisch betriebene Hydraulikpumpe zum Einsatz. Als Folge dessen können die klassischen Bremsenkomponenten wie hydraulische Leitung und Radaktuatoren, Bremsscheiben und Bremsbeläge zunächst unverändert übernommen werden. Erst in einem nächsten Schritt könnte die vollständige Elektrifizierung des Bremssystems erfolgen. Auch dieser Schritt wird zuerst bei den konventionellen Fahrzeugen erfolgen, ehe die Aggregate in die Elektrofahrzeuge übernommen werden. Hier bieten sich vor allem druckluftgebremste Nutzfahrzeuge als nächstes Entwicklungsziel an [HAL08]

Eine weite Verbreitung von batterieelektrischen Fahrzeugen wird die Automobilzulieferer also vor neue Herausforderungen stellen. Für die Zulieferer würde eine deutliche Verkleinerung des Absatzmarktes für konventionelle Antriebstechnik entstehen. Im Gegenzug eröffnen sich Möglichkeiten durch den Einsatz neuer Komponenten, die überwiegend auf elektrischen Wirkprinzipien beruhen. Auch für Fahrwerkskomponenten lässt sich, bereits unabhängig vom Elektrofahrzeug, ein Trend weg von den klassischen, hydraulischen Komponenten hin zu elektrifizierten Systemen beobachten. Zulieferer, deren Kernkompetenzen sich stark auf die Entwicklung und Fertigung von hydraulischen Fahrwerkssystemen sowie konventionellen Antriebstechnologien konzentrieren, könnten bei Beibehaltung des aktuellen Produktportfolios durch eine starke Verbreitung von batteriebetriebenen Elektrofahrzeugen in existentielle Schwierigkeiten geraten. Findet dagegen eine Umstellung auf die neuen, weitestgehend elektrifizierten Technologien statt, ergeben sich darüber in Zukunft neue Marktpotenziale. Zusätzlich gibt es Möglichkeiten zur Substitution in konventionellen Fahrzeugen. Deshalb macht die Bearbeitung der neuen Themen in jedem Fall Sinn.

6.1.5 Kernkompetenzen und Differenzierungsmerkmale der Fahrzeughersteller

Nachdem im vorangegangenen Kapitel die Konsequenzen der weiteren Verbreitung von batteriebetriebenen Elektrofahrzeugen auf die Automobilzulieferer dargestellt wurden, beschäftigt sich dieses Kapitel mit den Auswirkungen auf die Fahrzeughersteller. Dabei wird besonders auf die notwendigen Kernkompetenzen sowie die Differenzierungsmerkmale der Hersteller untereinander eingegangen.

Der Übergang auf batterieelektrische Fahrzeuge und der damit verbundene Entfall des konventionellen Verbrennungsmotors führen auch auf Seiten der Fahrzeughersteller zu einer Verschiebung der Kompetenzen. Dem heutigen Antriebsmotor liegen thermodynamische Prozesse zugrunde, die bei der Entwicklung und Auslegung eines Verbrennungsmotors als Grundlage dienen. Die mit der Verbrennung verbundenen hohen Temperaturen erfordern daneben Know-How auf dem Gebiet der Werkstoffe. Die Auslegung der Motorsteuerung, über die sich das Verhalten des Motors in weiten Bereichen anpassen lässt, erfordert neben elektrotechnischen Grundlagen auch die Kenntnis der thermodynamischen Motorprozesse. Die Ermittlung und Auswertung von Sensorsignalen spielt hier eine wichtige Rolle. Bei der Auslegung eines batterieelektrischen Fahrzeugs spielen die vormals erforderlichen Kompetenzen auf den Gebieten der Thermodynamik und der Werkstoffe keine wesentliche Rolle mehr. Das thermodynamische Wirkprinzip des Motors wird durch ein elektrisches ersetzt, die Anforderungen an die Werkstoffe liegen aufgrund der geringeren Betriebstemperaturen der Elektromotoren deutlich unter denen der konventionellen Verbrennungsmotoren. Allerdings ergeben sich neue Anforderungen an die Werkstoffe, wie z. B. der Einsatz spezieller Elektrobleche für die Herstellung der Elektromotoren oder Silizium in den Steuerungen. Die Erweiterung des Bordnetzes um einen Hochspannungsbereich zum Betrieb des Elektromotors sowie die Integration des klassischen Niederspannungsnetzes in eine solche Architektur erfordern ebenfalls einen Ausbau der elektrotechnischen Kompetenzen. Neue Sensoren kommen hinzu, mit deren Hilfe der Betrieb des elektrischen Antriebsstrangs optimiert werden kann.

Während im konventionellen Antriebsstrang die Energiespeicherung in einem einfachen Tankgefäß erfolgt, ist der Energiespeicher in Form von Batterien deutlich aufwändiger gestaltet. Die Batteriezellen, in denen elektrochemische Prozesse zur Speicherung der elektrischen Energie ablaufen, werden dabei voraussichtlich nicht durch die Fahrzeughersteller produziert. Jedoch kann die Integration der einzelnen Zellen zu einem Batteriesystem beim Fahrzeughersteller erfolgen. Damit obliegt dem Fahrzeughersteller die Verantwortung für das Batteriemanagement, welches das Laden und Entladen der einzelnen Zellen steuert und den Betriebszustand überwacht. Darüber hinaus müssen durch geeignete Maßnahmen die zulässigen Betriebstemperaturen der Batteriezellen eingehalten werden. Dazu ist eine Erweiterung der Kompetenzen auf dem Gebiet des Thermomanagements unerlässlich, was sich auch auf die Kühlluftführung in den Batterietrögen bezieht. In diesem Zusammenhang ist z. B. dafür zu sorgen, dass die Durchströmung der Batterie mit Kühlluft auch dann funktioniert, wenn sich die Druckverhältnisse rund um das Fahrzeug bei wechselnden Fahrzeuggeschwindigkeiten und bei Seitenwind ändern. Das gesamte System muss gegen das Entstehen von Bränden gesichert werden.

Die Auslegung des übrigen Triebstrangs gestaltet sich bei batterieelektrischen Fahrzeugen durch den Entfall von Kupplung und Schaltgetriebe deutlich einfacher als bei konventionell angetriebenen Fahrzeugen. Daher werden die Kompetenzen auf dem Gebiet der Getriebeauslegung in Zukunft zunehmend an Bedeutung verlieren. Allerdings wird dies erst sehr langfristig der Fall sein.

Der Entfall des Verbrennungsmotors und des Schaltgetriebes erfordern aber nicht nur eine Veränderung der bei den Fahrzeugherstellern vorhandenen Kompetenzen. Über herstellerspezifische Auslegungen von Motor und Getriebe differenzieren sich die Anbieter heute im Wettbewerb. Mit dem Einsatz von Elektrotraktionssystemen, bei denen der Motor üblicherweise von einem Zulieferer bezogen wird, kann eine Differenzierung nicht mehr über die erzielbare Antriebsleistung dargestellt werden, wohl aber durch die Überlastfähigkeit der Elektromotoren, was wiederum eng mit dem Wärmemanagement verknüpft ist.

Neue Möglichkeiten zur Differenzierung ergeben sich bei batteriebetriebenen Elektrofahrzeugen durch die geschickte Aufteilung der im Fahrzeug zur Verfügung stehenden Energie. Diese wird durch die Kapazität der Traktionsbatterie bestimmt und stellt im Gegensatz zu der bei konventionellen Fahrzeugen im Kraftstoff chemisch gespeicherten Energie eine begrenzende Größe dar.

Die gespeicherte Energie kann mit unterschiedlichen Prioritäten für verschiedene Aufgaben verwendet werden, **Abb. 6-18**. Die erzielte Reichweite ergibt sich dabei aus dem durchschnittlichen Energieverbrauch der Antriebs- und Komfortsysteme. Soll die Reichweite also maximiert werden, müssen dafür Einbußen bei Antriebsleistung und Komfort hingenommen werden. Soll der Antrieb des Fahrzeugs dagegen als sportlich dargestellt werden, erhöht dies die Leistungsaufnahme des Antriebs, wodurch die Reichweite negativ beeinflusst wird. Ein übermäßiger Einsatz der Komfortsysteme hat ebenfalls negative Auswirkungen auf die Reichweite. Um dem Kunden dennoch ein Fahrzeug zu bieten, das akzeptable Reichweiten mit dem gewünschten Komfort und der geforderten Leistung verbindet, müssen intelligente Energiemanagementsysteme die Aufteilung übernehmen. Die Entwicklung solcher Systeme stellt daher eine der größten Herausforderungen für die Automobilhersteller dar. Das gilt auch für Nachladesysteme, seien sie solar-basiert, oder an das öffentliche Netz gebunden.

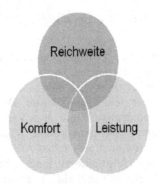

Abb. 6-18: Spannungsfeld bei der Auslegung eines batterieelektrischen Fahrzeugs

Insgesamt ergeben sich bei den Fahrzeugherstellern, ähnlich wie bei den Zulieferern, Verschiebungen der Kernkompetenzen. Während aktuell besonders Kompetenzen auf den Gebieten der Thermodynamik und der Werkstoffkunde benötigt werden, rücken zur Entwicklung batteriebetriebener Elektrofahrzeuge besonders Kompetenzen auf dem Gebiet der Elektrotechnik in den Vordergrund. Über den Entfall des Verbrennungsmotors und des zugehörigen Antriebsstrangs geht ein wichtiges Differenzierungsmerkmal im Wettbewerb mit anderen Herstellern verloren. Um sich auf dem Gebiet der batteriebetriebenen Elektrofahrzeuge vom Wettbewerb abheben zu können, ist ein intelligentes Energiemanagement zwingend. Dem Energiemanagement kommt dabei die Aufgabe zu, die im Fahrzeug verfügbaren Energien den Anforderungen des Kunden entsprechend entweder in Reichweite, in den Betrieb von Komfortsystemen oder zur Bereitstellung hoher Antriebsleistungen einzusetzen. Situative und adaptive Veränderungen, die die Wünsche der Fahrzeuginsassen erkennen, dürften eine der zukünftigen Entwicklungslinien bestimmen.

6.2   Kooperationen auf dem Gebiet des elektrischen Antriebsstrangs

Die Elektrifizierung des Antriebsstrangs stellt, wie in den vorhergehenden Abschnitten beschrieben, eine große Herausforderung für die Automobilindustrie dar. Sie beeinflusst in großem Maße strategische Entscheidungen des Managements und spiegelt sich deutlich in der Unternehmensstrategie wieder. Eine große Chance dem Wettbewerb gestärkt zu begegnen, bietet die Zusammenarbeit mehrerer Unternehmen im Rahmen von Kooperationen.

6.2.1   Grundlagen von Kooperationsmodellen

Allgemein existiert eine Vielzahl von Kooperationsformen, die für Unternehmen der Automobilindustrie relevant erscheinen. Per Definition stellt eine Kooperation die Zusammenarbeit zwischen Unternehmen dar,

- die rechtlich und wirtschaftlich selbstständig sind,
- die durch wechselseitige Abstimmung von Aufgaben gekennzeichnet ist,
- die auf freiwilligem Entschluss aller Kooperationspartner beruht,
- die der Verfolgung von gemeinsamen oder miteinander kompatiblen Zielen der Kooperationspartner dient,
- aus der sich die Partner im Vergleich zum alleinigen Vorgehen eine höhere Zielerreichung versprechen [BOE04].

Als strategische Allianz wird eine zwischen zwei oder mehreren selbstständigen Unternehmen derselben Wertschöpfungsebene, wie zwei OEM, angesiedelte Koalition zur Stärkung der individuellen Fähigkeiten in einzelnen Geschäftsfeldern bezeichnet. Erfolgreiche strategische Allianzen zeigen ein klares Muster. Die Kooperationspartner weisen ähnliche Kulturen auf, haben eindeutige Ziele und Verantwortlichkeiten für die Gemeinschaftsaufgaben definiert und eine gemeinsame Vision von dem zu erstellenden Produkt. Ein spezifischer Nachteil von strategischen Allianzen ergibt sich allerdings aus den oben angeführten, weichen Erfolgsfaktoren einer Kooperation. Da die beteiligten Unternehmen in vielen Fällen außerhalb der Allianz in einem Konkurrenzverhältnis stehen und oft Produkte an identische Zielgruppen anbieten, liegen erschwerte Voraussetzungen für die Bildung des notwendigen Vertrauensverhältnisses vor [KIL04; DUD06].

Ein Joint Venture dagegen bezeichnet die Gründung eines gemeinsamen, rechtlich selbstständigen Unternehmens im Rahmen einer zwischenbetrieblichen Kooperation. Die beteiligten Unternehmungen bringen unterschiedliche Ressourcen ein und sie sind etwa zu gleichen Teilen beteiligt. Joint Ventures werden auch als institutionalisierte Form von strategischen Allianzen bezeichnet, obgleich die Partner nicht zwingend auf einer Wertschöpfungsstufe stehen müssen [KIL04; BOE04].

Im weitesten Sinne zählen auch Fusionen und Akquisitionen (engl.: Mergers and Acquisitions – M&A) zu den Formen der zwischenbetrieblichen Zusammenarbeit. Im Allgemeinen werden Übernahmen und Fusionen aus Gründen der Konzentration von Kompetenzen, zur Kostenreduktion sowie zur räumlichen Abdeckung relevanter Märkte getätigt. Unternehmen erhoffen sich durch eine gezielte Akquisition ein schnelleres Wachstum, welches die Nutzung von Skaleneffekten verschiedener Form in Aussicht stellt, die mit einem organischen Wachstum kaum in einem vergleichbaren Zeitraum zu erreichen wären.

6.2.2 Chancen und Risiken von Kooperationen

Um die Bedeutung der oben genannten Kooperationsmodelle einordnen zu können, müssen Chancen und Risiken von Kooperationen genauer betrachtet werden. Gerade die hohen F&E-Kosten und Investitionen im Bezug auf Elektromobilität, die zusätzlich mit Unsicherheiten behaftet sind, können im Rahmen von Kooperationen gesenkt und das Risiko kann auf die beteiligten Partner aufgeteilt werden. Eigene F&E-Anstrengungen bei neuen Technologien, wie Elektromotoren oder Lithium-Ionen-Akkus, werden erforderlich, da möglicherweise ganze Kernkompetenzen eines Unternehmens verloren gehen, z. B. durch den Wegfall des Verbrennungsmotors. Ohne derartige Bestrebungen droht neben einem Imageverlust eine weitere Verlagerung der Wertschöpfungskette in Richtung der Zulieferer, was die Verhandlungsposition der OEM im Einkauf deutlich schwächen und Abhängigkeiten von den Zulieferern verstärken würde.

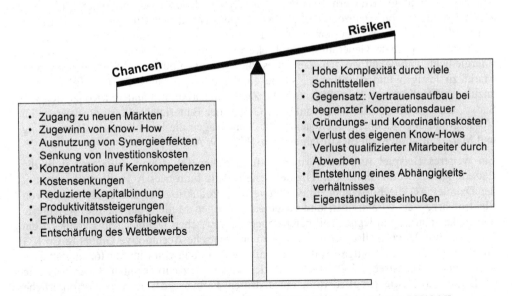

Abb. 6-19: Chancen und Risiken von Kooperationen für beteiligte Unternehmen [GRO05]

Weiterhin kann durch den Zugewinn an Know-how der gesamte Innovationsprozess bis hin zur Fertigung beschleunigt werden. Dem stehen jedoch gewisse Risiken wie erhöhte Komplexität, Koordinationskosten oder der Verlust des eigenen Know-Hows gegenüber, **Abb. 6-19.** Aus der Tatsache, dass fast alle betrachteten Unternehmen kooperieren, ist jedoch abzuleiten, dass aus Unternehmenssicht die Chancen von Kooperationen insgesamt höher bewertet werden als die möglichen Nachteile.

6.2.3   Beispiele für Kooperationen im Bereich der Elektromobilität

Kooperationen, welche auf die zukünftige Elektrifizierung des Antriebsstrangs zurückzuführen sind, finden sich vorrangig im Bereich der Batterietechnik, des Elektromotors oder bei der Fahrzeugintegration mit gemeinsamer Entwicklung und Nutzung von Plattformen und Baukästen. Diese Kooperationen können auf verschieden Ebenen stattfinden, z. B. zwischen zwei OEM, innerhalb eines Konzerns oder konzernübergreifend, und zwischen OEM und Zulieferer oder Energieversorger.

Als Beispiel für Kooperationen innerhalb eines Konzerns bietet sich der Volkswagen Konzern an, bei dem z. B. die Marken VW und Audi im Bereich der Elektrotraktion kooperieren. So soll z. B. der kommende Audi A2 für einen Elektroantrieb vorbereitet sein, wobei dieser in einer bereits vorhandenen Plattform existieren und einen Baukasten des Konzerns nutzen soll [AMS09a]. Ein solcher Baukasten für Elektrofahrzeuge ist von elementarer Bedeutung, wenn man trotz anfänglich geringer Stückzahlen dem Kunden Individualität und Vielfalt anbieten möchte. Durch Skaleneffekte und Gleichteileverwendung können die Herstellungskosten reduziert werden, sodass die Gewinnzone schneller erreicht wird und ein Fahrzeug zu einem geringeren Preis angeboten werden kann, als das der Wettbewerb vermag. Derzeit ist mit solchem Vorgehen viel Image zu gewinnen. Sobald die verschiedenen Unternehmen eines Konzerns allerdings mit deutlich unterschiedlichen Lösungen auf den Markt drängen, kann das erworbene Image auch leicht verspielt werden.

Mit dem Technologie-Konzern Toshiba strebt VW eine Kooperation mit einem Zulieferer zur Entwicklung von Elektrofahrzeugen an. Gegenstand dieser Zusammenarbeit ist die Entwicklung von Antriebssystemen und der zugehörigen Leistungselektronik. Zudem sollen für die nächste Generation von Elektrofahrzeugen Batteriesysteme von höherer Energiedichte entwickelt werden. Ziel ist es, die Positionen beider Unternehmen auf dem Markt zu festigen und auszubauen, sowie eine Großserienlösung für Elektrofahrzeuge anzubieten. Volkswagen bekräftigt auch die Zusammenarbeit mit anderen Konzernen wie Sanyo, um von deren Know-how auf dem Gebiet der Batterietechnik zu profitieren. Im Vordergrund aller Kooperationen stehen für Volkswagen die beschleunigte Entwicklung und Markteinführung von Elektrofahrzeugen. [VOL09, ATZ09]

Ein weiteres Beispiel für eine Partnerschaft zwischen OEM und Zulieferer stellt die Batterie-Allianz von Daimler dar. Die deutsche Evonik Industries AG will zusammen mit der Daimler AG die Forschung, Entwicklung und Produktion von Batteriesystemen von Elektrofahrzeugen vorantreiben und so einen wichtigen Meilenstein für die Serienreife von Elektrofahrzeugen legen. Teil der Kooperation zwischen Daimler und Evonik ist ein Joint-Venture. Die Gesellschaft mit dem Namen Deutsche Accumotive GmbH & Co KG mit Sitz in Nabern bei Stuttgart soll in Zukunft die Fertigung von Lithium-Ionen-Batterien übernehmen. Angestrebt wird jedoch auch der Verkauf der entwickelten Batteriesysteme an Dritte, sowie die Eingliederung eines dritten Partners, der über die erforderliche Expertise im Bereich der elektronischen Systemintegration verfügt. [EVO09, BMU09]

Als ein solcher Partner mit den Kompetenzen zur Systemintegration könnte das Start-Up Unternehmen Tesla Motors in Frage kommen. Der Daimler-Konzern kaufte sich im Juni 2009 mit knapp 10 % bei Tesla ein und sicherte sich darüber hinaus auch ein Vorkaufsrecht für weitere Anteile. Tesla wurde 2003 gegründet und bietet aktuell einen elektrischen Roadster an und plant gegen Ende 2011 eine viertürige Elektro-Limousine auf eigener Plattform anzubieten, **Abb. 6-20.** Beide Partner wollen in Zukunft bei der Entwicklung von Lithium Ionen-Batterien, Elektroantrieben und kompletten Fahrzeugprojekten zusammenarbeiten. Dabei veranlasste der Erfolg des Start-Up Unternehmens Tesla den Daimler Konzern sogar zum Überdenken seiner bisherigen Elektrifizierungsstrategie. Neben dem Potenzial der Technologie in Kleinstfahrzeugen und Kompaktfahrzeugen für den City-Bereich, wie den Smart, sieht man nun auch Potenzial für die Anwendung in einer mittelgroßen Limousine. Während man sich bei Daimler vorwiegend für das Know-how von Tesla bei der Entwicklung und Integration eines Elektroantriebs im Automobil interessiert, ist für Tesla vor allem die Daimler-Expertise beim Fahrzeugbau sowie der Zugriff auf Komponenten wie Brems- und Klimaanlagen wichtig. [AUT09a]

Abb. 6-20: Kooperation zwischen Daimler und Tesla

Eine globale Partnerschaft ist zu Beginn des Jahres 2011 von BMW und Brilliance in China angekündigt worden. So sollen BMW Elektroautos von Brilliance in China gefertigt werden. Neben Entwicklungsleistungen und Zugang zu zukunftsträchtigen Batteriekonzepten soll Brilliance das Elektrofahrzeug für BMW auch bauen. [ATZ11]

Ein weiteres Kooperationsmodell zwischen zwei OEM stellt die strategische Allianz zwischen Mitsubishi und dem französischen Automobilkonzern PSA dar. In dieser Kooperation wird Mitsubishi voraussichtlich für PSA Elektrofahrzeuge bauen, die auf dem Mitsubishi i-MiEV basieren und unter einer französischen Konzernmarke auf den Markt kommen werden. Durch die Zusammenarbeit wird eine Steigerung der Produktionszahlen des i-MiEV auf das Doppelte und so über Skaleneffekte einen Kostenreduktion erreicht [AUT09b, HAN09a].

Eine ähnliche Kooperation stellt die Renault-Nissan-Allianz dar, welche bereits seit 1999 existiert. Die Allianz nutzt gezielt Synergie-Effekte aus, wie z. B. die gegenseitige Nutzung von Produktionsstätten. Dadurch, dass innerhalb der Allianz Elektrofahrzeuge in großer Stückzahl produziert werden können, ist es möglich, diese dem Kunden zu einem geringeren Preis anzubieten als ein isoliert agierendes Unternehmen. Das Ziel der Renault-Nissan-Kooperation ist es, langfristig der weltweit größte Anbieter für Elektrofahrzeuge zu werden. Um die für einen Markterfolg erforderliche Infrastruktur voranzutreiben, hat diese Allianz bereits Verträge mit dem Unternehmen Better Place geschlossen. Better Place, will mit einem Batterietausch-Konzept, welches ein Auftanken von Energie ohne lange Wartezeiten ermöglichen soll, in ausgewählten Ländern eine Infrastruktur für Elektrofahrzeuge aufbauen. [VOL09, REN09, FIN09]

Doch auch andere OEM möchten die Entwicklung und den Aufbau der Infrastruktur mitbestimmen bzw. diese fördern. Nicht zuletzt um einer „Henne-Ei"-Problematik aus dem Wege zu gehen, schließen die OEM zunehmend Partnerschaften mit Energieversorgern, da die Elektromobilität ohne die erforderliche Lade-Infrastruktur nicht marktfähig ist. Solche Kooperationen finden oft im Rahmen von Flottenversuchen und Pilotprojekten statt. Dabei stellt der Energieversorger die erforderliche Infrastruktur bereit und sammelt Erfahrungen mit Netzmanagement- und Abrechnungssystemen, während der OEM Elektrofahrzeuge im Alltag erproben kann. Neben dem Test der Batteriesysteme und der Komponenten des Antriebsstrangs auf ihre Belastbarkeit stehen hierbei auch die Erkennung der Nutzerakzeptanz und der Nutzungsprofile im Vordergrund vieler Projekte.

So führte die BMW AG im Sommer 2009 in Kooperation mit dem Energieversorger Vattenfall AB in Berlin einen Flottenversuch mit 50 Mini E durch. Einhundert Privatpersonen testeten jeweils über ein halbes Jahr die Praxistauglichkeit, um damit Kenntnisse über die Nutzerakzeptanz zu gewinnen. Zusätzlich sollen in München mit dem Partner E.ON AG nochmals 15 Fahrzeuge in der Praxis erprobt werden. Daneben existieren noch Partnerschaften zwischen E.ON und Volkswagen und zwischen Daimler und RWE. [AMS09b, EON09]

Um eine universelle Lademöglichkeit für Nutzer von Elektrofahrzeugen zu schaffen, kam sogar ein Bündnis zahlreicher großer internationaler Fahrzeughersteller und europäischer Energieversorger zur Definition einheitlicher Standards zustande, **Abb. 6-21** und Abschnitt 4.1.4. Geeinigt hat man sich bereits auf einen Standard für einen einheitlicher Stecker. Solche Vereinbarungen werden der früher erwähnten induktiven Ladetechnik von der Straße das Leben schwer machen.

Automobilkonzerne		Energieversorger
• BMW • Daimler • Fiat • Ford • General Motors • Mitsubishi • PSA • Renault-Nissan • Toyota • Volkswagen • Volvo		• RWE • E.ON • EnBW • Vattenfall • Electricité de France • Electrabel (Belgien) • Enel (Italien) • Endesa (Spanien) • EDP (Portugal) • Essent (Niederlande)

Abb. 6-21: Automobilkonzerne und Energieversorger zur Definition einheitlicher Standards

Mit dem Bündnis möchte man der Notwendigkeit einer europaweiten Vereinheitlichung von Ladestationen gerecht werden und damit Planungssicherheit für die beteiligten Unternehmen schaffen sowie einen einheitlichen Standard für den Endnutzer ermöglichen. Betrachtet man beispielsweise Schätzungen von Daimler und RWE, die bis 2020 ein Potenzial für 2,5 Mio. Elektroautos sehen, so wären hierfür Investitionen in Höhe von ungefähr 1 Mrd. € erforderlich. Dies sind enorme Beträge, sodass alle Akteure jegliche Fehlinvestitionen verhindern wollen. Festzustellen bleibt aber auch, dass bei aller Kooperation heute, die Energieversorger den Aufbau von Ladestationen und die Erschließung des Marktes getrennt angehen wollen, um sich zusätzliche Erträge zu sichern. [HAN09b, WEL09]

Als letzte und unverzichtbare Partnerschaft ist die Kooperation mit der Politik anzusehen. Gesetzliche Rahmenbedingungen und finanzielle Unterstützungen zur Förderung von Elektromobilität sind wichtig, damit Anreize geschaffen werden, die Unternehmen in der Anfangsphase entlastet und das Risiko durch Gesetze kalkulierbarer gemacht wird. So fördert z. B. das Bundesverkehrsministerium die Entwicklung von Elektrofahrzeugen in acht Modellregionen in Deutschland mit 115 Mio. € aus dem Konjunkturpaket II [AMS09c]. Ein Beispiel für eine Partnerschaft zwischen Politik und Industrie stellt der Flottenversuch Elektromobilität von Volkswagen und E.ON dar, an dem das Bundesumweltministerium (BMU) sowie Industriepartner und Hochschulen beteiligt sind. [EON09]

Nachfolgend sind in **Abb. 6-22** neben den genannten auch weitere Kooperationen aufgeführt. Man kann hier feststellen, dass viele OEM und Zulieferer, vor allem aus der Batterietechnik, Kooperationen im Bereich der Elektromobilität aufrechterhalten.

Abschließend bleibt festzuhalten, dass Bündnisse in Bezug auf die Elektromobilität sowohl innerhalb eines Konzerns als auch konzernübergreifend auf die Nutzung von Synergien, Skaleneffekten und damit verbundenen Kostensenkungen abzielen. Wie auch bei Kooperationen zwischen OEM und Zulieferern will man gemeinsame F&E-Aktivitäten betreiben, wobei sich der OEM Zugang zu Batterie-Produktionskapazitäten sichern möchte. Übernahmen und Fusionen dienen in der Regel dazu, sich durch Rückwärtsintegration Zugang zu Batterie-Know-How zu verschaffen. Mit Energieversorgern werden dagegen Partnerschaften zur Praxiserprobung von Elektrofahrzeugen und zur Entwicklung der notwendigen Infrastruktur und zu Abrechnungssystemen eingegangen. Gleichzeitig versucht die Industrie gemeinsam mit der Politik sinnvolle Regelungen zu treffen und Anreize zu schaffen, z. B. freies Parken oder kostenloses Aufladen der Batterie. Es wird deutlich, dass Kooperationen Teil einer auf Elektromobilität ausgerichteten Unternehmensstrategie sein müssen, da ohne die Unterstützung weiterer Akteure die enormen Kosten und Risiken des „revolutionären Technologiesprungs" nicht getragen werden können. Bei diesen Incentivierungen muss allerdings darauf geachtet werden, dass die Nutzer von konventionellen Fahrzeugen nicht benachteiligt werden. Die Automobilclubs haben den Vorteilen allein für Elektrofahrzeuge bereits widersprochen. Zu Beginn der 1990er Jahre während der letzten „Elektromobilitätswelle" war die Politik überhaupt nicht bereit, solche Zusatzpunkte zu diskutieren. Ein Vorschlag der Automobilindustrie zu nichttechnischen Vorteilen für das Elektrofahrzeug wurde damals nicht aufgegriffen.

Abb. 6-22: Kooperationen zwischen OEM, Zulieferern und Energieversorgern

6.3   Geschäftsmodelle zur Elektromobilität

Von besonderer Bedeutung für den Erfolg der Elektromobilität werden zukünftige Geschäftsmodelle sein. Um die internationale Wettbewerbsfähigkeit zu erhalten, müssen
Potenziale über verkürzte Entwicklungszeiten und die rasche Markteinführung von Elektrofahrzeugen voll ausgeschöpft werden. Essentiell ist die Kundenakzeptanz als Basis für
den Erfolg der Elektromobilität. Um diese sicherzustellen, sind zwingend neue Geschäftsmodelle erforderlich. Nur so lässt sich eine bessere Mobilität, welche die Kunden
besonders über die Reichweite definieren, garantieren. Um diese Reichweite zu gewährleisten, werden zunehmend Netzbetreiber als auch Batteriehersteller und -leasinggesell-
schaften auf den Markt drängen. Der Staat übernimmt hinsichtlich der Elektromobilität
eine neue Rolle. Um die Entwicklung systematisch voranzutreiben, wird er den Herstellern sowohl Förderungen als auch gesetzliche Vorgaben auferlegen. Über die CO_2-basier-

te Besteuerung von Kraftfahrzeugen lenkt der Staat die Marktentwicklung in eine gezielte Richtung [BMV09, VDA09].

Obwohl der Begriff des Geschäftsmodells mittlerweile eine weite Verbreitung in der Unternehmenspraxis gefunden hat, existiert keine eindeutige Definition. Daher wird im Folgenden eine Arbeitsdefinition abgeleitet und die Bestandteile der relevanten Geschäftsmodelle werden erläutert.

6.3.1 Definition von Geschäftsmodellen

Seit der Entstehung des Begriffs „Geschäftsmodell" in den 1970er Jahren hat sich die damit zusammenhängende Bedeutung verändert. Ursprünglich im Kontext der Wirtschaftsinformatik verwendet, wurden Geschäftsmodelle mit der Entstehung der New Economy Mitte der 1990er Jahre populär. Die hohe Anzahl an Publikationen aus der Unternehmenspraxis und zunehmend auch aus der Wissenschaft sind ein Indiz für die Relevanz von Geschäftsmodellen [ZOL06].

Ein Geschäftsmodell abstrahiert, wie ein Geschäft funktioniert. Je nach Zielsetzung ist zwischen Partialansätzen, die nur eine bestimmte Branche oder bestimme Geschäftsmodellbestandteile betrachten, und Universalansätzen zu unterscheiden. Ein Geschäftsmodell wird betrachtet als vereinfachte Beschreibung der Strategie eines gewinnorientierten Unternehmens, das aus den drei Elementen Produkt-/Markt-Kombination, Durchführung und Konfiguration von Wertschöpfungsaktivitäten sowie Ertragsmechanik besteht [ZKN02, ZOL06, STÄ02].

Innerhalb der Produkt-/Markt-Kombination legt das Unternehmen fest, welche Produkte oder Dienstleistungen auf welchen Märkten angeboten und wie die Transaktionsbeziehungen zum Kunden gestaltet werden. Die Wertschöpfungsstruktur eines Unternehmens wird durch die Durchführung und Konfiguration der Wertschöpfungsaktivitäten bestimmt. Hierbei ist insbesondere die Festlegung der Wertschöpfungstiefe sowie die Einordnung der eigenen Wertekette in das Wertekettensystem von Lieferanten und Abnehmern von Bedeutung. Die Ertragsmechanik definiert die Art und den Zusammenhang der Ertragsquellen sowie die Formen der Umsatzerlöse. Das Ziel eines Geschäftsmodells besteht darin, einen Nutzen für den Kunden zu schaffen und dauerhafte Wettbewerbsvorteile für das Unternehmen zu generieren [ZKN02].

Im Rahmen einer strategischen Umweltanalyse wird das Umfeld eines Unternehmens in mehrere Bereiche eingeteilt. Aus der allgemeinen Umwelt ergeben sich die Bedingungen, die grundsätzlich für alle Unternehmen der Elektromobilität gelten. Zur systematischen Analyse der Einflussfaktoren wird die allgemeine Umwelt in die Segmente politisch-rechtliche, ökonomische, soziokulturelle, technologische und ökologische Umwelt unterteilt [HUN06].

Neben exogenen Impulsen können Geschäftsmodellinnovationen auch durch endogene Impulse ausgelöst werden. Dazu gehören beispielsweise neue Geschäftsmodelle von Konkurrenten. Die existierenden Geschäftsmodellvarianten werden im Folgenden untersucht.

6.3.2   Geschäftsmodell „Fahrzeugkauf"

Dieses Geschäftsmodell, **Abb. 6-23**, ist derzeit in der Automobilindustrie am weitesten verbreitet und es wurde von einigen Elektrofahrzeugherstellern übernommen. Durch die hohen Batteriekosten liegen die Anschaffungskosten höher als bei vergleichbaren Fahrzeugen mit einem etablierten Verbrennungsmotor. Kaufentscheidende Kriterien sind zum einen die mögliche Amortisation der Anschaffungsmehrkosten durch die niedrigeren Betriebskosten sowie das umweltfreundliche Image des Fahrzeugs.

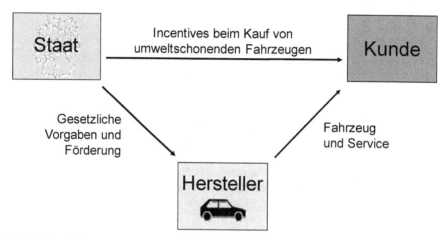

Abb. 6-23: Geschäftsmodell „Fahrzeugkauf"

Prominentester Vertreter dieser Geschäftsmodellvariante ist der amerikanische Hersteller Tesla Motors mit seinem Elektrofahrzeug Tesla Roadster. Der Sportwagen wird in Europa für 99.000 € exklusiv Steuern verkauft. Tesla Motors gewährt eine Garantie für drei Jahre bzw. 60.000 km, die gegen Aufpreis auf vier Jahre bzw. 90.000 km erhöht werden kann. Diese Garantie umfasst auch die Batterie. Weitere Serviceleistungen sind nicht im Preis enthalten [TSM09a, ATZ08e].

In den USA muss der Tesla Roadster alle 12 Monate bzw. 12.000 Meilen (entspricht 19.300 km) in einem der derzeit zwei Tesla Stores gewartet werden. Laut Herstellerangaben soll die Batterie mindestens 100.000 Meilen (entspricht 160.000 km) bzw. fünf Jahre lang halten. Ein Austausch der Batterie kostet derzeit 12.000 US-$ (entspricht 9.250 €) [TSM09b, TSM09c].

6.3.3   Geschäftsmodell „Fahrzeugleasing"

Das Geschäftsmodell „Fahrzeug-Leasing", **Abb. 6-24**, ist ein gängiges Geschäftsmodell in der Automobilindustrie. Dabei wird zwischen dem Kunden und dem Hersteller des Fahrzeugs ein Leasingvertrag geschlossen. Der Kunde verpflichtet sich zur Zahlung einer monatlichen Leasingrate und erhält im Gegenzug die Nutzungsrechte an dem Fahrzeug.

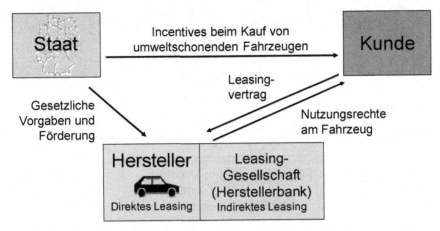

Abb. 6-24: Geschäftsmodell „Fahrzeugleasing"

Dieses Geschäftsmodell wird derzeit von den Herstellern BMW für ihre Mini E und von Smart für den Smart in Electric Drive Testflotten verwendet. Beim Mini E beträgt die monatliche Leasingrate 850 $ (entspricht 655 €), beim Smart 400 Britische Pfund (entspricht 455 €). Für den Peugeot iOn wird 2011 eine monatliche Rate von 594 € verlangt. Neben der höheren Leasingrate bestehen noch weitere Unterschiede im Vergleich zum konventionellen Fahrzeug-Leasing. Die Anzahl der Kunden für die Feldversuche sind begrenzt, die Auswahl der Kunden erfolgt durch den Hersteller. Die Laufzeit des Leasingvertrags für den Mini E ist auf ein Jahr begrenzt. In der Leasingrate sind bereits Serviceleistungen enthalten. So umfasst die monatliche Gebühr für den Mini E z. B. die Fahrzeugversicherung sowie Wartungs- und Reparaturkosten [MIN09, HEI07a].

6.3.4 Geschäftsmodell „Batterieleasing"

Bei diesem Geschäftsmodell, **Abb. 6-25** und **Abb. 6-26**, kauft der Kunde das Fahrzeug und schließt einen separaten Leasingvertrag über die Batterie des Elektrofahrzeugs ab. Er erhält so die Nutzungsrechte an diesem zentralen Fahrzeugbestandteil. Als mögliche Leasinggeber sind verschiedene Unternehmen denkbar. So kann der Elektrofahrzeughersteller, der Batteriehersteller, eine Finanzierungsgesellschaft, ein Energieversorger oder ein Infrastrukturanbieter als Leasinggeber auftreten. Der Leasinggeber bleibt rechtlicher Eigentümer der Batterie.

Dieses Geschäftsmodell verwendet der norwegische Elektrofahrzeughersteller Think Global AS für sein City-Car Think City. Der Kaufpreis des derzeit nur in Norwegen erhältlichen Fahrzeuges beträgt 212.500 Norwegische Kronen (entspricht ca. 24.540 €). Zusätzlich muss der Kunde ein „Mobilitätsabkommen" unterzeichnen. Für eine monatliche Gebühr von 975 Norwegische Kronen (entspricht 113 €) erhält der Kunde das Nutzungsrecht an dem Natrium-Nickelchlorid-Akku. In dieser Gebühr sind alle für die Batterie anfallenden Wartungs- und Reparaturleistungen sowie die Kosten eines eventuell notwendigen Austauschs der Batterie enthalten. Das Investitionsrisiko der Batterie trägt bei diesem Leasingvertrag der Leasinggeber. Die monatliche Leasingrate soll zudem CO_2-Ausgleichszahlungen sowie, in Abhängigkeit des Marktes, die Energie- und Versicherungskosten umfassen [THI09a, THI09b].

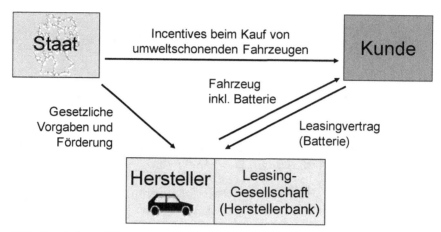

Abb. 6-25: Geschäftsmodell „Batterieleasing" Variante 1

Abb. 6-26: Geschäftsmodell „Batterieleasing" Variante 2

Das Unternehmen Think Global AS bewirbt auch zwei Lithium-Ionen-Akkus der Hersteller A123Systems und Enerdel. Diese sind allerdings derzeit noch nicht für den Think City verfügbar. Die Produktionskosten des Natrium-Nickelchlorid-Akkus werden vom Hersteller MES DEA S.A. mit 72,63 $/kWh angegeben. Unter der Annahme, dass Lithium-Ionen-Akkus die Kostengrößenordnung von 100 bis 200 $/kWh in naher Zukunft nicht erreichen werden, erscheint eine Anpassung der Leasinggebühren notwendig [THI09b, ISE06].

Die wesentliche Neuheit dieses Geschäftsmodells ergibt sich aus der wirtschaftlichen Trennung von Energiespeicher und Fahrzeug. Dadurch übernimmt der Batterieleasinggeber das Risiko der Batteriehaltbarkeit.

6.3.5   Geschäftsmodell „CarSharing"

Diese Geschäftsmodellvariante, **Abb. 6-27**, basiert auf dem CarSharing-Konzept für Fahrzeuge mit Verbrennungsmotor. Der Kunde kann das Fahrzeug stunden- oder tageweise mieten und bezahlt dafür eine geringe Nutzungsgebühr. In dieser Gebühr sind Steuern, Versicherungs-, Reparatur- und Benzinkosten enthalten. Bei den derzeit existierenden CarSharing-Anbietern sind ausschließlich Fahrzeuge mit Verbrennungsmotoren erhältlich. Außerdem werden meistens eine monatliche Grundgebühr und eine einmalige Aufnahmegebühr erhoben. Das Fahrzeug muss vor der Nutzung bei dem jeweiligen Anbieter reserviert werden.

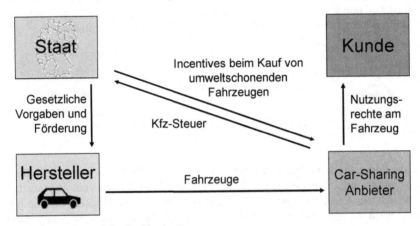

Abb. 6-27: Geschäftsmodell „CarSharing"

Im Oktober 2008 hat die Daimler AG mit car2go ein Pilotprojekt in Ulm gestartet. Vermietet werden dort derzeit 200 Smart Fortwo mit Verbrennungsmotor. Diese werden im Stadtgebiet auf öffentlichen Parkplätzen und an besonderen Parkspots bereitgestellt. Die Besonderheit dieses Geschäftsmodells besteht in der hohen Flexibilität. Das Fahrzeug kann ohne vorherige Reservierung vom Kunden für eine beliebige Zeit genutzt werden. Das Tarifmodell ist für den Kunden leicht verständlich, die Nutzungsgebühr beträgt 0,19 € pro Minute und eine Grundgebühr fällt nicht an [DAI09].

Eine Übertragung dieses Geschäftsmodells auf Elektrofahrzeuge ist denkbar. Der Nutzenschwerpunkt liegt auf der innerstädtischen Mobilität. Durch die Bereitstellung von Ladestationen an den Parkspots kann eine entsprechende Infrastruktur errichtet werden. Die Akzeptanz der Kunden hängt entscheidend von der Nutzungsgebühr ab, welche für die Kostendeckung dieses Geschäftsmodells notwendig ist [CAR09b].

6.3.6   Geschäftsmodell „Better Place"

Das Geschäftsmodell von „Better Place" überträgt das in der Mobilfunkbranche dominierende Geschäftsmodell auf die Automobilbranche, **Abb. 6-28**. In Analogie zu den Netzbetreibern der Mobilfunkbranche positioniert sich Better Place als Betreiber des Netzwerkes aus Batterielade- und Batteriewechselstationen. Der Kunde schließt einen Laufzeitvertrag mit Better Place ab und erhält dafür die notwendige elektrische Energie für eine bestimmte Anzahl an Kilometern. Diese Energie kann der Kunde an öffentlichen oder von in der eigenen Garage installierten Ladestationen beziehen. Für längere Fahrten kann die Batterie an Batteriewechselstationen ausgetauscht werden. Dieser Austausch soll automatisch erfolgen und nicht länger als fünf Minuten dauern.

Abb. 6-28: Geschäftsmodell „Better Place"

Das Elektrofahrzeug ohne Batterie muss vom Kunden erworben werden. Better Place diskutiert zurzeit eine Subvention des Fahrzeugs in Abhängigkeit vom Vertragstyp. Dadurch soll sich der Anschaffungspreis des Fahrzeugs deutlich verringern. Um die Auswahl für den Kunden zu erhöhen sollen auch verschiedene Automarken zur Kooperation mit Better Place bewegt werden.

Erfolgsentscheidend für dieses Geschäftsmodell ist, dass der Preis pro Kilometer unterhalb der Energiekosten für herkömmliche Fahrzeuge pro Kilometer liegen muss. In Ländern mit hohen Steuern für Fahrzeuge kann zudem eine mögliche Steuerbefreiung ein entscheidendes Kaufkriterium sein. Des Weiteren wird dem Kunden, zum Teil über Mediendienste, eine aktive Fahrunterstützung angeboten. Diese erfolgt z. B. über die Lokalisierung der nächsten Lade- oder Wechselstation und die Bereitstellung von kundenspezifischen Ladeplänen. Die wesentliche Neuheit dieses Geschäftsmodells besteht darin, Mobilität pro Kilometer anzubieten. Durch die wirtschaftliche Trennung von Energiespeicher und Fahrzeug übernimmt Better Place das Risiko der Batteriehaltbarkeit [BET09, SPI09].

6.3.7   Bewertung der Geschäftsmodellvarianten

Die identifizierten und analysierten Geschäftsmodelle bieten dem Endkunden unterschiedliche Ansätze zur Deckung des individuellen Mobilitätsbedarfs. Neben dem klassischen Fahrzeugkauf wurden dabei verschiedene Leasingvarianten, CarSharing sowie das neuartige Geschäftsmodell „Better Place" identifiziert. Zur Bewertung der Modelle werden Kriterien definiert, die den Kundennutzen maßgeblich beeinflussen. Der subjektive Nutzen kann allerdings nur über eine individuelle und situationsabhängige Gewichtung der einzelnen Faktoren bewertet werden.

Bei der Bewertung der Geschäftsmodelle aus Kundensicht stellen die Kostenaspekte einen besonders wichtigen Gesichtspunkt dar. Daher werden die Mobilitätskosten in die Bestandteile „Anschaffungskosten", „nutzungsabhängige Betriebskosten" und „nutzungsunabhängige Betriebskosten" unterteilt. Die Anschaffungskosten setzen sich dabei im wesentlichen aus den Kosten für das Fahrzeug sowie den Kosten der zum Betrieb erforderlichen Batterie zusammen. Die nutzungsabhängigen Betriebskosten enthalten neben den Energiekosten auch Kosten für Reparaturen und Service. Kosten für Leasing- bzw. Laufzeitverträge sowie Wartung werden zu den nutzungsunabhängigen Betriebskosten zusammengefasst.

Die Anschaffungskosten liegen beim Fahrzeugkauf erwartungsgemäß hoch. Die verschiedenen Leasingvarianten können die Anschaffungskosten über die Leasingraten teilweise oder ganz in nutzungsunabhängige Betriebskosten wandeln. Bei den nutzungsabhängigen Betriebskosten ergeben sich durch das Leasing im Vergleich zum Fahrzeugkauf nur geringe Unterschiede. Dagegen sind beim CarSharing die hohen, nutzungsabhängigen Kosten charakteristisch. Diese müssen hier zur Deckung der gesamten Mobilitätskosten herangezogen werden. Beim Geschäftsmodell „Better Place" liegen die Anschaffungskosten auf einem mit dem Batterieleasing vergleichbaren Niveau. Über die verschiedenen Vertragstypen kann die Verteilung der nutzungsabhängigen und –unabhängigen Kosten variabel gestaltet werden.

Vergleicht man den Fahrzeugkauf mit den übrigen Geschäftsmodellen, sind dabei neben dem Fahrzeughersteller noch weitere Akteure involviert. Allgemein ist davon auszugehen, dass die Gesamtkosten mit der Anzahl der beteiligten Vertragsparteien ansteigen, da auf Seiten der zusätzlichen Akteure ebenfalls zu deckende Kosten und Gewinnstreben unterstellt werden müssen.

	Fahrzeugkauf	Fahrzeugleasing	Batterieleasing	CarSharing	Better Place
Anschaffungskosten - Fahrzeug - Batterie	-	+	o	++	o
Betriebskosten (nutzungsabhängig) - Reperaturkosten - Servicekosten	o	o	o	--	+
Betriebskosten (nutzungsunabhängig) - Leasing-/ Laufzeitverträge - Wartungskosten	+	--	-	++	o
Komplexität des Verrtrags- verhältnisses beim Fahrzeugkauf	+	o	-	+	--
Individuelle Mobilität	++	+	+	--	o
Träger des Batterieausfallrisikos	Hersteller, Kunde (außerhalb der Garantie)	Leasinggeber	Leasinggeber	Anbieter	Anbieter

Abb. 6-29: Bewertungsmatrix Geschäftsmodelle

Die Kriterien „Komplexität des Vertragsverhältnisses" und „Individuelle Mobilität" stellen verhältnismäßig „weiche" Faktoren dar. Auf Seiten der Komplexität stellen der Fahrzeugkauf und das CarSharing die einfachsten Varianten dar. Die größte Unabhängigkeit von zusätzlichen Verträgen in Bezug auf die individuelle Mobilität bietet ebenfalls der Fahrzeugkauf. Durch die zusätzlichen relevanten Akteure werden die Leasingvarianten sowie Better Place in diesen Punkten schlechter bewertet. Der Aspekt des „Batterieausfallrisikos" stellt aus Endkundensicht aufgrund der mit einem erforderlichen Batteriewechsel verbundenen hohen Kosten ein wichtiges Bewertungskriterium dar. Während der Kunde dieses Risiko beim Fahrzeugkauf nach Ablauf der Garantiefrist alleine trägt, liegt die Verantwortung bei den anderen Geschäftsmodellen beim Leasinggeber bzw. Anbieter. Die mit dem Ausfallrisiko verbundenen Kosten werden bei diesen Geschäftsmodellen in Form einer Risikoprämie an den Kunden weitergereicht. Die Ergebnisse der Bewertung fasst **Abb. 6-29** zusammen.

6.4   Fazit

In diesem Kapitel wurden die strategischen Implikationen einer fortschreitenden Elektrifizierung des automobilen Antriebsstrangs untersucht. Dazu wurden in einem ersten Schritt die Auswirkungen der Elektrifizierung auf die im Fahrzeug verbauten Komponenten dargestellt. Dabei wurde deutlich, dass eine weite Verbreitung von batterieelektrischen Fahrzeugen die Automobilzulieferer vor neue Herausforderungen stellt. Für die Zulieferer ergibt sich evtl. eine deutliche Verkleinerung des Absatzmarktes für konventionelle Antriebstechnik. Im Gegenzug eröffnen sich Möglichkeiten durch den Einsatz neuer Komponenten, die überwiegend auf elektrischen Wirkprinzipien beruhen.

Bei den Fahrzeugherstellern ergibt sich ähnlich wie bei den Zulieferern eine Verschiebung der Kernkompetenzen. Die zur Entwicklung der Verbrennungsmotoren und deren Peripherie erforderlichen Kompetenzen auf den Gebieten der Thermodynamik und der Werkstoffkunde werden bei der Entwicklung von batteriebetriebenen Elektrofahrzeugen durch Kompetenzen auf dem Gebiet der Elektrotechnik ersetzt. Über den Entfall des Verbrennungsmotors und des zugehörigen Antriebsstrangs geht ein wichtiges Differenzierungsmerkmal im Wettbewerb mit anderen Herstellern verloren. Als neues Differenzierungsmerkmal bietet sich das Energiemanagement des Gesamtfahrzeugs an, worüber die Bedürfnisse nach Reichweite, Komfort und Fahrleistung intelligent kombiniert werden.

Im Folgenden wurden die zur Bewältigung der neuen Aufgaben im Bereich der Elektromobilität möglichen Kooperationen vorgestellt. Dabei wurden beispielhaft verschiedene Kooperationen zwischen Fahrzeugherstellern, Energieversorgern und Batteriespezialisten aufgezeigt. Im Rahmen der Betrachtung wurde deutlich, dass Kooperationen Teil einer auf Elektromobilität ausgerichteten Unternehmensstrategie sein müssen, da die Fahrzeughersteller ohne die Unterstützung weiterer Akteure die enormen Kosten und Risiken des „revolutionären Technologiesprungs" nicht tragen können.

Abschließend wurden im Zusammenhang mit der Elektromobilität neue Geschäftsmodelle betrachtet. Neben dem klassischen Modell des Fahrzeugkaufs wurden weitere Geschäftsmodelle identifiziert. Zu diesen zählt neben verschiedenen Formen des Leasings und der CarSharing-Konzepte auch das neuartige Modell „Better Place". Zum Vergleich der verschiedenen Modelle wurden Bewertungskriterien definiert und auf die Modelle angewendet. Darüber konnten wesentliche Merkmale der einzelnen Modelle herausgearbeitet werden. Eine abschließende Beurteilung aus Endkundensicht ist dabei aber nur über eine individuelle und situationsbezogene Gewichtung der einzelnen Kriterien möglich.

7 Zusammenfassung

Die beiden zentralen Treiber der Entwicklung verbesserter und alternativer Antriebskonzepte für Fahrzeuge, der steigende Kraftstoffpreis und strikter werdende legislative Anforderungen, erfahren derzeit einen großen Schub und lenken den Fokus der automobilen Entwicklung zunehmend auf alternative Antriebe. Im Gegensatz zur Ölkrise der 1970er Jahre ist dieses Phänomen nicht nur als temporäre Erscheinung zu bewerten, da von einer zukünftigen Abschwächung der Treiber angesichts der allgemeinen Rohstoffverknappung und den globalen klimatischen Veränderungen nicht auszugehen ist.

Die Einhaltung zukünftiger Verbrauchs- und Abgasgrenzwerte sowohl für Diesel- als auch für Benzinfahrzeuge ist mit aktueller Serientechnik nicht realisierbar und erfordert die Applikation neuer Technologien zur Verbrauchs- und Abgasreduzierung. Die Integration neuer Komponenten ins Fahrzeug, z. B. zur Abgasnachbehandlung, steigert jedoch die Entwicklungs- und Produktionskosten und beeinflusst somit die Rentabilität der Antriebskonzepte. Je strenger die Abgasnormen ausgeführt sind und je höher der Kraftstoffpreis steigt, desto höher fallen auch die Zusatzkosten für die konventionellen Antriebe aus. Sie verbessern somit in einer Wirtschaftlichkeitsbetrachtung die Position der alternativen Antriebe. Vor diesem Hintergrund zeigt sich für die Zukunft eine zunehmende Rentabilität und Wettbewerbsfähigkeit alternativer Antriebe.

Konventionelle Antriebe lassen sich über die vorgestellten Technologien hinsichtlich der Leistung und des Verbrauchs sowie dem Ausstoß umweltschädlicher Gase noch weiter optimieren. Obwohl das Potenzial der Optimierung ausreicht, um auch die zukünftigen Abgasgrenzwerte einhalten zu können, werden sich der steigende Ölpreis und auch die zunehmenden ökologischen Kundenanforderungen nachteilig auf die konventionellen Antriebssysteme auswirken. Das vorhandene Tankstellennetz und die hohen Reichweiten bilden noch die Vorteile konventioneller Antriebe, die aber im Vergleich mit den Hybridsystemen nicht ins Gewicht fallen. Damit kann die Elektromobilität gestartet werden.

Schon mit geringem technischem Zusatzaufwand lässt sich durch den Mikro-Hybrid Antrieb ein im Vergleich zu konventionellen Antrieben geringerer Kraftstoffverbrauch realisieren. Die mit zunehmender Elektrifizierung des Antriebsstrangs einhergehende Wirkungsgradsteigerung, z. B. durch Rekuperation der Bremsenergie und die sich ergebende Möglichkeiten des lokal emissionsfreien Fahrens, bilden die wesentlichen Vorteile, die durch die Hybridisierung realisiert werden können. Die Hybridsysteme vereinen die positiven Eigenschaften des Verbrennungsmotors mit den Vorteilen des Elektromotors. Wie aus dem Vergleich vom Mikro-Hybrid zum Plug-In-Hybrid zu erkennen ist, versuchen Weiterentwicklungen der Hybridsysteme eine zunehmende Unabhängigkeit des Antriebs vom Verbrennungsmotor zu erzielen. Die Hybridsysteme stellen also einen Übergang vom konventionellen zum rein elektrischen Antrieb dar und sie werden in Zukunft einen steigenden Anteil am Markt erreichen können.

Der rein batteriebetriebene Antrieb wird aufgrund des hohen energetischen Wirkungsgrades, der lokalen Emissionsfreiheit und aufgrund der Verfügbarkeit der zum Antrieb erforderlichen elektrischen Energie, die aus sehr unterschiedlichen Quellen stammen kann, das ideale Antriebskonzept der Zukunft sein. Die Verfügbarkeit ausreichender elektrischer Energie für die Mobilität wird dabei vorausgesetzt. Herausforderungen, die dieses Antriebskonzept mit sich bringt, wie die Energiespeicherung und die daraus resultierende Reichweitenproblematik, stehen derzeit einem Durchbruch entgegen. Des Weiteren fehlt bisher eine großflächige Infrastruktur, die das Laden der Batterie ermöglicht. Die Entwicklung leistungsfähiger Akkumulatoren, deren Kapazität eine zu konventionellen Antrieben vergleichbare Reichweite ermöglicht und eine großflächige Lade-Infrastruktur würden auf lange Sicht dazu führen, dass der Elektromotor den Verbrennungsmotor als Antriebskonzept ersetzt. Besonders bei der Bereitstellung der Antriebsenergie durch Brennstoffzellen sind die Aspekte der Energiespeicherung und deren Verfügbarkeit so hemmend, dass mit einer zukünftigen Verbreitung dieser Antriebstechnologie erst in ferner Zukunft zu rechnen ist. Wie die dazu erforderliche „Wasserstoffwelt" aussehen würde, ist noch immer unklar. Das größte Potenzial zur Erfüllung der gestellten Anforderungen bildet derzeit das batteriebetriebene Elektrofahrzeug (BEV), welches sich ideal als Stadtfahrzeug eignet. Gleichzeitig ergeben sich durch ein BEV vollkommen neue Fahrzeugansätze, so dass die weiteren Erläuterungen vor allem auf das BEV fokussiert sind.

Aufgrund der Anforderungen an den Antriebsstrang eines batteriebetriebenen Elektrofahrzeugs wurde eine Dimensionierung der einzelnen Komponenten herausgearbeitet. Es wurden drei Fahrzeugklassen definiert, deren Antriebsstrang im Folgenden genauer untersucht wurde. Eine Übersicht der Ergebnisse liefert **Abb. 7-1**.

Betrachtete Fahrzeugklassen	Klasse A VW Fox, Ford Ka	Klasse B VW Golf, Ford Focus	Klasse C VW Passat, Ford Mondeo
Fahrzeugmasse [kg]	1200	1350	1550
Leistungsbedarf im "US06" Nennleistung/Spitzenleistung [kW]	45/70	52/80	60/90
Energieverbrauch im "Urban Dynamometer" [Wh/km]	116	131	148
erzielbare Reichweite [km]*	129	115	101

*) Batteriegewicht 200 kg, Energieinhalt 15 kWh, Fahrzyklus "Urban Dynamometer"

Abb. 7-1: Zusammenfassung Anforderungen an den Antriebsstrang

Zur Ermittlung der Anforderungen an den Antriebsstrang wurden die Fahrwiderstände sowie Informationen bezüglich der Nebenaggregate verwendet. Die ausgewerteten Fahrzyklen stellen dazu unterschiedliche Nutzungsszenarien für die Fahrzeuge der verschiedenen Klassen dar. Es wurden insbesondere die beiden auf realen Fahrdaten beruhenden Fahrzyklen „Urban Dynamometer" sowie „US06" betrachtet. Während der erste ein städtisches Anwendungsprofil darstellt, handelt es sich beim US06 Fahrzyklus um ein Fahrprofil mit höheren Geschwindigkeiten, wie sie bei einer Überland- bzw. Autobahnfahrt auftreten können. Die Fahrzyklen geben Geschwindigkeitsprofile vor, aus denen wiederum Beschleunigungsverläufe abgeleitet wurden. Aus der Kombination der Fahrwiderstände, der Fahrzyklen sowie der definierten Fahrzeugklassen konnten dann die Anforderungen an den Antriebsstrang abgeleitet werden. Dabei wurde zwischen Anforderungen an den Antrieb und an den Energiespeicher unterschieden. Zur Dimensionierung des Motors wurde der Fokus auf den Fahrzyklus „US06" gelegt, da bei diesem im Vergleich hohe Beschleunigungswerte auftreten. Die Reichweitenermittlung basiert dagegen auf dem städtisch geprägten Fahrzyklus „Urban Dynamometer", der für batteriebetriebene Elektrofahrzeuge als typisches Einsatzprofil herangezogen werden kann.

In einem weiteren Schritt wurden die Kostenaspekte von Elektrofahrzeugen untersucht. Bei der Betrachtung der Kosten für die Komponenten des Antriebsstrangs und der Batterie wurde deutlich, dass die heutigen Kosten vor allem des Energiespeichers noch weit über den Vergleichswerten von konventionellen Antrieben liegen. Dies ist insbesondere auf die geringen Stückzahlen zurückzuführen, die zurzeit produziert werden. Für die Komponenten des Antriebsstrangs wird davon ausgegangen, dass die heutigen Kosten in Zukunft auf das Niveau eines konventionellen Antriebsstrangs abgesenkt werden können. Die Fahrzeugbatterie wird dagegen auch in Zukunft trotz möglicher Kostensenkungen noch einen wesentlichen Wertanteil am Fahrzeug beibehalten.

Bei der Betrachtung der Kosten für die Fahrzeughaltung über den kompletten Lebenszyklus wurde deutlich, dass die Elektrofahrzeuge unter heutigen Bedingungen wirtschaftlich noch nicht interessant sind. Dies ist in erster Linie auf die hohen Anschaffungskosten zurückzuführen, die auch durch die geringeren Betriebskosten nicht amortisiert werden können. Werden hingegen die Werte für das Jahr 2020 angenommen, ergibt sich aus wirtschaftlicher Sicht ein Vorteil für die Elektrofahrzeuge. Dabei sind allerdings die steuerlichen Belastungen aus der Mineralölsteuer nicht auf die elektrische Energie übertragen worden. Bei Verbrauchssenkungen im verbrennungsmotorisch angetriebenen Fahrzeug über das angenommene Szenario hinaus wird es auch zukünftig für das Elektroauto „eng".

Abschließend wurden die strategischen Implikationen einer fortschreitenden Elektrifizierung des automobilen Antriebsstrangs untersucht. Dazu wurden in einem ersten Schritt die Auswirkungen der Elektrifizierung auf die im Fahrzeug verbauten Komponenten dargestellt. Dabei wurde deutlich, dass eine weite Verbreitung von batterieelektrischen Fahrzeugen die Automobilzulieferer vor neue Herausforderungen stellt. Für die Zulieferer ergibt sich eine deutliche Verkleinerung des Absatzmarktes für konventionelle Antriebstechnik. Im Gegenzug eröffnen sich Möglichkeiten durch den Einsatz neuer Komponenten, z. B. im Bereich von Bremsen und Lenkung, die dann überwiegend auf elektrischen Wirkprinzipien beruhen. Diese neuartigen Aggregate lassen sich jedoch auch in konventionell angetriebenen Fahrzeugen einsetzen, so dass die Entwicklungen von neuartigen Lenkungen und Bremsen in jedem Fall als sinnvoll angesehen werden können.

Bei den Fahrzeugherstellern ergibt sich, ähnlich wie bei den Zulieferern, eine Verschiebung der Kernkompetenzen. Die zur Entwicklung der Verbrennungsmotoren und deren Peripherie erforderlichen Kompetenzen auf den Gebieten der Thermodynamik und der Werkstoffkunde werden bei der Entwicklung von batteriebetriebenen Elektrofahrzeugen durch Kompetenzen auf dem Gebiet der Elektrotechnik ersetzt. Über den Entfall des Verbrennungsmotors und des zugehörigen Antriebsstrangs geht ein wichtiges Differenzierungsmerkmal im Wettbewerb mit anderen Herstellern verloren. Als neues Differenzierungsmerkmal bietet sich das Energiemanagement des Gesamtfahrzeugs an. Das Management kombiniert die Bedürfnisse nach Reichweite, Komfort und Fahrleistung intelligent. Auch die Gewinnung bzw. Übertragung von zusätzlicher Energie ins Fahrzeug über solare oder induktive Wirkprinzipien dürfte ein wesentliches Differenzierungsmerkmal der Zukunft sein.

Es wurden die zur Bewältigung der neuen Aufgaben im Bereich der Elektromobilität möglichen Kooperationen vorgestellt. Dabei sind beispielhaft verschiedene Kooperationen zwischen Fahrzeugherstellern, Energieversorgern und Batteriespezialisten aufgezeigt worden. Im Rahmen der Betrachtungen wurde deutlich, dass Kooperationen Teil einer auf Elektromobilität ausgerichteten Unternehmensstrategie sein müssen, da die Fahrzeughersteller ohne die Unterstützung weiterer Akteure die enormen Kosten und Risiken des „revolutionären Technologiesprungs" nicht tragen können.

Abschließend wurden im Zusammenhang mit der Elektromobilität neue Geschäftsmodelle betrachtet. Neben dem klassischen Modell des Fahrzeugkaufs sind weitere Geschäftsmodelle identifiziert worden. Zu diesen zählt neben verschiedenen Formen des Leasings und der CarSharing-Konzepte auch das neuartige Modell „Better Place". Zum Vergleich der verschiedenen Modelle wurden Bewertungskriterien definiert und auf die Modelle angewendet. Dadurch konnten wesentliche Merkmale der einzelnen Modelle herausgearbeitet werden. Eine abschließende Beurteilung aus Endkundensicht ist aber nur über eine individuelle und situationsbezogene Gewichtung der einzelnen Kriterien möglich.

Zusammenfassend ist zu den Strategien zur Elektrifizierung des Antriebsstranges festzustellen, dass es noch lange ein Nebeneinander von verbrennungsmotorisch angetriebenen und elektrisch angetriebenen Antriebssträngen geben wird. Die Industrie ist aber gut beraten, sich auf diese Veränderungen einzustellen, da starke Entwicklungsschübe bei der Elektrifizierung nicht ausgeschlossen werden können. Dann wird es gut gewesen sein, daran mitgewirkt zu haben. Außerdem gibt es bei diesen Entwicklungen zahlreiche Innovationen, die auch für das konventionell angetriebene Fahrzeug angewendet werden können.

Viel Erfolg bei der Bewältigung der Zukunft!

Literatur

[ADA09]   N.N.: Kraftfahrzeugsteuer
            Das neue KFZ-Steuersystem auf CO_2-Basis. Internetseite des ADAC, Abruf: 06/2009
[AKA09]   N.N.: Internetauftritt Arbeitskreis der Autobanken. http://www.autobanken.de/,
            Zugriff 06/2009
[ALT06]   ALT, M./SCHAFFNER, P./ROTHENBERGER, P.: Effizienzsteigerung des Otto-
            motors durch Technologiekombinationen. GM Powertrain. Vortrag auf dem
            15. Aachener Kolloquium Fahrzeug- und Motorentechnik Aachen, 11. Oktober 2006
[AMS09]   N.N.: Watt geht Ab? Ladegeschwindigkeit. Auto-Motor-Sport, Ausgabe 11/2009
[AMS09a]   N.N.: Internetauftritt Auto Motor Sport. http://www.auto-motor-und-sport.de/news/
            audi-entwicklungsvorstand-michael-dick-hersteller-sollten-sich-auf-standards-
            einigen-1063049.html, Zugriff 06/2009
[AMS09b]   N.N.: Internetauftritt Auto Motor Sport. http://www.auto-motor-und-sport.de/eco/
            mini-und-vattenfall-elektro-mini-projekt-in-berlin-984154.html, Zugriff 06/2009
[AMS09c]   N.N.: Internetauftritt Auto Motor Sport. http://www.auto-motor-und-sport.de/eco/
            elektromobilitaet-tiefensee-will-elektrofahrzeuge-foerdern-1323349.html, Zugriff
            06/2009
[ARB08]   N.N.: Internetauftritt California Air Resources Board, California Environmental Pro-
            tection Agency. www.arb.ca.gov/msprog/levprog/levprog.htm, Zugriff 09/2008
[ARB08a]   CALIFORNIA AIR RESOURCES BOARD: The Zero Emission Vehicle Program –
            2008. Fact Sheet. Sacramento, USA, 2008
[ASH97]   ASHUCKIAN, D.: A status report on the implementation of California's memoranda
            of agreement and emission benefits of electric vehicles. California Air Resources
            Board. Electric Vehicle Symposium EVS-14, 11.-17.12.1997, Orlando, USA
[ATZ06]   SCHRÖDER, CATERINA: Valeo ersetzt Nockenwelle durch elektromagnetischen
            Ventiltrieb. ATZ online, 27.11.2006.
            http://www.atzonline.de/Aktuell/Nachrichten/1/5799/Valeo-ersetzt-Nockenwelle-
            durch-elektromagnetischen-Ventiltrieb.html, Zugriff 12/2010
[ATZ07]   N.N.: First Hydrogen Refuelling Station Opens in Shanghai. Internetauftritt ATZ
            Online, 16.11.2007.
            http://www.atzonline.com/index.php;do=show/site=a4e/sid=13387927474cf136a7d45
            87146550702/alloc=1/id=7098, Zugriff 11/2010
[ATZ08]   N.N.: Internetauftritt ATZ Online.
            www.atzonline.de/index.php;sid=17e547feaef1dfc9e2ed1373e7e35409/site=a4e/
            lng=de/do=show/id=7878/alloc=1, Zugriff 06/2008
[ATZ08d]   N.N.: Internetauftritt ATZ Online.
            www.atzonline.de/index.php;do=show/site=a4e/sid=4817261714901bfa1b2a7594305
            2530/alloc=1/id=8594, Zugriff 09/2008
[ATZ08e]   SCHÖTTLE, M.: ATZonline. Nachrichten: Tesla Motors detailliert Produktions-
            zahlen und Modellplanung, Wiesbaden, 15.08.2008.
            http://www.atzonline.de/Aktuell/Nachrichten/1/8280/Tesla-Motors-detailliert-
            Produktionszahlen-und-Modellplanung.html, Abruf am 10.02.2009
[ATZ09]   N.N.: Mitsubishi startet Serienproduktion des Mitsubishi MiEV. Internetauftritt ATZ,
            Abruf 06/2009
[ATZ11]   N.N.: BMW baut ab 2013 Elektroautos in China. Nachricht vom 10.01.2011, Internet-
            auftritt ATZ. http://www.atzonline.de/Aktuell/Nachrichten/1/13077/BMW-baut-ab-
            2013-Elektroautos-in-China.html, Abruf 01/2011
[AUI09]   OTTERBACH, BERND: Internetauftritt Automobil Industrie. Standard für Lade-
            stecker, Zugriff 05/2009
[AUI09a]   N.N.: Internetauftritt Automobil Industrie. Es lebe die E-Maschine, Zugriff 05/2009

[AUT09]   N.N.: Internetauftritt Autozine. http://www.autozine.org, Zugriff 06/2009

[AUT09b]   N.N.: Internetauftritt Automobilwoche.
            http://www.automobilwoche.de/apps/pbcs.dll/article?AID=/20090302/REPOSITORY
            /423892498&:8906227554186fdff631f88bfb78bcb48f0f97237c09c1ee056619c61208
            1c89d2fee2a1b9f36829%20Konkurrenten,&:8906227554186fdf5199c4a943883d888
            d16178b1f67bc6def86ede910a1a190d3ef69b6164f4b8c, Zugriff 06/2009

[AZO09]   N.N.: AZoCleantech.com – The A to Z of Clean Technology. Carbon Nanotubes Hold
            the Key to Hydrogen Fuel Tanks for Cars, Buses and Trucks 27.10.2009.
            http://www.azocleantech.com/Details.asp?newsID=6818, Zugriff 11/2010

[BAC08]   BACKHAUS, R.: Ottomotor mit HCCI-Technik von General Motors. MTZ 06/2008,
            Jahrgang 69

[BAD99]   BADY, R./BIERMANN, J.-W./KAUFMANN, B./HACKER, H.: European Electric
            Vehicle Fleet Demonstration with ZEBRA Batteries. SAE Paper Nummer: 1999-01-
            1156, 1999

[BAL06]   BALL, M.: Integration einer Wasserstoffwirtschaft in ein nationales Energiesystem
            am Beispiel Deutschlands. Fortschritt-Berichte VDI, Reihe 16, Nr. 177. VDI Verlag,
            Düsseldorf, 2006

[BAL07]   N.N.: Internetauftritt Ballard Power. Geschäftsbericht 2006. http://phx.corporate-
            ir.net/phoenix.zhtml?c=76046&p=irol-newsArticle&ID=985592&highlight=, Zugriff
            08/2008

[BAS10]   BASSHUYSEN, VAN RICHARD/SCHÄFER, FRED: Motorlexikon: Variable Ven-
            tilsteuerung. http://www.motorlexikon.de/?I=7261, Zugriff 10/2010

[BAT08]   N.N.: Internetauftritt Battery University. www.batteryuniversity.com, Zugriff 05/2008

[BAT09]   N.N.: Internetauftritt Battery University. www.batteryuniversity.com, Zugriff 05/2009

[BAU03]   BRAUER, H.: Kraftfahrzeugtechnisches Taschenbuch, 25. Auflage
            Friedr. Vieweg & Sohn Verlag/GMV Fachverlag GmbH, Wiesbaden, 2003

[BCG08]   N.N.: Das Comeback des Elektroautos? Nachhaltige Strategien in der Automobil-
            industrie. Boston Consulting Group, 10/2008

[BEA08]   BEATTY, B.: Tesla Roadster: The Electric Car that Redefines Power.
            www.treehugger.com, 2008, Zugriff 08/2008

[BER08]   BERNHART, W./VALENTINE-URBSCHAT: Powertrain 2020: Wie Elektrofahr-
            zeuge die Industriestruktur verändern können. Roland Berger Strategy Consultants
            GmbH, München, 2008

[BET09]   N.N.: Internetauftritt Better Place. http://www.betterplace.com/, Zugriff 06/2009

[BGR06]   N.N.: Internetauftritt Bundesanstalt für Geowissenschaften und Rohstoffe.
            www.bgr.bund.de/cln_101/nn_331182/DE/Themen/Energie/Erdoel/energiestudie__er
            doel.html, Zugriff 08/2008

[BHK09]   N.N.: Internetauftritt BHKW-Infozentrum. http://www.bhkw-infozentrum.de/, Zugriff
            04/2009

[BLA06]   BLAXILL, H./CAIRNS, A.: Serientaugliches CAI mit Interner und Externer EGR
            MAHLE Powertrain. Vortrag auf dem 15. Aachener Kolloquium Fahrzeug- und
            Motorentechnik Aachen, 10. Oktober 2006

[BLA07]   BLANCHETTE JR., S.: A hydrogen economy and its impact on the world as we
            know it. Elsevier, 2007

[BLA09]   BLANKO, SEBASTIAN: Shell brings H2 fueling stations to NYC.
            http://www.carbuyersnotebook.com/shell-to-open-hydrogen-fueling-stations-in-ny/
            14. Juli 2009

[BLU08]   BLUMENSTOCK, K.: Audi V6 3.0 TFSI: Neue K-Frage. www.auto-motor-und –
            sport.de, 2008

[BLO09]   Bloomberg: Toyota Remains With Nickel After Lithium Prius Test.
            http://www.bloomberg.com/apps/news?pid=newsarchive&sid=al7Ov7Jyo2nU
            14.09.2009

[BMJ08]   N.N.: Internetauftritt Bundesministerium der Justiz. Außenwirtschaftsgesetz.
            http://bundesrecht.juris.de/awg/BJNR004810961.html, Zugriff 09/2008

[BMU09]   N.N.: Internetauftritt Bundesministerium für Umwelt, Naturschutz und Reaktor-
          sicherheit. http://www.bmu.de/pressemitteilungen/aktuelle_pressemitteilungen/pm/
          43615.php, Zugriff 06/2009

[BMV04]   HAUTZINGER, H./MAYER, K.: Analyse von Änderungen des Mobilitätsverhalten –
          insbesondere der PKW-Fahrleistung – als Reaktion auf geänderte Kraftstoffpreise
          Bundesministerium für Verkehr, Bau und Wohnungswesen, Bonn, 2004

[BMV09]   N.N.: Internetauftritt Bundesministerium für Verkehr, Bau und Stadtentwicklung.
          http://www.bmvbs.de/Verkehr-,1405.1059194/Nationale-Strategiekonferenz-E.htm,
          Zugriff 06/2009

[BMW09]   N.N.: Rohstoffe für Zukunftstechnologien. Einfluss des branchenspezifischen Roh-
          stoffbedarfs in rohstoffintensiven Zukunftstechnologien auf die künftige Rohstoff-
          nachfrage. Fraunhofer IRB Verlag, Stuttgart, 2009

[BMW06]   N.N.: BMW Hydrogen 7 Wasserstoff-Tankstelle in Berlin im Rahmen der Clean
          Energy Partnership (CEP). BMW Presseportal, 2006

[BMW06a] N.N.: Energiespeicher BMW Hydrogen 7: Doppelwandiger Flüssigwasserstoff-Tank
          mit Vakuum-Superisolation. BMW Presseportal, 2006

[BMW09a] N.N.: Bundesministeriums für Wirtschaft und Technologie. Internetauftritt „Energie
          Verstehen", Zugriff 06/2009

[BOE04]   BOECK, E./WIECK, S.: Strategische Allianzen in der Automobilindustrie am Bei-
          spiel der Hydroenergie. Referat im Rahmen des Seminars: Die Automobilindustrie im
          internationalen Wettbewerb (Untertitel). Europa-Universität Viadrina, Frankfurt
          (Oder) 2004

[BOL07]   BOLLIG, M./BREITFELD, C./KESSLER, F./KIESGEN, G./MÜLLER, P./SCHOPP,
          J.: Die überarbeiteten Otto-Antriebe des Mini. BMW AG München. Vortrag auf dem
          16. Aachener Kolloquium Fahrzeug- und Motorentechnik Aachen, 10. Oktober 2007

[BOS04]   ROBERT BOSCH GMBH: Abgastechnik für Dieselmotoren, 1.Ausgabe
          Gelbe Reihe, Fachwissen Kfz-Technik. Plochingen, 2004

[BOS08]   N.N.: Internetauftritt Robert Bosch GmbH. www.bosch.de, Zugriff 05/2008

[BOS09]   N.N.: Internetauftritt Robert Bosch AG. www.bosch.de, Zugriff 06/2009

[BPM07]   N.N.: Internetauftritt Beyond Petroleum.
          www.bp.com/productlanding.do?categoryId=6929&contentId=7044622
          Oil Slidepack 2007, Zugriff 05/2008

[BPM10]   N.N.: BP Statistical Review of World Energy – June 2010.
          http://www.bp.com/liveassets/bp_internet/globalbp/globalbp_uk_english/reports_and_p
          ublications/statistical_energy_review_2008/STAGING/local_assets/2010_downloads/
          statistical_review_of_world_energy_full_report_2010.pdf, Juni 2010

[BRA05]   BRAESS/SEIFFERT: Handbuch Kraftfahrzeugtechnik. Vieweg+Teubner Verlag,
          Braunschweig/Wiesbaden, 2008

[BRU09]   N.N.: Internetauftritt Brusa. www.brusa.biz, Zugriff 06/2009

[BSC07]   BASSHUYSEN/SCHÄFER: Handbuch Verbrennungsmotor: Grundlagen, Kompo-
          nenten, Systeme, Perspektiven. Vieweg+Teubner Verlag, Braunschweig/Wiesbaden,
          2007

[BSI07]   BLACKSMITH INSTITUTE: The World's Worst Polluted Places. The Top Ten of
          the Dirty Thirty. Studie, New York, 2007

[BUN06]   BUNDESMIISTERIUM FÜR UMWELT, NATURSCHUTZ UND REAKTORSI-
          CHERHEIT: Nationaler Allokationsplan 2008 bis 2012 für die Bundesrepublik
          Deutschland. Berlin, 2006

[BUS94]   BUSCHHAUS, W.: Entwicklung eines leistungsorientierten Hybridantriebs mit voll-
          automatischer Betriebsstrategie. Dissertation RWTH Aachen, 1994

[BWU08]   N.N.: Internetauftritt Bundesministerium für Wirtschaft und Umwelt
          www.bmu.de/files/pdfs/allgemein/application/pdf/sv_2_5_6_7.pdf, Zugriff 09/2008

[CAD10]	Car and Driver: ZF's 8-Speed Automatic Transmission – Gallery. http://www.caranddriver.com/features/09q4/zf_s_8-speed_automatic_transmission-tech_dept/gallery/bmw_zf_8-speed_automatic_hybrid_transmission_cutaway_photo_19 Petroconsultants, Zugriff 10/2010
[CAM00]	CAMPBELL, C./LAHERRÈRE, J.: World Oil Production Estimates, 1930–2050 Petroconsultants. Genf, 2000
[CAM02]	CAMPBELL, C./LIESENBORGHS, F./SCHINDLER, J./ZITTEL, W.: Ölwechsel! Das Ende des Erdölzeitalters und die Weichenstellung für die Zukunft. Deutscher Taschenbuchverlag (dtv), München, 2002
[CAM02]	CAMPBELL, C./LIESENBORGHS, F./SCHINDLER, J./ZITTEL, W.: Ölwechsel! Das Ende des Erdölzeitalters und die Weichenstellung für die Zukunft. Deutscher Taschenbuchverlag (dtv), München, 2002
[CAR09a]	CALIFORNIA AIR RESOURCES BOARD. Internetauftritt. http://www.arb.ca.gov, Zugriff 05/2009
[CAR09b]	N.N.: Internetauftritt Bundesverband CarSharing. http://www.carsharing.de/, Zugriff 06/2009
[CCL08]	N.N.: Internetauftritt Congestion Charge London. www.cchargelondon.com, Zugriff 08/2008
[CEB08]	N.N.: Internetauftritt Cebi. www.cebi.com/cebi/content/index_html?a=8&b=&c=&d=&docID=291, Zugriff 08/2008
[CHA09]	N.N.: Internetauftritt Channel4. www.channel4.com, Zugriff 06/2009
[CHR06]	CHRIST, A./KULZER, A./KUFFERATH, A./KNOPF, M./BENNINGER, K.: CAI – Ein Brennverfahren auf Basis der BDE Technologie. Robert Bosch GmbH. Vortrag auf dem 15. Aachener Kolloquium Fahrzeug- und Motorentechnik Aachen, 10. Oktober 2006
[CHU10]	CHUNG, OLIVIA: China's automakers get a turbo boost. Asia Times Online, China Business. 14. Januar 2010
[CIA09]	N.N.: Internetauftritt Chemie im Auto. www.chemie-im-auto.de, Zugriff 06/2009
[CIP07]	CIPOLLA, GIOVANNI: Hybridantriebe für Automobile: GM-Globallösungen in: STAN, CORNEL: Alternative Propulsion Systems for Automobiles. With 157 figures and 13 tables. expert verlag, Renningen, 2007
[DAI09]	N.N.: Daimler AG: car2go für alle: 200 gute Gründe für die Neuentdeckung des Autofahrens in der City, Stuttgart/Ulm, 26.03.2009. http://media.daimler.com/dcmedia/0-921-614316-49-1193769-1-0-0-0-0-0-13471-614316-0-1-0-0-0-0-0.html, Abruf am 25.06.2009
[DAI09b]	N.N.: Daimler AG: Technologie & Innovation: Nachrichten Standortentscheidung: Daimler und Evonik fertigen Lithium-Ionen-Batterien im sächsischen Kamenz Kamenz/Stuttgart/Essen, 06. Juli 2009
[DBP08]	DEUTSCHE BOTSCHAFT PEKING: Daten zur chinesischen Wirtschaft. Stand März 2008
[DEL07]	DELLMANN, T./WALLENTOWITZ, H.: Mechatronische Systeme in der Fahrzeugtechnik. Grundlagen. Institut für Schienenfahrzeuge/Institut für Kraftfahrwesen, RWTH Aachen, 2007
[DIE06]	DIEGMANN, V./PFAEFFLIN, F./WIEGAND, G./WURSTHORN, H./DUENNEBEIL, F./HELMS, H./LAMBRECHT, U.: Verkehrliche Maßnahmen zur Reduzierung von Feinstaub. Möglichkeiten und Minderungspotenziale. IVU Umwelt GmbH, IFEU Heidelberg. Studie im Auftrag des Umweltbundesamtes, 2006
[DII10]	N.N.: Desertec: Strom aus der Wüste verbindet Europa mit der Arabischen Welt Pressemitteilung der Dii GmbH vom 26.10.2010. http://www.dii-eumena.com/fileadmin/Daten/press/10-10-26_Dii_Barcelona_DE.pdf, Zugriff 11/2010
[DUD06]	DUDENHÖFFER, F.: Die Ära der Kooperationen in der Automobilindustrie. Börsen-Zeitung Nr. 126, 5.7.2006

[DWV03]   N.N.: DWV Deutscher Wasserstoff-Verband e.V. Pressemitteilung Nr. 7/03 (28. Juli
           2003). Zum Tode von Ludwig Bölkow – Pionier der Wasserstoff-Technologie.
           http://www.h2de.net/aktuelles/Pressemeldungen/2003/pm_0307.pdf, Zugriff 11/2010

[EIA08]   N.N.: Internetauftritt Energy Information Administration. Official Energy Statistics
           from the U.S. Government. International Energy Outlook 2008. www.eia.doe.gov,
           Zugriff 12/2008

[EIA10]   N.N.: EIA U.S: Energy Information Administration. Official Energy Statistics from
           the U.S. Government. http://tonto.eia.doe.gov/dnav/pet/hist/LeafHandler.ashx?n
           =PET&s=MCRFPUS1&f=A, Zugriff 12/2010

[EIC08]   EICHLSEDER, H./KLELL, M.: Wasserstoff in der Fahrzeugtechnik. Erzeugung,
           Speicherung, Anwendung. Vieweg+Teubner Verlag, Wiesbaden, 2008

[EMO10]   N.N.: Emovell motorsport intended projects. BMW N63 TwinPower V8 Biturbo –
           „Idealvorstellungen nun Realität". 17. März 2010.
           http://www.emovell.ch/jos/index.php?option=com_content&view=article&id=46:bm
           w-engine-n63&catid=1:latest-news, Zugriff 12/2010

[EON09]   N.N.: Internetauftritt E.ON AG. http://www.eon-energie.com/pages/eea_de/
           Innovation/Innovation/Perspektive_Kunde/Uebersicht/index.htm, Zugriff 06/2009

[EPA09]   N.N.: Homepage der Environment Protection Agency, Zugriff 05/2009

[ESP09]   ESPIG, MARKUS: Fuel Cell Hybrid Vehicle System Component Development
           Synergies and commonly used hybrid components. Institut für Kraftfahrwesen,
           RWTH Aachen, 2009

[ESP09a]   ESPIG, MARKUS: Experteninterview. Institut für Kraftfahrwesen, RWTH Aachen,
           2009

[EUP07]   N.N.: Richtlinie 2007/46/EG des europäischen Parlamentes und des Rates vom
           5. September 2007 zur Schaffung eines Rahmens für die Genehmigung von Kraft-
           fahrzeugen und Kraftfahrzeuganhängern sowie von Systemen, Bauteilen und selbst-
           ständigen technischen Einheiten für diese Fahrzeuge. http://eur-lex.europa.eu/
           LexUriServ/site/de/oj/2007/l_263/l_26320071009de00010160.pdf

[EUR07]   N.N.: Richtlinie des Rates zur Angleichung der Rechtsvorschriften der Mitgliedsstaa-
           ten über Maßnahmen gegen die Verunreinigung der Luft durch Emissionen von Kraft-
           fahrzeugen. Europarat, 2007

[EUR08]   N.N.: Euractiv. www.euractiv.com/de/verkehr/CO$_2$-einsparungen-europaabgeordnete-
           stellen-seite-autohersteller/article-175034, Zugriff 09/2008

[EUR09]   N.N.: http://www.europarl.europa.eu/sides/getDoc.do?type=TA&reference=P6-TA-
           2008-0614&language=DE&ring=A6-2008-0419, Zugriff 05/2009

[EVO09]   N.N.: Internetauftritt Evonik. http://corporate.evonik.com/de/press/press-releases/
           2008/081215_pm_daimler.htmll, Zugriff 06/2009

[FAZ08]   N.N.: Wir planen für 2010 einen Elektro-Mercedes. Daimler-Chef Zetsche im Inter-
           view. Internetauftritt Frankfurter Allgemeine Zeitung, Zugriff 06/2009

[FAZ10]   N.N.: N.N. China kappt seltene Erden noch stärker. Frankfurter Allgemeine Zeitung
           30. Dez. 2010, Seite 11

[FIN09]   N.N.: Internetauftritt Financial.
           http://www.financial.de/news/agenturmeldungen/2009/06/23/nissan-plant-elektroauto-
           offensive-mehr-als-100000-stuck-pro-jahr-angepeilt/, Zugriff 06/2009

[FIO09]   FIORENTINO, VALERIO CONTE: Sicherheitsrelevantes Design von Lithium-
           Ionen-Batterien. Springer, ATZelektronik, Ausgabe 01/2009

[FOJ10]   N.N.: Stand der Arbeiten im Bereich der SOFC-Brennstoffzelle am Forschungszent-
           rum Jülich. Institut für Energie- und Klimaforschung (IEK), Forschungszentrum Jü-
           lich. http://www.fz-juelich.de/ief/ief-pbz/sofc_juelich/ 03.11.2009

[FRA10]   N.N.: Höchsteffiziente Mehrfachsolarzellen und Konzentratormodule. Fraunhofer
           Institut für Solare Energiesysteme, Freiburg.
           http://www.fraunhofer.de/presse/presseinformationen/2010/05/mehrfachsolarzellen.
           jsp, Zugriff 11/2010

[FRE09]   FREIALDENHOVEN, A.: Dissertation. Stärkung der Wettbewerbsfähigkeit der
            Automobilindustrie durch Vernetzung von Wissenschaft und Industrie.
            Schriftenreihe Automobiltechnik, Aachen, 2009

[GER10]   N.N.: German Car Blog: Audi Valvelift System explained. 31.07.2008.
            http://www.germancarblog.com/2008/07/audi-audi-valvelift-system-explained.html,
            Zugriff: 12/2010

[GMV09]   N.N.: Internetauftritt. http://www.gm-volt.com/, Zugriff 05/2009

[GRA01]   GRAAF, R.: Dissertation. Simulation hybrider Antriebskonzepte mit Kurzzeitspeicher
            für Kraftfahrzeuge. RWTH Aachen, 2001

[GRA10]   GRAETER, ARMIN: Vortrag EMMA: BMW elektrisch? aber sicher! BMW Group
            Utting, 10.07.2010

[GRO05]   GROHMANN, G./HOFER, A./ZANGL, F.: Kooperationen brauchen klare Abläufe
            Automotive Survey 2005 – Studie über Trends im Automobilsektor. QZ Jahrgang 50,
            2005

[GVZ08]   N.N.: Internetauftritt Garage V. Zanoli. www.vz-garage.ch/site/img/dinestleistung/
            Katalysator.jpg, Zugriff 09/2008

[HAA04]   HAASE, DIRK: Ein neues Verfahren zur modellbasierten Prozessoptimierung auf der
            Grundlage der statistischen Versuchsplanung am Beispiel eines Ottomotor mit elek-
            tromagnetischer Ventilsteuerung (EMVS). Dissertation TU Dresden, 2004

[HAL10]   N.N.: Expo 2010 Vehicles Equipped with Fuel Cell Humidifiers from Perma Pure
            Halma PR, August 2010. http://halmapr.com/news/permapure/2010/08/24/expo-2010-
            vehicles-equipped-with-fuel-cell-humidifiers-from-perma-pure/, Zugriff 11/2010

[HAL08]   N.N.: Plug and Play, Elektromechanische Bremse
            Haldex Magazine Nr. 17, Herbst 2008, Seite 10

[HAN09a]   N.N.: Internetauftritt Handelsblatt.
            http://www.handelsblatt.com/unternehmen/industrie/mitsubishi-liefert-elektro-auto-
            an-psa;2122359;0, Zugriff 06/2009

[HAN09b]   N.N.: Internetauftritt Handelsblatt.
            http://www.handelsblatt.com/unternehmen/industrie/konzerne-schieben-elektroauto-
            an;2197980, Zugriff 06/2009

[HEI06]   HEINZEL, A./MAHLENDORF, F./ROES, J.: Brennstoffzellen. Entwicklung, Tech-
            nologie, Anwendung, 3. Auflage. C.F.Müller Verlag, Heidelberg, 2006

[HEI07]   HEISSING, BERND/ERSOY, METIN: Fahrwerkhandbuch. Grundlagen, Fahrdyna-
            mik,, Komponenten, Systeme, Mechatronik, Perpektiven. Springer, 2007

[HEI07a]   N.N.: Heise Autos (Heise Zeitschriften Verlag GmbH & Co. KG).
            Sauber und effizient: Der Smart Fortwo mit Elektroantrieb im Test. London,
            08.08.2007. http://www.heise.de/autos/artikel/s/print/4273, Zugriff 02/2009

[HEI10]   N.N.: Korea testet das berührungslose Laden vom Elektroauto. heise online news
            2010, KW 11 vom 17.3.2010. www.heise.de/newsticker/meldungen, Zugriff:
            28.12.2010

[HEN99]   HENNEBERGER, G.: Umdruck Elektrische Antriebe und Steuerungen. Institut für
            elektrische Maschinen, RWTH Aachen, 1999

[HIR05]   HIRN, W.: Herausforderung China. Wie der chinesische Aufstieg unser Leben ver-
            ändert, 8. Auflage. Fischer Verlag, Frankfurt, 2005

[HMI08]   N.N.: Internetauftritt Helmholtz-Zentrum Berlin für Materialien und Energie
            www.hmi.de/it/zentral/multimedia/solar_energy/photovoltaik/wirkungsgrad.html,
            Zugriff 08/2008

[HPJ00]   HOECKER/PFLÜGER/JAISLE/MÜNZ: Moderne Aufladekonzepte für PKW-
            Dieselmotoren. BorgWarner Turbo Systems, Kirchheimbolanden, 2000

[HUB56]   HUBBERT, M.K.: Nuclear Energy and the Fossil Fuels. Shell Development Com-
            pany. Vortrag auf dem Spring Meeting des American Petroleum Institute
            San Antonio, 8. März 1956

[HUN06]   HUNGENBERG, H.: Strategisches Management in Unternehmen. Ziele, Prozesse,
            Verfahren. Gabler Verlag, Wiesbaden, 2006

[HØY07]   HØYER, K.G.: The history of alternative fuels in transportation. The case of electric and hybrid cars. Oslo University College. Elsevier, 2007

[HYB08]   N.N.: Internetauftritt Hybrid-Autos.Info. www.hybrid-autos.info, Zugriff 08/2008

[HYB10]   N.N.: Audi Duo Hybrid 1997. Internetauftritt Hybrid-Autos.Info. http://www.hybrid-autos.info/Hybrid-Fahrzeuge/Audi/audi-duo-hybrid-1997.html, Zugriff 10/2010

[HYB10b]   N.N.: NECAR1 1994. Internetauftritt Hybrid-Autos.Info. http://www.hybrid-autos.info/Wasserstoff-Fahrzeuge/Mercedes/necar1-1994.html, Zugriff 11/2010

[IDW08]   N.N.: Internetauftritt Informationsdienst Wissenschaft. http://idw-online.de/pages/de/news107589, Zugriff 12/2008

[IHS06]   IHS ENERGY: Petroleum Exploration and Production Statistics. Genf und London, 2006

[IAV09]   N.N.: IAV Ingenieursgesellschaft Auto und Verkehr. Elektromobilität – Strom aus der Straße. Induktive Energieübertragung auf dem Weg ins Fahrzeug. http://www.iav.com/_downloads/de/handouts/fahrzeugelektronik/090908_Elektro_Str omausderStrasse_de_WEB.pdf, Zugriff 11/2010

[IKA97]   N.N.: Internetauftritt Institut für Kraftfahrzeuge, RWTH Aachen University. www.ika.rwth-aachen.de/forschung/veroeffentlichung/1997/20.-22.10/index.php#usa, Zugriff 09/2008

[IKA05]   N.N.: Einlegeblatt zum „Ford Electric Hybrid Vehicle". Internetauftritt Institut für Kraftfahrzeuge, RWTH Aachen University. http://www.ika.rwth-aachen.de/pdf_eb/gb3-11ford_hybrid.pdf, Zugriff 10/2010

[IKA08]   GIES, S.: Unkonventionelle Fahrzeugantriebe. Schriftenreihe Automobiltechnik, Vorlesungsumdruck, Version 4.0. Institut für Kraftfahrzeuge, RWTH Aachen University. Aachen, 2008

[IKA09]   GIES, S.: Präsentation: Das batteriebetriebene Elektrofahrzeug. Entwicklungsherausforderungen und Lösungsansätze. Institut für Kraftfahrwesen, RWTH Aachen, 2009

[ILL10]   ILLINI, B.: Wer verursacht den Feinstaub in der Wiener Luft? Studie des ÖVK. Internetauftritt www.oevk.at

[INF08]   N.N.: Internetauftritt Inflationdata.com. www.inflationdata.com/inflation/images/charts/Oil/Inflation_Adj_Oil_Prices_Chart.ht m, Zugriff 09/2008

[IPC07]   INTERGOVERNMENTAL PANEL ON CLIMATE CHANGE: Climate Change 2007: Synthesis Report. Vereinte Nationen, Valencia, 2007

[ISE06]   N.N.: Institut für Stromrichtertechnik und Elektrische Antriebe, RWTH Aachen Project: Storage Technologies for Hybrid Electric Buses, Subject: ZEBRA Battery Babak Parkhideh, 11.08.2006. http://donau.kicms.de/cebi/easyCMS/FileManager/Files/MESDEA/ articles/2006_08_17_-_RWTH_AachenUniversity_- _ZEBRA_and_storage_technology_for_hibrid_electric_buses.pdf, Zugriff 02/2009

[JAS08]   JASKULA, BRIAN W.: 2007 Minerals Yearbook. Lithium [Advance Release] U.S. Geological Survey, 2008

[JDP10]   J.D. Power and Associates. Understanding Low-Emission Vehicles. http://www.jdpower.com/autos/articles/Understanding-Low-Emission-Vehicles/, Zugriff 06/2010

[JUN08]   JUNGMANN, T.: Erster Vierzylinder-Diesel mit parallel-sequenziellem Bi-Turbo Autotechnische Zeitschrift, www.atz-online.de, 2008

[KBA08]   N.N.: Fahrzeugzulassungen. Neuzulassungen, Emissionen, Kraftstoffe – Jahr 2008 Statistische Mitteilungen des Kraftfahrtbundesamts, 03/2009

[KBA09]   N.N.: Fahrzeugzulassungen. Bestand, Emissionen, Kraftstoffe – 1. Januar 2009 Statistische Mitteilungen des Kraftfahrtbundesamts, 03/2009

[KEN08]   KENDALL, G.: Plugged In. The End of the Oil Age. World Wide Fund for Nature (WWF), 2008

[KFZ08]   N.N.: Aufladung – Zusammenfassung. www.kfz-tech.de, 2008, Zugriff 08/2008

[KFZ09]   N.N.: Internetseite www.kfz-tech.de, Zugriff 06/2009

[KFZ10]   N.N.: Internetseite www.kfz-tech.de.
           http://www.kfztech.de/kfztechnik/motor/brennverfahren.htm, Zugriff 11/2010

[KIL04]   KILLICH, S.: Kooperationspotenziale in bestehenden Netzwerken kleiner und mittel-
           ständischer Unternehmen der Automobilzulieferindustrie. Shaker, Aachen 2004

[KOW08]   KOWAL, JULIA: Erzeugen und Speichern elektrischer Energie im Fahrzeug
           Stand der Speichertechnik und Perspektive von PHEV und EV
           Institut für Stromrichtertechnik und Elektrische Antriebe, RWTH Aachen, 2008

[LAN08]   N.N.: Internetauftritt Landtag NRW. http://www.landtag.nrw.de, Zugriff 04/2009

[LAU07]   LAUER, S./REBBERT, M./KREUSEN, G./LOCH, A./KOOLMANN,
           C./HOFFMANN, H.: Eine neue Zylinderabschaltung von FEV und MAHLE
           FEV Motorentechnik GmbH/MAHLE International GmbH. Vortrag auf dem
           16. Aachener Kolloquium Fahrzeug- und Motorentechnik Aachen, 10. Oktober 2007

[LEF09]   LEFEBVRE, H.: Advanced Battery Technology for Fuel Cell Vehicles
           Vortrag, FC Hybrid Vehicle System Component Development, Aachen 2009

[LEH06]   LEHNA, M.: Hybridfahrzeugkonzepte im Spannungsfeld zwischen technischen Mög-
           lichkeiten und Marktanforderungen. Audi AG. Vortrag auf dem 15. Aachener Kollo-
           quium Fahrzeug- und Motorentechnik Aachen, 11. Oktober 2006

[LIE07]   LIEBL, J.: Energiemanagement – Ein Schlüssel für Effiziente Dynamik. BMW Group
           Vortrag auf dem Tag des Hybrids. Aachen, 8. Oktober 2007

[LME09]   N.N.: London Metal Exchange. Internetauftritt, Zugriff 06/2009

[MAH09]   N.N.: Internetauftritt Mahle Group. www.mahle.com, Zugriff 06/2009

[MAM04]   N.N.: Autoindustrie – Kontrolle statt Konstruktion. Internetauftritt: Manager-Magazin
           Artikel von 07/2004

[MAR06]   MARSHALL, JESSICA: Clean-Burn Engine dodges ever tighter regulations
           In New Scientist magazine, issue 2534. http://technology.newscientist.com
           14. Januar 2006

[MAT08]   MATHOY, ARNO: Die Entwicklung bei Antriebstechnik und Batterien für Elektro-
           automobile. Bulletin SEV/VSE, Ausgabe 01/2008

[MCK06]   MCKINSEY & COMPANY, INC.: Drive – The Future of Automotive Power
           Studie, München, 2006

[MEM09]   N.N.: Internetauftritt MetricMind. www.metricmind.com, Zugriff 06/2009

[MEN09]   N.N.: Elektroautos: MENNEKES übernimmt Vorreiter-Rolle bei Ladesteck-
           vorrichtungen. Internetauftritt Mennekes. www.mennekes.de. Pressemitteilung vom
           28.08.2009

[MIL09]   N.N.: Internetauftritt. http://www.milesfaster.co.uk, Zugriff 04/2009

[MIM09]   N.N.: Internetauftritt Mitsubishi Motors. www.mitsubishi-motors.de/modelle/colt,
           Zugriff 06/2009

[MIN09]   N.N.: Mini USA. Herstellerhomepage, Field Trial Details.
           http://www.miniusa.com/minie-usa, Zugriff 02/2009

[NAU07]   NAUNIN, D.: Hybrid-, Batterie- und Brennstoffzellen-Elektrofahrzeuge
           Technik, Strukturen und Entwicklungen, 4. Auflage
           Expert Verlag, Renningen, 2007

[NBW10]   N.N.: Internetauftritt Netzwerk Brennstoffzelle und Wasserstoff NRW
           Energie Agentur NRW. www.brennstoffzelle-nrw.de, Zugriff 11/2010

[NEC10]   N.N.: NECAR: New Electric Car. Internetportal www.diebrennstoffzelle.de.
           http://www.diebrennstoffzelle.de/h2projekte/mobil/necar.shtml, Abruf: November
           2010

[NOA09]   N.N.: Internetauftritt. http://www.esrl.noaa.gov/, Zugriff 05/2009

[NYT09]   ROMERO, SIMON: In Bolivia, Untapped Bounty meets Nationalism. New York
           Times, 2009

[ODE08]   ODENWALD, MICHAEL: Erdöl – Wohlstandsflamme erlischt. FOCUS Magazin Nr.
            30, 21.07.2008. http://www.focus.de/wissen/wissenschaft/mensch/tid-11318/erdoel-
            teil-2-unserioese-prognosen_aid_321577.html, Zugriff 12/2010

[OLV08]   OLVERA, JENNIFER: 5 'Mild Hybrid' Facts. GreenCar.com 05.12.2008.
            www.greencar.com/articles/5-mild-hybrid-facts.php, Zugriff 11/2010

[OPE07]   N.N.: World Oil Outlook 2008. OPEC, Wien, 2008

[OPE08]   N.N.: Internetauftritt Organization of the Petroleum Exporting Countries.
            www.opec.org/home, Zugriff 06/2008

[OWY07]   OLIVER WYMAN: Auto und Umwelt 2007. Studie, München, 2007

[PAT10]   N.N.: pattakon: Advantages, applications, comparison to the state-of-the-art, etc.
            http://www.pattakon.com/pattakonKeyAdv.htm, Zugriff 12/2010

[PDO08]   N.N.: Internetauftritt People's Daily Online
            http://english.people.com.cn/90001/90776/90882/6390256.html, Zugriff 08/2008

[PEH07]   POTT, EKKEHARD, HAGELSTEIN: Turbocharged combustion engine.
            www.freepatentsonline.com, 2007

[PIS05]   PISCHINGER, S.: Unkonventionelle Fahrzeugantriebe. Vorlesungsumdruck,
            1. Auflage. Institut für Verbrennungskraftmaschinen, RWTH Aachen University
            Aachen, 2005

[PIS05a]   PISCHINGER, S.: Verbrennungskraftmaschinen II. Vorlesungsumdruck, 25. Auflage
            Institut für Verbrennungskraftmaschinen, RWTH Aachen University. Aachen, 2005

[PRA08]   PRAAS, H.-W.: Technologische Grundlagen moderner Batteriesysteme
            Basiswissen Batterie. Vortrag TAE Workshop, Esslingen, 2008

[PUL06]   PULS, T.: Alternative Antriebe und Kraftstoffe. Forschungsberichte aus dem Institut
            der deutschen Wirtschaft Köln, Nr. 15. Deutscher Institutsverlag, Köln, 2006

[QUA10]   N.N.: Quantum Technologies.
            http://www.qtww.com/assets/u/38LTankBrochure2.pdf, Zugriff 11/2010

[RBC06]   ROLAND BERGER STRATEGY CONSULTANTS: The early bird catches the
            worm. Studie, 2006

[RBC08]   ROLAND BERGER STRATEGY CONSULTANTS: Powertrain 2020
            The future drives electric. Automotive Insights, Ausgabe 02-2008

[REI06]   REITZLE, WOLGANG: Auf gutem Weg: Die nächsten Schritte in die Wasserstoff-
            gesellschaft. Linde AG. Vortrag auf dem Aachener Kolloquium Fahrzeug- und Moto-
            rentechnik 2006, 10. Oktober 2006

[ROB04]   ROBERTS, P.: The End of Oil: On the Edge of a Perilous New World. Houghton
            Mifflin Company. Boston, 2004

[ROM04]   ROMM, J. J.: The Hype about Hydrogen: Fact and Fiction in the Race to Save the
            Climate. Island Press, Washington D.C., 2004

[ROS09]   ROSENKRANZ, CHRISTIAN: Präsentation Li-Ion Batterien. Schlüsseltechnologie
            für das Elektroauto. Erster Deutscher Elektro-Mobil Kongress, Bonn, 2009

[RWE11]   N.N.: RWE AG, Essen. Technische Daten zur Ladesäule. http://www.rwe-
            mobility.com/web/cms/de/331904/rwemobility/produkte/rwe-ladesaeule/, Zugriff
            7.1.2011

[SBA08]   STATISTISCHES BUNDESAMT: Länderprofil China. Ausgabe 2004

[SCH04]   SCHULZ, MARCUS: Circulating mechanical power in a power-split hybrid electric
            vehicle transmission. Robert Bosch GmbH. In: Proc. Instn Mech. Engrs Vol. 218 Part
            D: J. Automobile Engineering. http://www.ae-plus.com/journals/hybrids%20-
            %20circulating%20mechanical %20power.pdf 2004

[SCH05]   SCHARRER, F.: Einflusspotenzial variabler Ventiltriebe auf die Teillast-
            Betriebswerte von Saug-Ottomotoren – Eine Studie mit der Motorprozess-Simulation
            Dissertation, TU Berlin, 2005

[SCH07]   SCHNEIDER, M./DELLA CHIESA, M.: Problematik von Biotreibstoffen. Departe-
            ment Bau, Umwelt und Geomatik, ETH Zürich. Zürich, 2007

[SCH08]   SCHINDLER, J./ZITTEL, W.: Zukunft der weltweiten Erdölversorgung
            Energy Watch Group, Ludwig-Bölkow-Stiftung. Ottobrunn, 2008

[SDS03]   SCHMALZL/DESCAMPS/SCHMITT: Neue Erkenntnisse bei der Entwicklung von
            Aufladesystemen für Pkw-Motoren. BorgWarner Turbo Systems, Kirchheimbolanden,
            2003

[SEI09]   SEIFFER, REINHARD: Die Ära Gottlieb Daimlers – Neue Perspektiven zur Frühge-
            schichte des Automobils und seiner Technik. Vieweg+Teubner Research, Wiesbaden
            2009

[SEW10]   eCarTec Award 2010 für Energie, Infrastruktur, Anschlusstechnik,
            www.ecartec.de/html/ecartec_award_2010_-_gewinner.html,, Zugriff: 28.12.2010

[SFO08]   N.N.: Internetauftritt 7-Forum.com. www.7-forum.com/news/Antrieb-statt-
            Verlustleistung-BMW-nutzt-940.html, Zugriff 08/2008

[SHA07]   SHAIK, A./MOORTHI, N.S.V./RUDRAMOORTHI, R.: Variable Compression Ratio
            Engine: a future power plant for automobiles – an overview. Department of Automo-
            bile Engineering, PSG College of Technology. Proceedings of the Institution of Me-
            chanical Engineers, Vol.221, Part D, 2007

[SHE08]   SHELL INTERNATIONAL: Shell energy scenarios to 2050. Studie, Den Haag, 2008

[SHE09]   SHELL Deutschland Oil GmbH: Shell PKW-Szenarien bis 2030. Fakten, Trends und
            Handlungsoptionen für nachhaltige Auto-Mobilität. Studie, Hamburg, 2009

[SHI07]   SHIMIZU, K./FUWA, N./YOSHIHARA, Y.: Die neue Toyota Ventilsteuerung für
            variable Steuerzeiten und Hub. Toyota Motor Corporation/Toyota Boshoku Corpora-
            tion. Vortrag auf dem 16. Aachener Kolloquium Fahrzeug- und Motorentechnik Aa-
            chen, 10. Oktober 2007

[SOL10]   N.N.: Mitsubishi Electric baut Photovoltaik-Produktionskapazität um 50 Megawatt
            auf 270 MW aus Artikel auf Internetportal Solarserver.de vom 01.03.2010.
            http://www.solarserver.de/solar-magazin/nachrichten/aktuelles/mitsubishi-electric-
            baut-photovoltaik-produktionskapazitaet-um-50-megawatt-auf-270-mw-aus.html,
            Zugriff 11/2010

[SPA08]   N.N.: http://www.s3-passion.com/turbo.htm, Zugriff 08/2008

[SPE03]   SPERO, J.E./HART, J.A.: The Politics of International Economic Relations.
            6. Auflage. Wadsworth/Thomson Learning, Belmont, 2003

[SPG08]   N.N.: Internetauftritt Spiegel Online. www.spiegel.de/wissenschaft/natur/
            0,1518,514877,00.html. Der leergepumpte Planet, Zugriff 05/2008

[SPG08a]   N.N.: Internetauftritt Spiegel Online. ww.spiegel.de/wirtschaft/0,1518,554623,00.html
            Pumpen bis zum Umfallen, Zugriff 05/2008

[SPI09]   N.N.: Internetauftritt Spiegel Online.
            http://www.spiegel.de/auto/aktuell/0,1518,624646,00.html, Zugriff 06/2009

[SPO09]   N.N.: Rohstoffmangel – Das neue Gold. Spiegel Online, Zugriff 06/2009

[STA08]   STAN, CORNEL: Alternative Antriebe für Automobile. Hybridsysteme, Brennstoff-
            zellen, alternative Energieträger. Springer Verlag, Berlin, 2008

[STÄ02]   STÄHLER, P.: Geschäftsmodelle in der digitalen Ökonomie. Merkmale, Strategien
            und Auswirkungen. JOSEF EUL VERLAG, Lohmar et al., 2002

[STE07]   STEIGER, W./SCHOLZ, I./RIEMANN, A.: Die Elektrifizierung des Antriebsstranges
            – Ist die Batterie der Tod der Brennstoffzelle? Volkswagen AG. Vortrag auf dem
            16. Aachener Kolloquium Fahrzeug- und Motorentechnik Aachen, 9. Oktober 2007

[STR09]   STRATMANN, K./ALICH, H.: Internetauftritt Handelsblatt.
            http://www.handelsblatt.com/politik/deutschland/elektroautos-sollen-schub-
            bekommen;2274567, Zugriff 06/2009

[TAH07]   TAHIL, WILLIAM: The Trouble with Lithium. Implication of Future PHEV Produc-
            tion for Lithium Demand. Meridian International Research, 2007

[TAT08]   N.N.: Internetauftritt Online-Tatter.de. www.online-tatter.de/bde.htm, Zugriff 06/2008

[THI09]   N.N.: Internetauftritt Th!nk. www.think.no, Zugriff 05/2009

[THI09a]   N.N.: Think. Herstellerhomepage, Price info. http://www.think.no/think/TH!NK-
             city/Buy-a-TH!NK/Price-info, Zugriff 02/2009

[THI09b]   N.N.: Think. Herstellerhomepage, Batteries. http://www.think.no/think/Technology-
             Innovation/Batteries, Zugriff 02/2009

[TOY08]   N.N.: Internatauftritt Toyota Motor Company. www.hybridsynergydrive.com/de,
             Zugriff 08/2008

[TOY09]   N.N.: Internetauftritt Toyota Motor Company. www.toyota.de, Zugriff 07/2009

[TSM09a]   N.N.: Tesla Motors: Herstellerhomepage, Region: Europe.
             http://www.teslamotors.com/buy/buyshowroom.php, Zugriff 06/2009

[TRU06]   TRUCKENBRODT, ANDREAS/NITZ, LARRY/EPPLE, WOLFGANG: Two Mode
             Hybrids – Adaptionsstärkern eines Intelligenten Systems. 15. Aachener Kolloquium
             Fahrzeug- und Motorentechnik 2006

[TSM09b]   N.N.: Tesla Motors: Herstellerhomepage, FAQs.
             http://www.teslamotors.com/learn_more/faqs.php?flat=1, Zugriff 06/2009

[TUR06]   N.N.: Turbosteamer von BMW: Nichts als heiße Luft. STERN Online, Rubrik Tech-
             nik, 02. September 2006. http://www.stern.de/auto/fahrberichte/technik-turbosteamer-
             von-bmw-nichts-als-heisse-luft-569145.html, Zugriff 12/2010

[UMW09]   N.N.: Internetauftritt. http://www.umweltzone.net, Zugriff 04/2009

[USG09]   N.N.: Mineral Commodity Summaries: Copper. U.S. Geological Survey, 2009

[USG09a]   N.N.: Mineral Commodity Summaries. Lithium. U.S. Geological Survey, 2009

[VAH06]   VAHLENSIECK, B./KOEHLER, J.: Bewertung von Hybrid-Antriebskonzepten und
             deren Auswirkungen auf die Komponentenauslegung. ZF Friedrichshafen AG/ZF
             Sachs AG. Vortrag auf dem 15. Aachener Kolloquium Fahrzeug- und Motorentechnik
             Aachen, 11. Oktober 2006

[VDA09]   N.N.: Internetauftritt Verband der Automobilindustrie.
             http://www.vda.de/de/meldungen/news/20090126.html, Zugriff 06/2009

[VDO09]   N.N.: Internetauftritt VDO, Zugriff 05/2009

[VOL09]   N.N.: Internetauftritt Volkswagen, Zugriff 05/2009

[VOL09b]   N.N.: Volkswagen E-Up! Concept. Volkswagen AG Press Release, 14. September
             2009

[WAL05]   WALLENTOWITZ, H.: Unkonventionelle Fahrzeugantriebe. Schriftenreihe Automo-
             biltechnik, Vorlesungsumdruck, Version 3.1. Institut für Kraftfahrwesen, RWTH Aa-
             chen. Aachen, 2005

[WAL08]   WALLENTOWITZ/FREIALDENHOVEN/OLSCHEWSKI: Strategien in der Auto-
             mobilindustrie. Technologietrends und Marktentwicklung. Vieweg+Teubner, Aachen,
             2008

[WAT06]   N.N.: Internetauftritt WattHead. Artikel: Lithium Ion Batteries for Hybrids coming
             soon, Zugriff 06/2009

[WBK08]   WORLD BANK: China: Air, Land and Water. Studie, New York, 2001

[WEB08]   WEBER, O./ROTH, D./JÖRGL, V./KELLER, P./YANG, B.: Variable Ventilsteue-
             rung: Konkurrenz oder Ergänzung zur Hybrid-Abgasrückführung? BorgWarner
             Vortrag auf dem 17. Aachener Kolloquium Fahrzeug- und Motorentechnik Aachen,
             8. Oktober 2008

[WEL09]   N.N.: Internetauftritt Welt Online.
             http://www.welt.de/wirtschaft/article3583587/Super-Stecker-soll-Elektroautos-flott-
             machen.html, Zugriff 06/2009

[WIR08]   ROTH, D.: Wired Magazine. Driven: Shai Agassi's Audacious Plan to Put Electric
             Cars on the Road. http://www.wired.com/cars/futuretransport/magazine/16-
             09/ff_agassi?currentPage=all, Zugriff 02/2009

[WOH08]   WOHLFAHRT-MERENS, MARGRET
             Alternative Fahrzeugantriebe und ihre Energiespeicher
             Materialforschung und Entwicklung für die nächste Generation der LiIon-Batterie
             Vortrag TAE Workshop, Esslingen, 2008

[YAM09]   N.N.: 2009 R1: Motor mit ungleichmäßiger Zündfolge. Internetauftritt Yamaha Mo-
           tors, Zugriff 06/2009

[ZEG05]   ZEGERS, P.: Fuel cell commercialisation: The key to a hydrogen economy
           Elsevier, 2005

[ZFR09]   N.N.: Internetauftritt ZF Friedrichshafen AG. www.zf.com, Zugriff 06/2009

[ZKN02]   ZU KNYPHAUSEN-AUFSESS, D./MEINHARDT, Y.: Revisiting Strategy: Ein
           Ansatz zur Systematisierung von Geschäftsmodellen. In: Bieger, T. (Hrsg.) et al.,
           Zukünftige Geschäftsmodelle: Konzept und Anwendung in der Netzökonomie.
           Springer, Berlin et al., 2002

[ZOL06]   ZOLLENKOP, M.: Geschäftsmodellinnovation. Initiierung eines systematischen
           Innovationsmanagements für Geschäftsmodelle auf Basis lebenszyklusorientierter
           Frühaufklärung. Deutscher Universitäts-Verlag, Wiesbaden, 2006

Sachwortverzeichnis

Die ATZ/MTZ-Fachbuchreihe

Burg, Heinz / Moser, Andreas (Hrsg.)
Handbuch
Verkehrsunfallrekonstruktion
Unfallaufnahme, Fahrdynamik,
Simulation
2., akt. Aufl. 2009. XLIV, 1032 S. mit
1283 Abb. u. 152 Tab. (ATZ/MTZ-
Fachbuch) Geb. EUR 124,90
ISBN 978-3-8348-0546-1

Heißing, Bernd / Ersoy, Metin (Hrsg.)
Fahrwerkhandbuch
Grundlagen, Fahrdynamik,
Komponenten, Systeme, Mechatronik,
Perspektiven
2., verb. u. akt. Aufl. 2008. XXII, 610 S.
mit 974 Abb. und 76 Tab. (ATZ/MTZ-
Fachbuch) Geb. EUR 49,90
ISBN 978-3-8348-0444-0

Braess, Hans-Hermann /
Seiffert, Ulrich (Hrsg.)
Vieweg Handbuch
Kraftfahrzeugtechnik
5., überarb. u. erw. Aufl. 2007. XXXVII,
923 S. mit 1127 Abb. und 102 Tab.
(ATZ/MTZ-Fachbuch) Geb. EUR 92,00
ISBN 978-3-8348-0222-4

Wallentowitz, Henning /
Reif, Konrad (Hrsg.)
Handbuch
Kraftfahrzeugelektronik
Grundlagen - Komponenten - Systeme -
Anwendungen
2., verb. u. akt. Aufl. 2011. XXX, 724 S.
mit 757 Abb. und 124 Tab. (ATZ/MTZ-
Fachbuch) Geb. EUR 94,95
ISBN 978-3-8348-0700-7

Winner, Hermann / Hakuli, Stephan /
Wolf, Gabriele (Hrsg.)
Handbuch
Fahrerassistenzsysteme
Grundlagen, Komponenten und Systeme
für aktive Sicherheit und Komfort
2009. XXIX, 694 S. mit 550 Abb. u. 45 Tab.
(ATZ/MTZ-Fachbuch) Geb. EUR 49,90
ISBN 978-3-8348-0287-3

Zeller, Peter (Hrsg.)
Handbuch Fahrzeugakustik
Grundlagen, Auslegung, Berechnung,
Versuch
2009. XIV, 352 S. mit 633 Abb.
u. 43 Tab. (ATZ/MTZ-Fachbuch) Geb.
EUR 49,90
ISBN 978-3-8348-0651-2

VIEWEG+
TEUBNER

Abraham-Lincoln-Straße 46
65189 Wiesbaden
Fax 0611.7878-400
www.viewegteubner.de

Stand Januar 2011.
Änderungen vorbehalten.
Erhältlich im Buchhandel oder im Verlag.

Printed in the United States
By Bookmasters